回路シミュレータ　LTspice で学ぶ電子回路
渋谷道雄　　オーム社　　2011

著 者 简 介

渋谷道雄　　1971 年毕业于东海大学电子工程专业。在民间医疗机构的研究所任 NMR 等研究员。从 1979 年开始，在外资半导体厂家从事 MOS 产品的企划、开发、设计工作 12 年。之后，在日本半导体公司及外资 IC 厂家的技术部从事 IC 的设计开发工作。2007 年 5 月，在半导体公司（株）三共社担任现场技术支持工程师，现在任职董事。

　　著作　　《Excel で学ぶ信号解析と数値シミュレーション》（合著，オーム社）

　　　　　　《Excel で学ぶフーリエ変換》（合著，オーム社）

　　　　　　《マンガでわかるフーリエ解析》（オーム社）

　　　　　　《マンガでわかる半導体》（オーム社）

精益设计

活学活用LTspice电路设计

〔日〕涉谷 道雄 著

彭刚 译

科学出版社

北京

图字：01-2011-6652号

内 容 简 介

本书主要介绍如何活用LTspice进行电路设计，内容包括：电路图的输入、仿真命令与SPICE指令、波形显示器、控制面板、简单的电路实例、开关电源拓扑结构、使用了运算放大器的电路、参考电路、SPICE模型的使用等。

本书具有较强的实用性，书中内容深入浅出，可以作为电源设计、信号处理、通信等相关专业领域的工程技术人员的参考书，也可供工科院校相关专业师生学习参考。

图书在版编目（CIP）数据

活学活用LTspice电路设计／（日）涉谷道雄著；彭刚译．—北京：科学出版社，2016.1（2024.10重印）

ISBN　978-7-03-046443-9

Ⅰ.①活…　Ⅱ.①涉…②彭…　Ⅲ.①电子电路－电路设计　Ⅳ.① TN702

中国版本图书馆CIP数据核字（2015）第274489号

责任编辑：杨 凯／责任制作：魏 谨
责任印制：霍 兵／封面设计：张鹏伟

北京东方科龙图文有限公司制作
http://www.okbook.com.cn

科 学 出 版 社 出版
北京东黄城根北街16号
邮政编码：100717
http://www.sciencep.com

北京建宏印刷有限公司印刷

科学出版社发行　各地新华书店经销

*

2016年1月第 一 版　　开本：720×1000 1/16
2024年10月第九次印刷　印张：24 1/4
字数：413 000

定价：55.00元
（如有印装质量问题，我社负责调换）

前 言

在设计电路时，SPICE（Simulation Program with Integrated Circuit Emphasis）是必需工具。特别是在设计开关电源时，如果用手工制作的电路板，则很难评价开关电源的动作的稳定程度。之所以这样说，是因为最近将开关用的晶体管内置的单片开关电源IC中，开关频率正在向MHz高频化。

线圈和电容器的尺寸变小，电源部分实现了小型化，而另一方面，电路板也必须实现小型化，不然就无法充分发挥电源的性能。这是因为，在试制阶段，为了确认电源本来的性能，必须缩短布线长度，也不留下插入电流检测仪的空间，另外，设置测量用的引线不能发挥原本电源的性能。在这种情况下，如果要推算线圈的峰值电流大小，就要用到LTspice。

LTspice对开关电源进行仿真最接近实际动作的结果，是高性能、高速度的仿真器。很多IC厂家都公布了各种IC的SPICE模型，但是却几乎没有哪个厂家公布过关于开关电源IC的SPICE模型。适用于LTspice的模型只有凌特公司（LTC公司）生产的电源用IC，可以这么认为，使用LTC公司生产的电源IC就能实现现在所需要的大部分电源的要求规格。

若是电源之外的IC或者分立器件（如晶体管、FET、运算放大器、逻辑IC等），用其他公司的产品也能进行仿真。当然，应该在本书所示的"LTspice允许和免责"范围内使用。不过，使用从网络等地方下载到的SPICE模型进行电路设计，能在实用范围内进行仿真，且能进行与实际电路几乎相同的评价，也是非常美的事情。此种情况也能实现高速仿真。

然而，如果要进行复杂一点的仿真，那么日语的参考文献几乎没有。当然，LTspice为英文版，有很好的Help功能，还有超过200多页的PDF版的使用指南（英语版）可供下载。反观日语的资料，虽然已经出版了一些入门书籍，但是都局限在一些简单用法的范围内。另外，虽然笔者至今为止共在几十次LTspice研讨会中对一些较便利的使用方法进行过解说，但是要想熟练运用，却比想象中更深奥。于是，优先选择一些在电路评价中频繁用到的几项用法进行各种尝试，并对此前积累的解说材料进行总结。

对于太深奥的用法，本文将不会涉及。另外，在本书第2部分，列举了一些学习电子电路的基础例题，灵活运用LTspice对这些例题进行了解说。同时，为了更有效地运用LTspice，本书也介绍了一些相关知识。

执笔此书之际，因想访问LTspice的作者Michael Engelhard先生（简称Mike），特请凌特公司（日本法人）的相关人士为我安排会面。在各位的鼎力相助与支持之下，2009年4月，于Linear Technology Corporation（美国加利福尼亚州）得以和Mike先生面谈。而且，2010年11月再次得以和Mike先生相见，度过了一段很有意义的时间。

LTspice作者和笔者近照

当时，Mike先生就如何熟练使用LTspice方面的要点给予了指教，在这些要点的基础上，感悟到LTspice各种功能的奥妙，得以充实本书的内容。

在此对Mike以及给予了大力支持的各位表示深深的谢意。

右侧的照片是与Mike面谈后拍的纪念照片（2010年11月），彼此约定今后要致力于推动LTspice的发展和普及。

2011年7月

涉谷道雄

LTspice 作者写的前言（摘自英语 PDF 版 "前言"）

1. LTspice之外的SPICE还有必要吗？

模拟IC设计离不开模拟电路仿真。SPICE仿真是在把电路组装进芯片之前唯一的检验方法。而且SPICE仿真还可以测量电压、电流，用其他的方法实际上是无法做到这些的。这些模拟电路仿真的成功还扩展到了电路板相关的电路设计。不管在什么情况下，仿真要比制作电路试验板更简单。另外，电路仿真还可以对电路的性能和问题点进行检验，能更快地推进电路实际组装。

市面上已有好几种SPICE仿真器，现在还要写关于新的仿真器的书吗？

这是因为，市面上已有的SPICE仿真器有时很难对某种模拟功能进行仿真。开关电源中高频方波的开关整体上与缓慢的环响应共存。这就意味着，要研究开关电源整体的响应情况，仿真器就必须进行数千次乃至数十万次的仿真。市面上的SPICE只面向实用性的仿真，只会延长仿真时间。开关电源进行仿真时，与要花好几个小时的仿真器相比，还是几分钟之内就能执行的仿真器更有用。

也有一些仿真器提供了对开关电源的模拟仿真进行高速化的仿真方法，但是这些仿真器不是把复杂的开关波形简单化，就是将控制逻辑的功能无效化，都要付出一定的代价。而这种组合了进行开关式控制的基本逻辑的新SPICE能给予更好的结果。它的仿真速度快，能输出波形的具体情况，并且还保持了既有仿真器能灵活处理电路变更的优点。

LTspice IV是针对开关电源系统的电路板模型而新开发出来的SPICE。新SPICE里嵌入了模型化的板级电路器件。不需使用子电路（即内部节点）就能把电容器和线圈的串联电阻和寄生电容等特性模型化。另外，用于功率MOSFET仿真的电路要素、通常的栅极电荷状态的正确表示部分，也不需使用子电路即内部节点进行模型化。如此一来，节点数的减少使得不用在开关波形的具体情况（即正确性）方面妥协就能进行仿真，还能急剧减少计算量。它的优点是：不管在哪个频率，即使是有有限阻抗的电路板的器件模型，只要使用用于这种仿真的新器件，就能轻易地避免模拟收敛的问题。

最近的开关电源中（SMPS：Switch Mode Power Supply）含有用于复合动作模式的控制逻辑。比如，由于电路动作，器件（IC）从脉冲开关调制变为突发模式或周波跳跃。LTspice IV中配有新编写的模型混合模式编译器和仿真器，这些产品不但能够实现高速计算，而且模型化和原型一模一样。

尽管SMPS和LTspice之间有着很密切的关系，但是SPICE绝不是仅仅局限于SPMS，也不是像简单的对话形式那样使用的仿真程序。

现在有约1500种凌特公司的产品被用于LTspice的模型化。这种程序就是高性能的通用SPICE仿真器，可以在凌特公司的网站上下载到。其中的模型电路文件可以按步骤观测到阶跃负荷响应、启动、瞬态响应等。另外，这种SPICE还配备用于画电路图的装备齐全的全新的电路图输入程序。

2. LTspice的历史背景

SPICE是一种能在PC上进行电路仿真的程序，还能观察到电路中的电压和电流波形是怎样的。SPICE能对电压值和电流值进行相对于时间的计算（即瞬态分析：Transient Analysis）和相对于频率的计算（交流分析：AC Analysis）。另外SPICE还可以进行直流分析、灵敏度分析、噪声分析和失真分析等。

SPICE是由Simulation Program with Integrated Circuit Emphasis的首字母组成的缩写，意思是"侧重于集成电路（IC）的仿真程序"。它是一种20世纪70年代中期由美国加利福尼亚大学的伯克利分校研究室开发的程序。随着IC需求的增加，在实施昂贵的IC制造工程之前，利用这个程序对电路设计进行细节的调整和评价，以推进开发的进程。

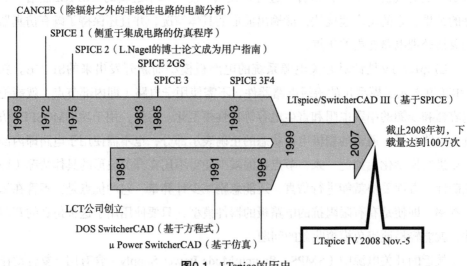

图0.1　LTspice的历史

SPICE仿真器和应用程序已经扩展到模拟电路、数字电路、微波器件和电子设备系统。如今，SPICE还增加了电路图输入连接和用图表显示计算结果等功能，有几个不同的供应商。LTspice继承加州大学伯克利分校开发的SPICE，于1999年由凌特公司（总部在美国加利福尼亚州苗必达市，下称LTC公司）为了实现开关电源的高精度仿真特别开发、并经过程序最优化。2008年11月公布的Ver. IV进一步改良了用于仿真渐进式计算的解算器，能够对应最新的CPU。

3. 从LTspice Ver.III到Ver.IV的主要改良点

（1）多线程处理。最近采用了多核CPU的PC开始大量上市。例如采用了Intel公司的Core 2 Duo、Core 2 Quad、Core i7的PC，用合适的价格就可以买到手。使用这样的多核CPU，就要对LTspice程序进行改良，使它能进行多线程处理。

不过，同时执行多个仿真时，虽说是多线程处理也不一定速度就快。这不是LTspice的问题，而是OS多任务管理的问题。

（2）分析程序的改良。在Ver. IV中的进一步改良中，最重要的改良是配备了被称为 "SPARS" 的行列式计算解算器。因此，电路分析时必需的联立方程式的收敛（渐进式）计算变快了。由于这样的改良，对于大规模电路使用Core 2 Quad，速度就可以快3～4倍，不过对于小规模电路可能就感受不到仿真执行时间的差。

4. 关于模板文件

本书提到的例题中的模板文件可以在OHM社网站主页下载。用▢▶标示的电路图，只要利用模板文件就可以执行仿真。文件扩展名为 "*.asc" 的文件是电路图文件，文件扩展名为 "*.plt" 的是表示仿真结果的设定文件。把两个文件放入同一个文件夹并执行仿真，就会显示本书所示的波形图。

5. 模板文件的下载方法

（1）打开OHM社主页 "http://www.ohmsha.co.jp/"。
（2）在 "書籍検索" 栏中检索 "回路シミュレータLTspiceで学ぶ電子回路"。
（3）打开本书的主页，点击下载按钮。
（4）解压下载文件。

第1部分 LTspice的基础

第2部分 LTspice的应用

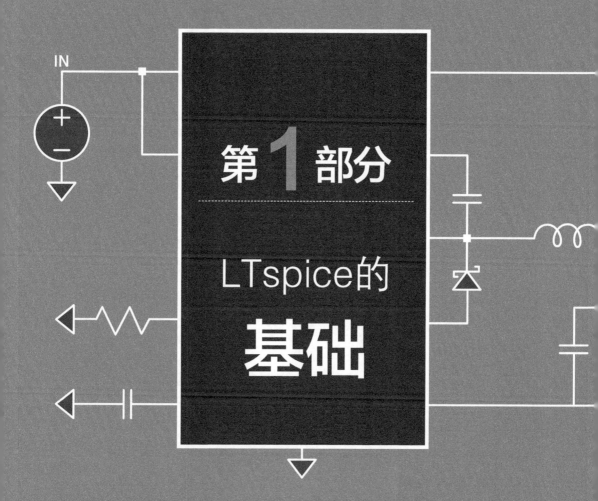

第1部分

LTspice的

基础

第①章 LTspice初体验

无论什么计算机应用软件，即使没有对那个软件全盘了解也能使用它。一般都是先从会用的地方开始尝试，在使用的过程中渐渐掌握更方便的功能。

LTspice也同样，通过基本的使用方法，慢慢学习能应用到所期望用途的操作方法，这样应用范围也会变得广泛。本章旨在学习LTspice的基本操作方法。

1.1 下载及程序更新

1.1.1 软件的下载及安装

LTspice的最新版本可在凌特公司（LTC公司）的网站（http：//www.linear-tech.cpcjp/）中通过点击"设计支持"来下载。

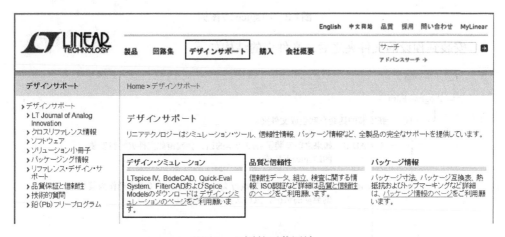

图1.1 日语的下载网站

在日语的网站中，下载地址如下，有两个选择（图1.2）。

http：//www.linear-tech.cp.jp/designtools/software/ltspice.jsp

一个是提供给登录用户的，另一个是提供给未登录用户使用的下载地址。登录之后可以收到新产品信息的推送。未登录并不影响所下载LTspice的功能。同日语网址一样，此软件也可在英文下载网址（http：//www.linear.com/）中下载。

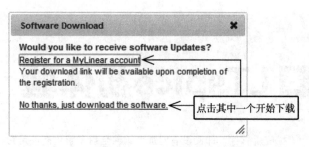

图1.2 LTspice的下载

双击文件便可开始安装（如果杀毒软件出现警告提示，在确认提示的情况下，点击"是"、"继续"或者"允许"继续安装）。安装完成之后，每个月会收到一次后述的"Sync Release"推送的软件更新提示。

双击下载后的文件便会开始自动安装。安装之后会在桌面上创建LTspice的图标（图1.3）。

LTspice IV

图1.3 LTspice IV图标

安装到预设的文件夹之后，文件夹的结构如下。

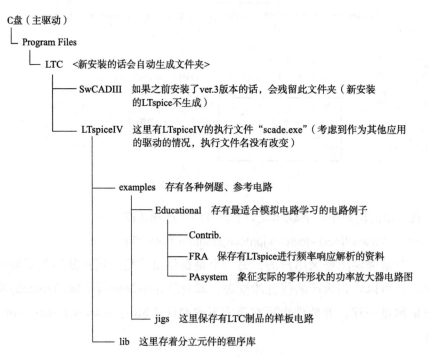

1.1.2 程序的启动

双击桌面的快捷图标，可启动LTspice。通过这个可以实现仿真基本操作。但是Windows OS是在Vista之后的版本，在进行下述的"程序及数据的更新"和数据库的编辑时，必须通过管理者权限来启动。Windows XP之前的版本则无需考虑这个问题。

要通过管理者权限启动，必须先右击桌面上的LTspice图标，单击出现的菜单下的"属性"。接着会出现图1.4左侧所示的窗口，点击"兼容性"的标签，勾选"特权级别"范围中的"作为管理者运行此程序"，然后单击OK。

从桌面上的图标使用可以看出，根据使用的OS版本不同，需通过管理者权限启动的情况下会出现盾牌图标（图1.4右侧）。如果杀毒软件出现警告提示，在确认提示的情况下，点击"是"、"继续"或者"允许"继续安装。

图1.4 作为管理者运行的设置

注意事项

杀毒软件等与安全性有关联的程序开启状态下，通过管理者权限启动LTspice的话，安全关联程序会弹出"无法启动"这样的错误信息。其中的原因没有详细调查，但大致可推测出是由启动中几个步骤的时间差引起的。

出现这个信息完全不会影响LTspice的运行，可以忽视。但是若将此信息窗口隐藏在LTspice的启动界面之下的话，会导致其他的测试启动变得十分缓慢，操作中还可能会出现错误。出现这种情况时最好点击右上角的"×"，将错误信息窗口关闭。

1.1.3　程序及数据的更新

　　LTC公司开发完新产品后，就会在LTspice中追加宏模型。此外，还对电路图输入的操作方法、仿真实验结果的表示方法等进行易用性的改良和对功能的追加。每次更新宏模型和程序时，版本代码也随之更新。

　　程序及数据的更新通过鼠标操作LTspice的菜单栏进行，这个操作指令称为"Sync Release（同步发布）"。在刚启动的状态下（在还没有出现电路图窗格的情况下）单击"Tools"菜单的"ync Release"（图1.5）。

　　出现图1.5右侧的信息之后单击"OK"，便开始更新。若出现下述"注意事项"中提到的信息窗口，点击"是"或者"OK"，关闭不需要的窗口之后再运行。

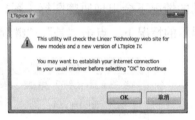

图1.5　Sync Release（同步发布）

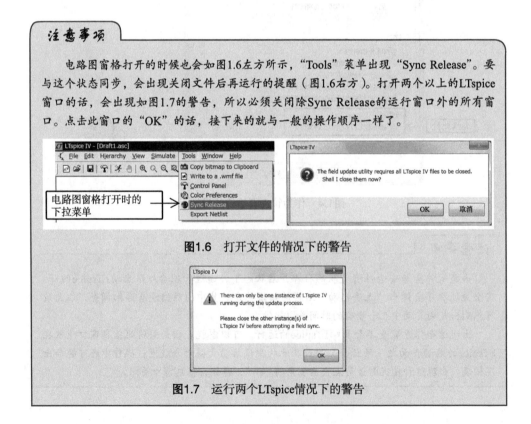

　　注意事项

　　电路图窗格打开的时候也会如图1.6左方所示，"Tools"菜单出现"Sync Release"。要与这个状态同步，会出现关闭文件后再运行的提醒（图1.6右方）。打开两个以上的LTspice窗口的话，会出现如图1.7的警告，所以必须关闭除Sync Release的运行窗口外的所有窗口。点击此窗口的"OK"的话，接下来的就与一般的操作顺序一样了。

电路图窗格打开时的
下拉菜单

图1.6　打开文件的情况下的警告

图1.7　运行两个LTspice情况下的警告

在使用杀毒软件的情况下，会出现确认启动更新的请求，若不点击"确认"的话，Sync Release将无法运行。开始下载数秒之后，会出现表示下载进度的窗口，由此可知下载及更新正在进行。所需时间与网络速度及PC的性能有关。根据笔者的经验，网速为40Mbps、Intel Core 2 Duo的3GHz的CPU的PC情况下，大概需要2分钟。

Sync Release完成之后，没有需要更新的东西时会弹出图1.8左侧的提示。另外，更新完成之后，会出现提醒更新完成的提示窗口。这个窗口有两种，较小的（图1.8中间）是不随版本代码变化而变化的，较大的（图1.8右侧）是随版本代码变化的。

要确认版本代码，可点击"Help"菜单的"About LTspiceIV"，会显示版本代码及变更日期（图1.9）。

图1.8 Sync Release结束的信息

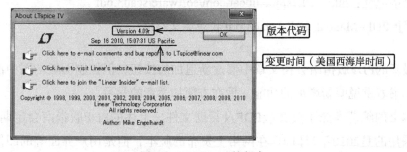

图1.9 LTspice IV的版本

更新是不定期的，多的时候两天之内更新五次，也有的时候连续两周以上没有一点变化。虽说一个月不运行Sync Release也不会有什么太大的问题，但还是建议尽量使用最新的程序及数据进行仿真操作。所以，最少也要一个月进行一次Sync Release。

更新历史会记录在LTspice IV文件夹的Changelog.txt中。一般情况下，文件会和Sync Release同时更新，若没有更新的话，再次安装并"覆盖"文件即可。通过"覆盖"，可以直接进行颜色设置及利用自己追加的数据库中的模型。

1.1.4 关于官方指南

LTspice的下载及安装没有附加在指南里。单击"Help"菜单中的"Help Topics"（图1.10左侧）或者按 F1 打开Help.Help界面的"目录"标签，选择"FAQs"，单击"What about a Paper Manual？"项，就能链接到PDF文件（图1.10右侧），单击即可获得英文指南（约200页）。

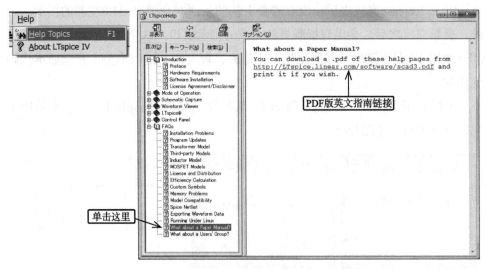

图1.10 官方指南

链接地址：http：//LTspice.linear.com/software/scad3.pdf

▶PDF–Manual_ENG\scad3.pdf收录英文指南

最新的PDF版指南会在文章中修改新追加的按钮，但控制面板的图中没有修改。本书着重说明新增加的功能，旨在方便初学者的学习。

本书的编著参照了英文版PDF及帮助文件。上述的PDF版指南会定期更新，本书采用的是2010年2月19日在网络上发布的版本，但是用户界面等的图像是与2011年6月21日的LTspice Ver.4.11x的界面相符合的。

此外，帮助文件也会定时修正，但PDF版之后（2011年7月）没有进行修改。据作者Mike所说："使用LTspice的环境下利用帮助文件是很方便的"，而且"Unix系统的OS无法读取Windows版的帮助文件，所以准备了PDF文件"。

1.1.5 LTspice IV 的特点

1. 允许直流浮动节点

一部分的SPICE仿真器对于直流浮动节点，通过高电阻与GND连接，必须在仿真节点的直流电压之前设法决定电路。但是，LTspice即使遇到这样的直流浮动节点，也能够进行仿真操作。无需添加电路元件也能进行仿真操作，是LTspice的一大优点。

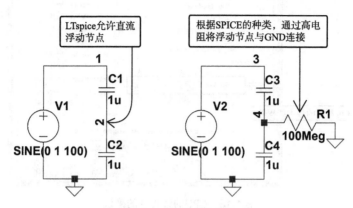

图1.11　直流浮动节点

图1.12表示的是仿真直流浮动节点存在状态的结果。由图可知，10kHz的正弦波电压源（振幅＝±1V）分到C1和C2（容量均为1nF）的中点（图中节点数字为2）的电压刚好是原来的二分之一。这样就可以确认，尽管图中的2号节点变为直流浮动，仿真操作也可以准确无误地进行。

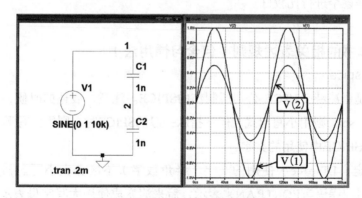

图1.12　直流浮动节点的仿真操作

2. 可应对多线程

2008年11月，随着LTspiceIII更新到LTspiceIV版本，多线程的并列计算成为可能。它能够自动识别Intel的多核CPU，最大限度发挥PC的功能，并且能够时常更新，使其能够对应最新的CPU。控制面板的"SPICE"标签显示了当前用户所使用的CPU最多能有多少线程（参照图1.13及第5章）。

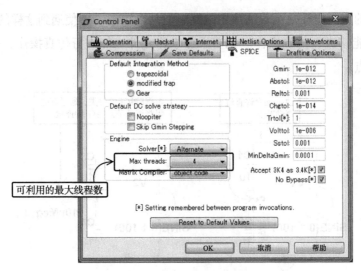

图1.13 CPU的线程数的确认

为了慎重起见，需补充说明：使用LTspice的多线程处理是为了在一个测试（仿真操作）中进行并列计算，多重任务的速度并不会加快。虽然多个LTspice能够同时启动，但是同时运行时各个仿真操作的所需时间并不会缩短。这是由于多重任务的任务进程管理是OS的问题，并不是应用软件的LTspice的问题。所以仿真操作还是逐个进行比较好。

1.1.6 本书的相关表述规则（包含习惯用法）

1. LTspice

表示是由凌特（LTC）公司所制作的SPICE。注意，表述的时候，LT要采用大写形式，spice则用小写形式。但在指示一般的SPICE时，则用大写形式SPICE。

2. 在SPICE中使用的文字

经商定，LTspice中使用的文字（半角数字）不区分大小写。初期阶段的SPICE使用编程语言FORTRAN来表示，后来演变成使用大写字母表示。然而如今，从编程语言而来的指令大多使用小写字母。现在的LTspice之外的SPICE系统也一般不区分大小写字母。

3. 本书使用的电路符号

本书所用的电路图中，使用图1.14（a）的符号来表示电阻。JIS提倡使用图1.14（b）的表述方法，但LTspice所采用的例题电路图使用的是图1.14（a）的表述方法。过去日本国内出版的多数关于电路的书籍中采用了类似图1.14（a）（起伏数不同）的表述方法，这也是本书采用此表述方法的理由。其他的电路符号沿用了LTspice中预设的元件符号。此外，图1.14（b）的表述符号也可以在LTspice的电路图中使用[1]。

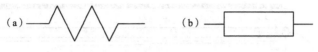

（a）　　　　　　　　　　　　（b）

图1.14　表示电阻器的符号

4. 参考电路文件

本书为读者提供了可下载的例题数据，包括LTspice文件夹下的Examples文件夹中的例题。文件夹名称及文件名都用图标▭▸表示。

5. 表述方法及用语

下面就本书及英文PDF版本的指南中出现的表述方法及用语（包括一些初级内容）进行解说。本书使用的用语对于了解这个专业领域的读者来说并不陌生，但对于不熟悉此专业领域的读者来说，突然接触大量陌生的专业词汇，也有一定的难度，会出现无法理解文章内容的情况。

此处就能够帮助业余读者理解的项目进行表述。对C语言等编程语言有一定理解的读者，能更好地使用仿真器，更容易理解文章内容。虽然LTspice是电路仿真器，但是指令及选项的设置等语法（syntax）与编程语言大抵是一致的。另外，菜单中使用的语法等也跟编程语言的表述方法相同。

6. 操作界面上的用语

此处所解说的单词作为在Windows OS下运作的应用软件用语被广泛使用，但LTspice的菜单中使用的用语则另作说明。

1）窗口

表示操作所用的区域。在英文指南中很少出现，但本书根据解说的实际情况，特别是避免误解的情况下使用这个词汇。通常指的是方框里的范围。仿真操作中，会出现各种各样的窗口，这些窗口有着以下的名称。

2）窗格及激活窗格

表示操作领域的方框内的部分称为窗格。如电路图（schematic）编辑窗格、图像窗格等。

运行LTspice（瞬态分析、AC分析等）时图像窗格会出现两个窗格，由于两个窗格不是同时进行相同的操作，所以只编辑电路图或者只编辑图像。决定进行

1）进行元件配置时，选择工具栏的 "Component" → "misc" → "EuropeanResistor"。关于元件配置方法请参照第2章 2.2节。

这个操作的窗格的行为称为"激活窗格"。左击窗格中的任意一处或者窗格上方的标题栏（长条状的部分），便可激活窗格（图1.15）。

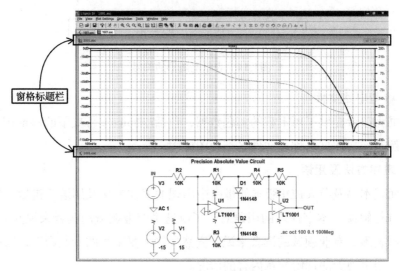

窗格标题栏

图1.15　窗格标题栏

3）菜单栏及工具栏

图1.16是LTspice窗口最上方的部分。第二行中有"Files"、"Edit"……的横状长条区域称为"菜单栏"。其下方横向排列着图标的地方称为"工具栏"。文字、图标在灰色状态下时，即表示在那个状态下无法操作。

菜单栏　　　工具栏

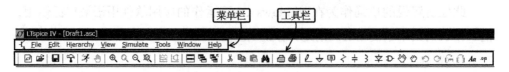

图1.16　菜单栏及工具栏

4）对话框

供用户输入的窗口

5）单选按钮

在对话框中选择某种功能时，从几个按钮中选一个的时候使用。当变成白色圆圈按钮时，选择其中一个选项，则自动排除之前选中的选项。

6）复选框

用于选项变成白色方框按钮的时候进行的选择。可进行多项选择。根据选择的种类不同，会出现锁定无法与别的选项同时成立的情况。此时，项目与按钮的颜色均会变成灰色。

7）热键

可代替鼠标操作，用键盘操作运行指令。本书将对预设的热键进行说明。热键的自定义的解说在第1章最后部分。

8）鼠标操作

鼠标左键、右键用Windows OS预设的状态（右手使用）来进行说明。另外对于"左击"这一说法，为了不与连续操作的情况相混淆，直接使用"单击"。右键则全部用"右击"来表述。

有滑轮的鼠标的操作方法则直接用"滑动鼠标滑轮"来表示，没有明确说明滑动方向（可在控制面板进行转向的设置：参照第5章的"Drafting Options"项）。电路图窗格可以通过滑动滑轮实现放大与缩小。缩放中心是鼠标光标所在的位置。此时可以一边看着界面一边滑动鼠标滑轮。另外也有一些滑轮左右倾斜的鼠标，LTspice也相对应地可以用它移动图片等。

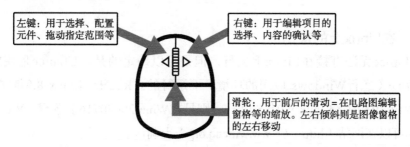

图1.17 鼠标操作

6. SPICE中使用的词头符号

表1.1展示了SPICE中使用的词头符号。SPICE中不区分大小写字母（除特例之外）。表示10^{+6}的Meg必须输入三个字母。

表1.1 SPICE中使用的词头符号

因 数	符 号	因 数	符 号
10^{+12}	T	10^{-3}	m
10^{+9}	G	10^{-6}	u
10^{+6}	Meg[①]	10^{-9}	n
10^{+3}	K	10^{-12}	p
		10^{-15}	f
$25.4 * 10^{-6}$	mil		

① Meg也可作meg。

1.1.7 必要的硬件及系统

LTspice是在IBM–PC兼容机（现在也称为PC）上运行的。CPU至少要在Pentium 4（P4）以上。OS则在Windows 98、2000、NT4.0、Me、XP、Vista、Windows 7上运行[1]。由于仿真是在几分钟内生成MB数据，硬盘（HDD）的最低容量要在10GB以上，此外RAM容量建议在2GB以上。

Windows 98以后的系统都配备P4以上的CPU，无论什么PC都能运行，但若是没有足够的HDD可用空间的话，仿真则有可能无法终止。另外，使用比P4旧的CPU的PC，可在Windows 95/98/Me下通过"LTspice/SwitcherCAD III"版本的LTspice运行。不过，Ver.4以前的版本一概没有保留。

HDD的可用空间越大越好。另外关于RAM，容量越大，仿真的速度就会越快。特别是使用Core 2 Duo等的多核CPU的PC，RAM容量越大，速度也会明显加快。

1.1.8 在Linux上的应用

LTspice无法直接在Linux上运行，但是可以确定的是，LTspice是在Linux上的Wine（运行Windows 应用的环境）下运行的。RedHat Linux 8.0是在Wine 20030219、RedHat Linux 9.0与SuSE 9.1则是在Wine 20040716上运行。Wine的最新版本可以在网站（http：//www.winehq.org）上确认。

安装方面，将下载了的LTspice IV.exe在Xterm中像"Wine LTspiceIV.exe"一样运行。然后GNOME的桌面就生成LTC公司的logo，单击此图标就可启动LTspice。

1.2 快速启动指南

安装之后，单击桌面上的"LTspice IV"图标启动LTspice。

LTspice IV

图1.18 桌面上的LTspice IV图标

启动之后，下拉菜单栏上的"File"，单击"New Schematic"或者工具栏上的"New Schematic"按钮（图1.19）。这个操作的热键是 Ctrl + N 。这样，制作新电路图的"绘制界面"就准备完毕了。这个电路图窗格预设的状态是亮灰色。

1）今后若是有新的OS发布的话，作者也会快速对应更新。

在此阶段，为了便于观看操作，最好先保存文件。

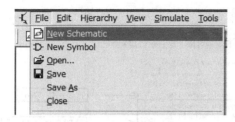

图1.19 新电路图的制作（New Schemaic）

1.2.1 开始使用前的初始化

为了能使LTspice的使用更顺手，需要先进行初始化。

首先，下拉菜单栏的"Tools"，单击"Control Panel"或者工具栏中的锤子形的按钮。"Control Panel"窗口打开之后，单击"Netlist Options"标签（图1.20）。

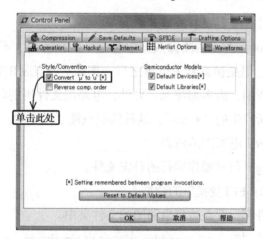

图1.20 控制面板的初始化

勾选"Convert ' μ ' to ' u ' [*]"。设置了这个之后，词头符号"μ"在日语版OS上就可代换成小写英文字母"u"。英文版的OS与日语版的OS中，用字节码表示希腊文的字符编码不相同，用上述方法是为了防止因字符编码引起的乱码。输入SPICE指令时，也可以用"u"代替"μ"，但国外制作的电路图中的SPICE指令（SPICE Directive）[1]和注释中的"μ"则保持乱码的形式。控制面板中，标记有 [*] 的项目名称会保持设定，在下次启动LTspice时也有效。

接下来，单击同个控制面板中的"Operation"标签（图1.21）。将里面的四个"Automatically delete ∗∗∗ files"的各选项都改为"Yes"。这样设置之后，

1）即在电路图中用文本输入命令（指令或选项设置）。详情请参照第3章

LTspice会在关闭后自动删除不需要的文件。

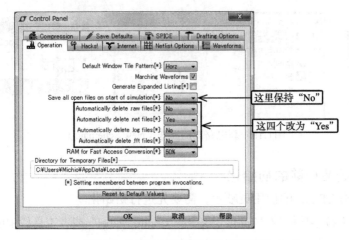

图1.21 退出时自动删除文件的设置

各个文件扩展名表示的意义如下:

(1)*.raw:仿真的图像数据中有这个数据的话,不用再次仿真也可以用图像表示出来。但是仿真开关电源之后,图像会从几MB变到几十MB,对HDD容量会有一定影响,需多加注意。另外,电路图文件用别名保存时,会残留用原文件名运行时所产生的"*.raw"。这种情况只能手动删除。

(2)*.net:电路图的网表。

(3)*.log:仿真操作运行的日志文件。

(4)*.fft:FFT变换后的数据。

这些文件都保存在仿真电路图的文件夹中。

将上面的"Save all open files on start of simulation [*]"设置为"Yes"之后,仿真操作运行时打开的所有文件都会被保存起来。

1.2.2 简单的仿真及波形观测

为了了解LTspice的基本操作方法及电路仿真,下面以LTspice所附的样本电路为例题,进行瞬态解析。

1. 开关电源的.tran解析例题

在LTC公司的高耐压、非同步、降压开关、调节器的范围内输出电流为2A的题中选出耐压58V的LT3980作为例题。

上述的新电路图准备完成后,单击"Component"(元件配置)按钮(热键为 F2)。

图1.22 "元件"按钮

打开元件选择窗口之后,输入元件名区域中,省略LT仅输入"3980",会自动表示为"LT3980"。这里单击"Open this macromodel's test fixture"按钮(图1.23)。

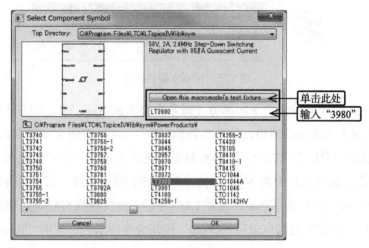

图1.23 元件选择窗口

单击之后,就会出现LT3980的典型应用电路例子(图1.24)。本例中,输出电压设定为5V,此外,为了在最大负载电流2A的条件下评价仿真实验,接入2.5Ω的负载电阻。C1中的Rser＝4.75kΩ表示这个元件是1000pF和4.75kΩ的串联。详细内容请参照第2章"无源元件"的"电容器(condenser)"。

▶LT3980_Test.asc

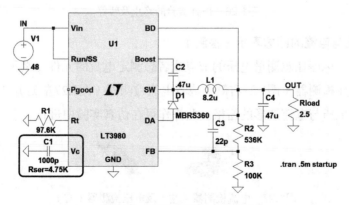

图1.24 LT3980的Test Fixture

这个IC的优点之一，是能够检出续流二极管D1的电流，在二极管电流过大时延迟下个开关脉冲，确保线圈电流不会过大。因此，应用电路例题中，D1的正极直接接到DA端子而不是接到GND。在本项"快速启动"中，不对IC以及电源电路作详细说明。

2. 仿真实验的执行

单击工具栏中的"Run"（图1.25）。预设中没有此热键。

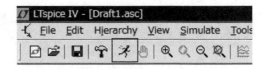

图1.25　仿真实验的执行

单击之后，界面分为上下两部分（通常电路图窗格在下方，但并不是固定不变的），出现表示波形的窗格。仿真实验执行中"Run"按钮会变成灰色，"Halt"按钮变成黑色（图1.26左方）。仿真实验中单击这个按钮，则终止此时的仿真实验（终止仿真实验的热键为 Ctrl + H ）。不想终止仿真实验，而是暂停的话，则单击"Simuate"菜单的"Pause"（图1.26右侧）。此操作没有热键。单击"Run"则继续运行。仿真实验结束之后，"Halt"按钮会变回灰色，同时"Run"也会变回黑色。

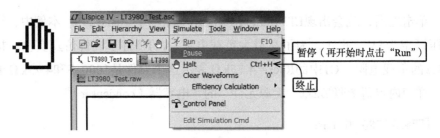

图1.26　仿真实验的终止及暂停

3. 电压与电流的图像表示（检测）

将鼠标光标停在想测量电压的节点或者想测定电流的元件（端子）上，光标就会变成电压检测器（图1.27右侧）或者电流检测器（图1.27左侧）。单击之后就会出现表示电压与电流波形的窗格。此操作可在仿真实验中进行。

图1.27　电流检测器（左）及电压检测器（右）

图1.28展示了用电压检测器测定"OUT"节点时的情况。从波形窗格可以看出,因为是瞬态解析,横轴当然是"时间"。纵轴为电压,可以看出表示某个节点的信号名称在图像上方表示为"V（out）"。在参考电路数据中,运行仿真实验后,会出现预先测出的波形。

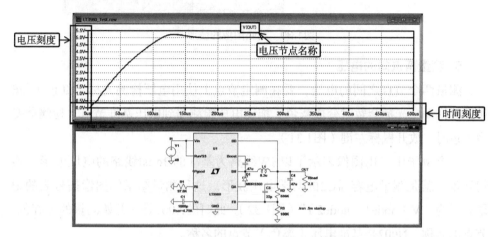

图1.28 LT3980的仿真实验及波形表示

图1.29展示的是此后的线圈电流测定结果。波形窗格中,信号名称中多了I（L1）,并且用新的图像颜色表示。此时的电流刻度在右侧。

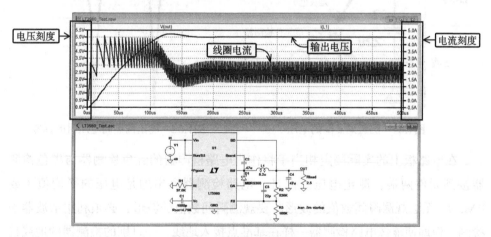

图1.29 输出电压及线圈电流

4. 消除图像的波形

下面讲解要消去已经表示在图像窗格中的电压和电流的波形时,消去特定图像（波形）的方法。第一种,激活图像窗格,单击工具栏上的"Cut"（剪刀形）（图1.30左侧）,再单击图像中的电压或电流名称标签（图1.30中间）。或者可以右击图像中的电压或电流名称标签，单击 "Delete this Trace"（图1.30右侧）。

图1.30 消除图像的波形

5. 测量两点间的电压

测量两个节点之间的电压，要在测定节点上使用电压检测光标（红色）。按住鼠标拖动，光标会暂时变成灰色。拖动电压检测器到电压基准节点，检测器变为黑色时，放开鼠标左键（图1.31）。

这个例子中，用图像表示了以SW线路为基准的Boost线路的电压波形。换句话说，就是测量电容器C2的两端电压波形。这种测量结果的图像信号名的记录表示为 "V（node1，node2）"（图1.32）。此时的N001是一开始测量的（红色）节点的名称，N002是基准电压（黑色）节点的名称。

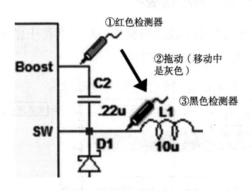

图1.31 测量两点间的电压

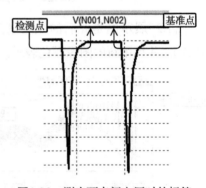

图1.32 测出两点间电压时的标签

在电路板上的实际测定相当于将作为电路检测器的红色检测器与黑色检测器接到元件两端，测定电压。但是，电路检测器测出的是电压的平均值（或RMS），无法观测瞬间数值的波形。要观测瞬间数值的波形，必须利用示波器来检测，但即使能像电路检测器一样在基准点接入地线，一旦别的检测器的地线接头与实验电路的GND连接起来的话，就会通过示波器的GND进而导致短路，所以应避免这样的情况出现。这种情况下，用示波器测定瞬间数值的话，通常要用2个检测器，测出各个节点的电压波形的差异。

通过进行仿真实验，可以推测出施加在元件上的电压波形，实机操作可以预测难以观察到的尖锐的过大电压发生的可能性。

6. 将GND之外的节点设为电压基准点时

前面讲过元件两端的电压的测量方法，但也有将GND之外的节点设为基准，继续测量几个节点的情况。这种情况，可以暂时将某个节点设置为基准点。

单击"View"菜单的"Set Probe Reference"（图1.33左侧），或者在电路图窗格激活状态下，右击电路图中空白处，单击"Set Probe Reference"（图1.33右侧）。单击之后，鼠标光标就会变成黑色检测器。用这个检测器点击要作为基准点的节点，则那一点就成为基准点。接着，用检测器（红色）点击想要测定的节点，就可以从之前设定的基准点得出电压波形。

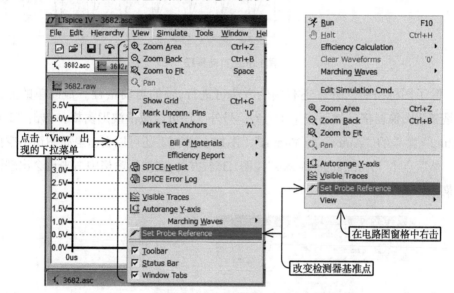

图1.33 检测器基准点的设置

要改变基准点，可通过"Set Probe Reference"再次设置。要将基准点变回GND的话，可在"Set Probe Reference"中单击GND的节点或者按 Esc 键。

7. 放大部分图像

接下来，尝试将部分波形放大。激活波形窗格，按住鼠标左键，拖动选中想扩大的波形范围，然后松开鼠标（图1.34）。

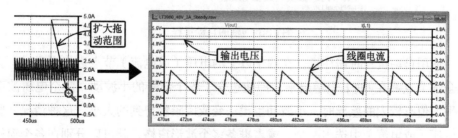

图1.34 放大图像

此时，可以清楚看到线圈电流I（L1）在波动，但没法清楚看出输出电压的波动。想要在图像窗格满屏表示电压与电流时，可利用"自动量程（Auto Range）"。单击工具栏的"Auto Range"（图1.35左侧），电压波形及电流波形就会各自将y轴拉伸至最长。

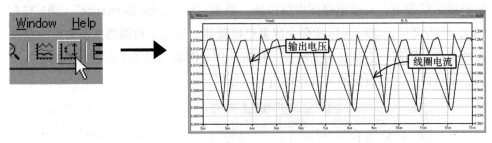

图1.35 自动量程

除了图标按钮之外，还有别的方法可进行y轴的自动量程。最简单的方法就是激活图像窗格，然后按 Ctrl + Y 。另外，还可以激活波形窗格，单击"Plot Setting"菜单的"Autorange Y-axis"（图1.36左方）。还可以右击电路图窗格空白处，然后点击"Autorange Y-axis"（图1.36右方）。在波形窗格中右击也会出现同样菜单。

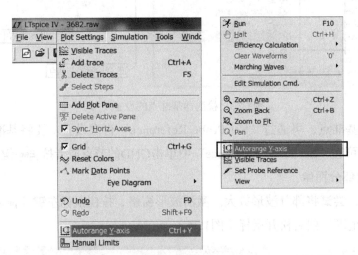

图1.36 y轴的自动量程

使用自动量程时需注意，在两个以上的电压（或电流）节点进行测量时，会把全部节点都在y轴上表示出来，即使包含了各个信号的小波动，两个电压波形的平均值有较大的差异时，小波动也没法变成肉眼看得到的大小。这种情况，要从电压（或电流）中选出一个，或者准备多个波形窗格，就可以分别在各个窗格表示出每个电压（或电流）（参照第4章）。

换言之，在y轴上表示的面积以1对1的波形表示的话，全部面积都可在y轴上表示。例如，电压波形、电流波形、功率波形都分别用1个波形表示的话，通过"自动量程"，这三个波形都会在y轴上满轴扩大。

1.2.3 使用鼠标光标简单读取图像

激活图像窗格，尝试从所展示的波形中测定各种数值。目前为止的例题，都可看到在LTspice所有窗口的左下显示出来的信息。

首先，用鼠标光标检查输出电压的波动情况。电压波动的波形的"峰"和"谷"的范围如图1.37所示，用鼠标光标拖动包围起来，左下的信息区域就会显示"dy＝11.84mV"。

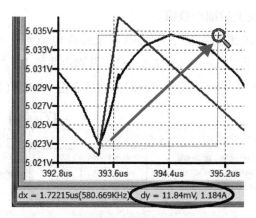

图1.37 通过鼠标光标读取x轴、y轴的区间

仿真实验结束后，根据放大的范围的不同，振幅大小会相应变化，可能会与读者得到的结果有细微的差异。另外，即使输出电压波形有点生硬，也不能吹毛求疵。之所以这样说，是因为在设计输出电压为5V±10%的电源时，10mV（0.2%）的讨论是没意义的。这里所举的例题忽略了滤波电容器的ESR及ESL等在实际电路中不可忽略的因素（第2部分会讲解考虑这些要素时的方法）。

接下来的例子是，用鼠标光标测定开关频率。虽然测定频率时，可以测出输出电压的波形的峰值间隔（或者最谷值间隔），但在切换开关的ON/OFF时，可以明显读出线圈电流的变换，所以使用此时的波形。在测定电压的时候也同样，用鼠标光标将线圈电流从一个谷点拖动到另一个谷点，周期的时间及频率就会显示出"dx＝2.50753us（398.799KHz）"，可以知道大致是以400kHz的频率开关的（图1.38）。

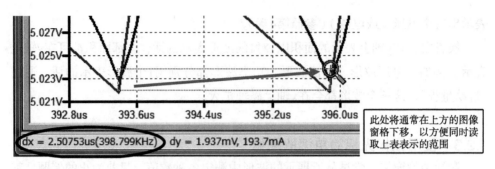

此处将通常在上方的图像窗格下移，以方便同时读取上表表示的范围

图1.38 通过鼠标光标读取周期・频率

1.2.4 使用图形光标读取图片

虽然可以通过鼠标光标简单读取图像信息，但最多也只能通过目测将标示鼠标光标中央的十字线对准图像（曲线）。要改善这一不足，可以用图像曲线上导引的光标，读取曲线上的细小数值。

首先，先标示出想测定的节点的电压及元件电流等，右击图像窗格范围上部的信号名称打开"Expression Editor"。只测定曲线上1点时，从"Attached Cursor"的选项中选出"1st"或者"2nd"，然后点击"OK"（图1.39）。

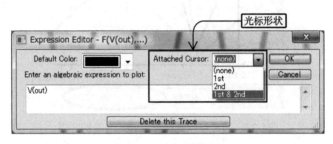

图1.39 光标的选择

测定两点间的电压差或者时间差（周期：及其倒数的频率）时，则选择"1st & 2nd"后点击"OK"。图像窗格中就会出现虚线的十字光标。将图像窗格用网格表示出来的话，网格的虚线与十字光标就会重合，较难分辨，所以暂时不用网格表示，这样会使操作更简单。网格表示的切换可通过键盘 [Ctrl] + [G] 来操作。即使选择"1st & 2nd"，初始状态是两个光标重合在一起，看上去就像只有1个。

用鼠标接近虚线的十字光标的交点时，鼠标光标会显示"1"，按住鼠标左键拖动想测定的第1点，拖到另1点的虚线十字光标后会显示"2"，再按住鼠标左键拖动。

此时，显示测定结果的窗口分别显示了光标的横坐标、纵坐标的值以及2

点间的差（光标2-光标1）的纵、横坐标的数值（图1.40）。例如这个例子，可以读取到输出电压波动约为11.51mV。关闭此窗口可点击右上方的"×"或者按 Esc 键。

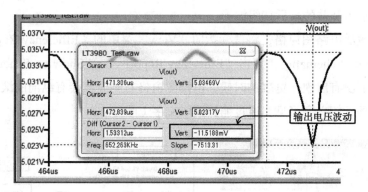

图1.40 使用光标的测定

1.2.5 效率报告

效率是设计开关电源时的重要要素之一。LTspice能够简单求出开关电源的效率。

首先激活电路图窗格，将光标移到仿真实验操作的显示部分，右击或者单击"Simulate"菜单的"Edit Simulation Cmd"，显示出仿真实验操作的编辑界面。勾选"Stop simulation Cmd"在编辑行中加上"stdady"这个修饰词，然后点击"OK"，完成指令编辑。电路图中指令行变成图1.41所示。电路图中的负载电阻名称变为"Rload"[1]。

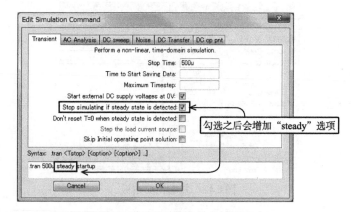

图1.41 设置稳定状态的检查

1）自动计算效率的时候，负载名称为"Rload"的电阻只能有一个，或者只能用有源负载的电流源。电流源负载的情况下可以利用多个负载计算效率，但简单的电阻的话使用一个负载是没办法计算的。

此状态下再次运行（Run）仿真实验。仿真实验开始的部分与一般仿真实验相同。开关电流变为稳定状态时，LTspice从所判断的时间点开始，10次的开关之后终止仿真实验。仿真实验中，检测电路图中的某个节点电压和电流的话，图像窗格会显示出开关的最后10组波形。

此时激活电路图窗格，将鼠标指向"View"菜单的"Efficiency Report"，点击"Show on Schematic"。点击"Efficiency Report"→"Show on Schematic"之后电路图下没有出现一览表的时候，电路图窗格右侧应该会有纵向的滚动条，操作该滚动条，使文字可见，通过缩放读取文字（图1.42）。

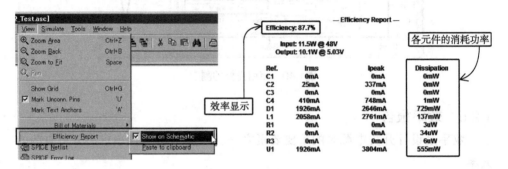

图1.42　效率报告

这个效率报告不仅可以显示在电路图上，还可以复制到附属Microsoft Windows的剪贴板中（图1.43）。只需将鼠标指向"View"菜单的"Efficiency Report"，点击"Paste to clipboard"。粘贴到剪贴板上的文本数据也可以粘贴到Word或记事本上使用。

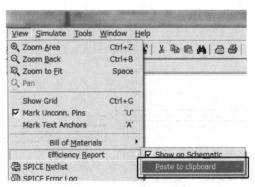

图1.43　复制到剪贴板

此例中，由显示在"---Efficiency Report---"下的"Efficiency：87.7%"可看出效率为87.7%。此时的输入输出电压及功率条件表示在接下来的2行中。接下去则显示了各元件的实际电流、峰值电流、消耗功率的一览表。

　　从这个例题可以知道，U1（LT3980）消耗的功率为555mW，位于中间的D1（MBRS360）消耗的功率为729mW，续流二极管消耗的功率约为开关内置的IC消耗的功率[1]。

　　经常有读者会问"开关电源IC的效率大概是多少呢"，由上述可知，像这样外加续流二极管的非同步降压电源中，讨论IC单体的效率是没有多大意义的。

注意事项

　　前面讲过有些条件下无法自动检出"STEADY"。那是由于用了无开关的电源（也就是所谓的线性稳压器。3端子型的稳压器，最近统称为LDO。）或者LTC公司的开关电源的脉冲串式运行。另外，LTC3127（单片的H桥型的升降压电容器）等也无法自动检出"STEADY"。在仿真这些调节器时，若勾选"Stop simulating if steady state is detected"，会出现"SPICE Error"信息（图1.44），仿真实验则无法进行。

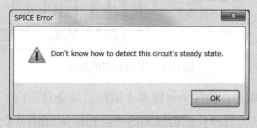

图1.44　无法自动检出稳定状态的情况

　　满足自动检出"STEADY"的条件下仍无法检出的时候，通过鼠标点击或者键盘的热键，可指定测定输入、输出的平均功率的"Start"及"Stop"。在选择"STEADY"选项的状态下开始仿真实验，预计输出电压稳定的时候，将鼠标指向"Simulate"菜单的"Efficiency Calculation"，单击"Mark Start"。开关10组波形之后马上单击"Efficiency Calculation"→"Mark End"。其热键分别是 Alt + S → E → M 和 Alt + S → E → E 。

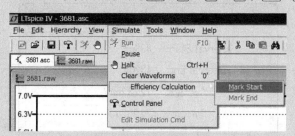

图1.45　根据指南进行效率计算的开始及结束

　　但是，仿真实验进行得太快的话就会很快到终止时间，所以要先延长.tran的时间。最近的模型中，在极少负载电流的条件下用脉冲串式运行，也可以自动检出"STEADY"。另外，也有使用".MEASURE"计算效率的方法（参照第4章）。

1）关于续流二极管及开关电源的详情，请参照第7章。

1.2.6　用图像表示元件功率的瞬时数值

按住 Alt 键，将光标移到元件上面的话，光标符号会变为"温度计"（图1.46左侧），单击之后会显示那个元件的"功率瞬时数值"图表（图1.46右侧）。此时的变量名称为那个元件两端的电压与经过那个元件的电流的乘积，即可知道续流二极管的功率瞬时值的变量名称为"V（N004，N002）*I（D1）"。

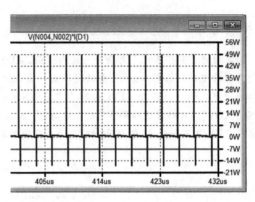

图1.46　平均功率的表示

在这个变量名称上，按住 Ctrl 键单击鼠标，就会显示出平均值及积分值（单位为焦［耳］）及其计算所使用的区间的开始和结束的时间（图1.47）。这里显示了平均功率为729.32mW，用选择了"STEADY"的效率自动检出所表示的二极管（D1）的功率为729mW，可以看出无论是自动检出还是通过手动操作，显示出的结果都是相同的。根据具体情况，有时也会出现细微差异，大多都是由于取平均区间的方法导致的。

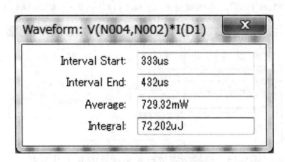

图1.47　平均功率的表示

另外，还可以像IC那样用图像表示非2端子元件的功率瞬时数值。那种情况的变量名称是，计算各线路的电压及流经该线路的电流的乘积所得的总和。例如本次的例子LT3980的情况则是：

例 | V(OUT)＊Ix(U1:BD)+V(N001)＊Ix(U1:Boost)+V(N002)＊Ix(U1:SW)+
V(IN)＊Ix(U1:Vin)+V(IN)＊Ix(U1:Run/SS)+V(N004)＊Ix(U1:DA)+
V(N006)＊Ix(U1:FB)+V(N005)＊Ix(U1:Vc)+V(N003)＊Ix(U1:Rt)

1.2.7 BOM（元件表）的报告

LTspice中装有可以显示元件表的快捷工具。

首先，激活电路图窗格。点击"View"菜单的"Bill of Materials"→"Show on Schematic"。界面中没有报告显示出来的情况下，用鼠标操作电路图右侧的滚动条，或者激活电路图窗格，按下空格键，就可以看到报告文字。另外，点击"View"菜单的"Bill of Materials"→"Paste to clipboard"，则可以跟效率报告一样，复制到附属Microsoft Windows的剪贴板中，以及在其他应用中作为文本数据使用。

```
                    --- Bill of Materials ---
Ref.     Mfg.                  Part No.      Description
C1       --                    --            capacitor, 1nF
C2       --                    --            capacitor, 470nF
C3       --                    --            capacitor, 22pF
C4       --                    --            capacitor, 47uF
D1       Motorola              MBRS360       diode
L1       --                    --            inductor, 8.2uH
R1       --                    --            resistor, 97.6K
R2       --                    --            resistor, 536K
R3       --                    --            resistor, 100K
Rload    --                    --            resistor, 2.5
U1       Linear Technology     LT3980        integrated circuit
```

图1.48 BOM报告

一览表中，展示了电路图中的元件号、制造商、元件型号（代码）、元件种类及数值。LTspice的数据库中只有线圈及电容器没有展示出制造商及型号。选择数据库中的元件时，可右击电路图中的各个元件符号。接着会出现输入元件参数的窗口（图1.49），点击左上方的"Select Inductor"及"Select Capacitor"，出现一览表。点击有数值的线圈及电容器时，只会显示与其数值相近的元件。点击数据库上方的"List All Capacitor in Database"，可显示数据库中所有元件。

图1.49 C与L的性能编辑

1.2.8 元件的参数编辑（简单的例题）

接下来展示变更（编辑）元件预设的数值的方法。

下面举例尝试将先前所举例题中的输入电压30V变更为12V。将鼠标光标移到电源（V1）的符号上，右击打开"Voltage Source"参数设置窗口，设置"DC value"中的数值。这里输入12V（图1.50）。

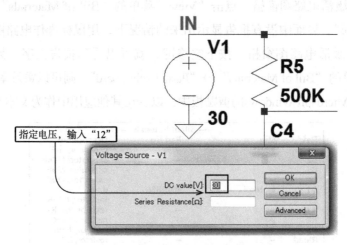

图1.50 电压参数的编辑

此时，若已经进行着仿真实验的话，光标的形状会变成检测器的形状。若是在进行仿真实验之前的话，则会变成手指光标。

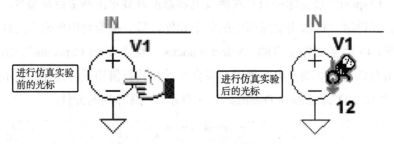

图1.51 元件上所表示的光标差异

1.2.9 元件的更换（负载响应特性的例子）

前面所举的例题都是使用固定电阻值的负载电阻进行仿真使用的，但实际的开关电源的研究中，有时还会对响应负载变化的输出电压的特性进行研究。要进行此研究，必须先准备好电子负载，通过研究负载电流变为脉冲状时输出电压的变化来进行试验。通过LTspice的实验也可用同样的仿真手法进行。

将变为负载的电阻器换为电流源，使电流产生脉冲状变化。但是，单独一个电流源时，与输入端连接的电压源及与负载连接的电流源仍旧是仿真实验开始时流出（或吸入）电流的"电源"。于是，LTspice的电流源模型有"负载"这一选项，在规定电流无法流动时，可以设置与纯电阻相似的动作。

首先，通过剪刀图标（热键为 F5 ）删除负载电阻，通过元件图标（热键为 F2 ）打开元件选择窗口，在元件名称输入框中输入"current"。点击电流源符号之后单击"OK"，鼠标光标就会变为电流源符号，将其放置在刚刚电阻器所在的位置。

放置完毕之后，为了能放置多个电流源，光标仍旧是电流源符号，右击或者按 Esc 键就可解除。接着右击此电流源，点击"Current Source"窗口中的"Advanced"（图1.52）。

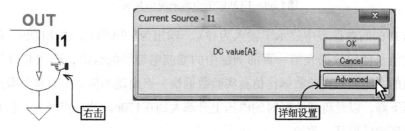

图1.52 电流源的详细设置

首先，勾选右侧的"This is an active load"（图1.53）。这样电流源就会设定为"Load"。本例题负载变化的范围的初值为0.5A，最大值为1.5A，脉冲幅度为180μs，上升沿与下降沿分别设定为100ns，可由负载变化情况看出电压的变化情况。勾选"Functions"的单选按钮中的"PULSE"，用键盘输入各个设定值，最后点击"OK"。

在此条件下的仿真实验结果如图1.54所示。

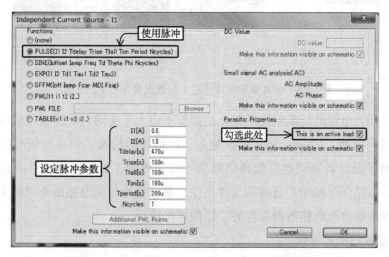

图1.53 电流源的脉冲设定及active load的设定

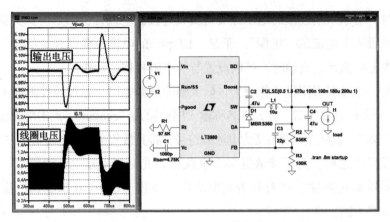

图1.54 LT3980的电荷响应仿真实验

LT3980的数据表中展示了输入为12V，输出为5.0A到1.5A的阶跃响应图像。此实测值是使用数据表第一页的例题中的滤波电容器的数值，即用47μF进行仿真实验的。实际的实验数据比仿真实验数据快一点出现响应，但是从负载加重时的电压下降，以及负载减轻时的电压上升都大约在150mV这一点上看，仿真实验与实机实验结果是一致的。

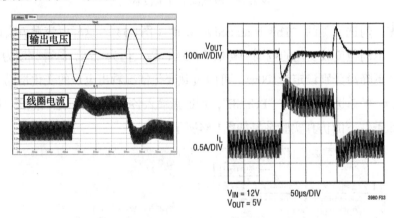

图1.55 仿真实验结果（左）与数据表（右）的比较

要将开关电源的负载响应模型化是需要下很大工夫的，此模型可以说是制作精良。另一方面，LTspice能将如此接近实际操作的仿真实验在极短时间内计算出来，对于设计者来说也是值得信赖的不可多得的工具。在保存修改过的电路图时，尽可能保存在用户自选的文件夹中，并且使用与原电路图不同的文件名保存。建议最好将原电路数据保存好，以便再次使用。

1. 参数扫描的例题

图1.56所示的是将LTC3690的负载响应特性改为3次变换输出滤波电容器数

值的仿真实验。变换某个参数进行仿真实验的方法十分方便，应用范围也十分广泛。第3章有详细讲解，此处仅举出此应用的一个例子。

▶LT3690_Step–Load_Cap3.asc

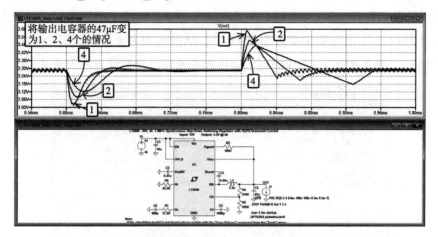

图1.56 由滤波电容器引起的阶跃响应的变化

LTC3690的例题电路图也可以通过使用之前所讲的工具栏的"Component"选出，这里则是通过凌特公司的网站下载得到（http：//linear–tech.co.jp/）。在此网站的右上方的关键词搜索框中输入"3690"。然后点击 ➡，就会显示出LTC3690的概要页面（图1.57）。点击此页面右侧的"LTC3690 Demo Circuit"，"打开"或者"保存"文件（不同浏览器的显示界面不相同）。选择保存之后，双击保存的文件打开电路图文件。

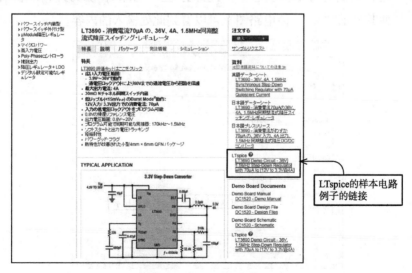

图1.57 演示电路链接

电路图下方写着英文的注意事项。其中最重要的是开始的部分"无法看到仿真实验模型（没有显示IC部分）"时，则运行"Sync Release"。

与前面所讲例题LT3980一样，将负载电阻改为负载电流源，设置为脉冲电流源。设定的数值如图1.58所示，电流初值为0.5A，电流上限值为4A，电流变化的延时为0.6ms，电流变化幅度为100ns，1.8A的输出电流流动时间为0.2ms，周期为0.5ms，反复次数为1（此仿真实验中周期及反复次数没有多大意义）。

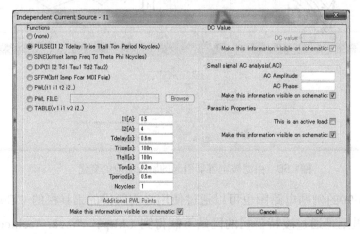

图1.58 通过脉冲改变负载电流

接着，将鼠标光标移至电容器（C4）上，按住 Ctrl 键，右击打开"Component Attribute Editor"窗口（图1.59）。双击此窗口的最下面的"SpiceLine2"的"Value"栏，则变为可编辑状态。在此部分输入"x{N}"。另外，双击右侧的"Vis."栏使其显示"×"，使电路图上可以看到此处输入的内容。

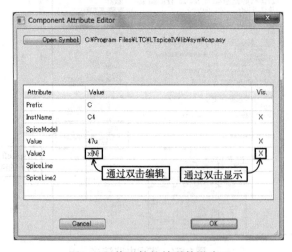

图1.59 将元件的并联数设为N

接下来打开Spice Directive的编辑界面（热键 S 或工具栏的Spice Directive图标 .op ），输入如下，放入电路图中。要在Spice Directive的编辑界面中换行时，按 Ctrl + M 或者 Ctrl + Enter 。

例 .STEP PARAM N List 1 2 4 　　　（用1, 2, 4个电容器进行仿真试验）
.OPTIONS plotwinsize=0 　　　（设置为不进行图表压缩）

接着，将仿真实验时间改为1.2ms。确认这些设置之后就会变成图1.60所示。

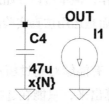

PULSE(0.5 4 0.6m 100n 100n 0.2m 0.5m 1)
.STEP PARAM N list 1 2 4
.tran 1.2m startup
.OPTIONS plotwinsize=0

图1.60　通过参数扫描元件的并联个数

电容器并联的情况可以用"x{N}"表示N个并联，但此标记方式只可用于电容器。二极管串联的情况，则表示为N=n，FET并联的情况，则记为M=n。

图1.61展示的是此电路图的仿真实验结果的放大图像。放大负载变动部分的输出电压"V（OUT）"之后结果如图1.61所示。可以像这样在仿真实验中变换参数，观察变换结果。此例中由负载变动引起的电压变动范围，可改变输出滤波电容器的数量（合成容量）来观察变换情况。

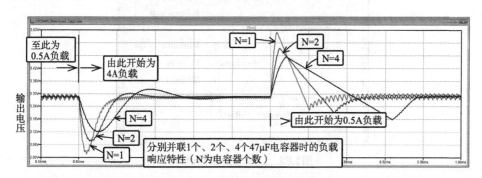

图1.61　输出电容器并联个数不同引起的阶跃响应的差异（只扩大阶跃部分）

2. 超过额定值时的警告符号

仿真实验中，即使使用超过元件的最大额定值，一般也能够正常运作。这是因为，元件的属性（property）中虽然写着最大额定值，但只是为了给用户提个醒而已。特别是IC宏模型，就算使用超过最大的额定值一般也不会引起任何变化。但是，若是使用比建议的最低电压更低的电压的话，则有可能出现无法运行宏模型的情况。即是说，有些模型在低于推荐电压的条件下进行仿真实验的话，有可能无法得出正确结果。

通过仿真实验能知道各种各样的电路的动作，但不可以在超过IC等的保证范围的领域中使用。这并不是仿真实验的局限，而是运用仿真实验的用户方的认识方面的问题。

另外，前面讲过的"效率报告"功能中，有能够对超过额定值的元件给出警告的功能。这在一般的.tran解析中无法计算出来，只能在选择.tran steady时发挥效用。作为例题，修改前面举过的LT3980的演示电路的一部分，以确认这个功能。

使用这个电路的续流二极管是型号为MBRS360的二极管。要确认此属性的话，只需将鼠标光标移至二极管上方，右击之后则能显示出来。由此可以知道，二极管的名称为MBRS360，Manufacturer（制造商）为Motorola，Type（二极管的构造）为Schottoky（肖特基二极管），Average Forward Current（正向平均电流）为3A，Breakdown Voltage（逆向耐压）为60V（图1.62）。

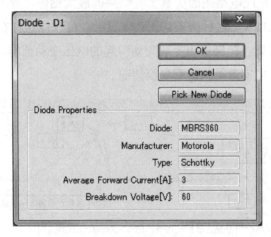

图1.62 二极管的属性窗口

为了了解使用低于此二极管额定值的元件时会出现什么警告，单击此表格中的"Pick New Diode"按钮。LTspice中的数据表展示了二极管一览表

（图1.63）。在此将lave "A"栏排序（单击lave "A"的文字列，则会切换升序、降序）。

Part No.	Mfg.	type	Vbrkdn[V]	Iave[A]	SPICE Model
LXK2-PW14	Lumileds	LED	5.0	1.60	.model LXK2-PW14 D(Is=3.5e-17 R
DFLS220L	Diodes Inc.	Schottky	20.0	2.00	.model DFLS220L D(Is=25u Rs=.04
PMEG2020AEA	Philips	Schottky	20.0	2.00	.model PMEG2020AEA D(Is=5.409u
SS24	Fairchild	Schottky	40.0	2.00	.model SS24 D(Is=4mA Rs=.016 N=
MBRS340	Motorola	Schottky	40.0	3.00	.model MBRS340 D(Is=22.6u Rs=.0
30BQ060	International I	Schottky	60.0	3.00	.model 30BQ060 D(Is=10u Rs=.04 I
MBRS360	Motorola	Schottky	60.0	3.00	.model MBRS360 D(Is=22.6u Rs=.0
MURS320	Motorola	silicon	200.0	3.00	.model MURS320 D(Is=1.06n Rs=.0
MUR460	GI	silicon	600.0	4.00	.model MUR460 D(Is=149n Rs=.038
B520C	Diodes Inc.	Schottky	20.0	5.00	.model B520C D(Is=200u Rs=8m C

图1.63 程序库中的二极管列表

由于是2A的电源，所以从平均电流为2.00A的元件中选出40V的不同耐压的SS24。接着就选择steady选项进行仿真实验。开始之后，二极管上会出现如图1.64左侧一样的警告符号。这是在所选元件超过额定值的使用中出现的警告。右击此警告符号，可以知道是由什么引起此警告的（图1.64右侧）。就本例子来说，出现警告的状况，是由于反向耐压40V超过额定耐压值的120%，并且平均电流也是2A的89%，需加以注意。

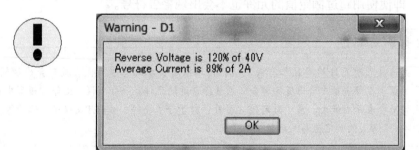

图1.64 超过元件额定值的表示及其内容的例子

此时若单击 "OK"，会出现展示二极管特性的表及仿真实验的结果，可进行对比（图1.65）。再次单击此窗口中的 "Pick New Diode"，从二极管一览表中选择相对实验结果有富余的规格的元件（大致检查元件规格的话这样的对策就已足够，但是要实际上进行量产的话，需要预定供应的元件SPICE模型，用那个参数再次进行仿真实验。）

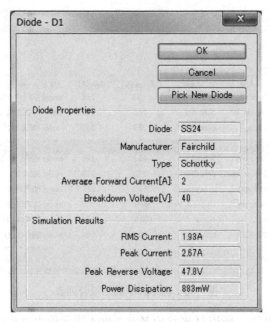

图1.65　数据库中的参数及仿真实验结果的比较

选择合适的元件再次进行仿真实验之后，警告符号就会消失。这个关于超过额定值的警告，只在可自动检出稳定状态时有效。即是说，在自动计算稳定状态时的效率时，会保存观测各元件的电压、电流、消耗功率等10个波形的数据，所以能够确认此警告。一般的仿真实验模式无法进行各元件的额定值及仿真结果的比较，即使使用超过额定值的元件也不会出现警告符号。

注意事项

　　并不是所有元件的参数都有额定值，所以没有出现此警告不代表就不会出现问题。但是，至少在警告表中有出现的部分必须选择合适的元件。一般来说，IC等宏模型中记述的元件不会表示出最大、最小额定值。另外，对于分立元件，如FET及双极晶体管等，也有没有将Id及Ic的额定值写入参数中的情况。

1.2.10　运算放大器的.tran解析的例题

下面选取LTC6244HV作为运算放大器的过渡响应特性的仿真实验例题。

启动LTspice，单击工具栏的"New Schematic"（或者使用热键 Ctrl + N ）打开电路图窗格，单击工具栏的"Component"（或者使用热键 F2 ）打开"Select

Component Symbol" 对话框，在元件名称输入框中输入 "6244"。"6244" 的文字列会自动替换为 "LT6244"，然后从一览表中选择LTC244HV，单击该栏正上方的 "Open this macromodel's test fixture"。

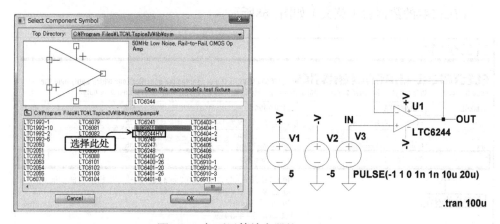

图1.66 打开运算放大器的Test fixture

此电路中，LTC6244HV在 ± 5V的电源下使用，构成电压输出器。输入则使用−1V到+1V间的方波，高电平时间为10μs，周期为20μs，上升沿和下降沿分别设定为1ns。仿真实验的时间设定为100μs。 ± 5V的电源接在标记为（+V及−V）的IC电源引线上（详情参照第2章）。点击仿真实验的 "Run"，检测电路图中的OUT节点，仿真实验结果如图1.67所示。

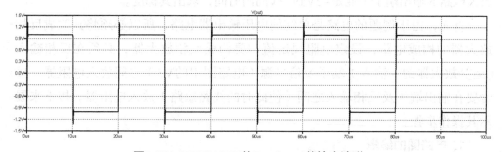

图1.67 LTC6244HV的Test fixture的输出波形

接下来，将电路图测定条件变更为与数据表的压摆率一致。关于电路图的编辑在第2章中有详细描述，此处只讲解几个最基本的编辑方法。

从数据表中可知有LTC6244及LTC6244HV两种型号，根据+V与−V的电压差的耐压区分开。这个.tran例题使用 ± 5V的电源，耐压不足7V，由于需要10V以上，所以只能使用耐压为12V的LTC6244HV。仿真实验的宏模型则不管有没有HV都可以使用同一个模型。LTC的IC的话，对高耐压的版本备有特殊的宏模型，但除耐压以外的LTC6244的特性可以认为是一致的。仿真实验中，即使施加超过耐压的偏压也不会破坏实验或者出现仿真实验警告，所以实际选定元件时要认真阅读数据表。

　　LTC6244的数据表（英文）如图1.68所示。

LTC6244

ELECTRICAL CHARACTERISTICS (LTC6244HVC/I) The ● denotes the specifications which apply over the specified temperature range, otherwise specifications are at T_A = 25°C. V_S = ±5V, 0V, V_{CM} = 0V unless otherwise noted.

SYMBOL	PARAMETER	CONDITIONS		MIN	TYP	MAX	UNITS
PSRR	Power Supply Rejection	V_S = 2.8V to 10.5V, V_{CM} = 0.2V	●	75	110		dB
GBW	Gain Bandwidth Product	Frequency = 100kHz, R_L = 1kΩ	●	35	50		MHz
SR	Slew Rate (Note 11)	A_V = –2, R_L = 1kΩ	●	18	40		V/μs

Note 11: Slew rate is measured in a gain of –2 with R_F = 1k and R_G = 500Ω. V_{IN} is ±1V and V_{OUT} slew rate is measured between –1V and +1V. On the LTC6244HV/LTC6245HV, V_{IN} is ±2V and V_{OUT} slew rate is measured between –2V and +2V.

压摆率的内容

图1.68 数据表中的部分电气特性

　　"Note11"中写着LT6244的测定条件。首先，由于Gain＝-2，构成反相放大器，可以实现反馈电阻为1kΩ、输入电阻为500Ω的电阻值。另外输入电压及输出电压的条件在没有HV的情况下则为±1V，有HV的情况下则是±2V。也就是说，这里所举的例题使用的是有HV的型号，要测定压摆率，即是在构成此反相放大电路的输出端子上测定-2V到+2V间的时间，求出其梯度。

　　首先，由于例题的电路是单纯的电压输出器电路，所以必须将其改成反相放大器的构成电路，设定电阻规定值。要构成反相放大器，必须在反相输入（运算放大器的－输入）端子及信号源（电路图中的V3）之间放入电阻器。接着要在输出端子及反相输入之间（使此时的线路短路）放入电阻器。接下来展示其操作步骤。

1. 电路图的编辑

　　单击工具栏中的"Drag"或者按 F8 ，使鼠标光标能够进行拖动。拖动电路图上想移动的区域，暂时放开左键，接着再次单击（图1.69）。当运算放大器的－输入高度"IN"与有标记的配线一样时，将前面选中的部分移动到界面右侧，在"IN"的位置及运算放大器的－输入间预留出放电阻器的位置。接着将拖动的范围再向右移动到电路图窗格的最右侧，然后用鼠标滑轮缩小界面之后暂停，电路图缩小之后再重新开始操作。

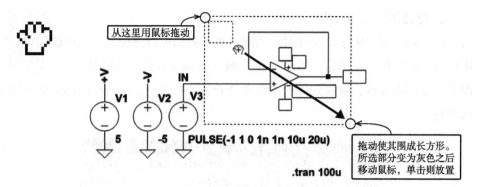

图1.69 移动电路图的某个区域

接着使用剪刀图标 ✂（热键：F5）、电阻器图标 ≷（热键：R）、GND图标 ⏚（热键：G）、配线图标（热键：F3）等完成电路。要注意信号（V3）的输入通过电阻器，从连接到运算放大器的+输入改为连接到−输入。另外，右击V3电源，将输入电压范围变更为−2V到+2V。

在这个条件下试运行仿真实验。放大实验结果的输出信号上升的部分，如图1.70所示。

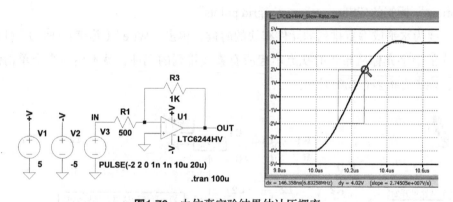

图1.70 由仿真实验结果估计压摆率

下面使用鼠标光标尝试简单地确认压摆率。首先，单击图像中−2V的点并拖动，到图像中+2V的地方仍旧按住鼠标，在左下的状态栏中会显示出（Slope=2.74505e+007V/s）。分子分母除以10^6之后得到约2.75/μs。

与数据表相比较，可知道此模型虽然比Typ的40μs慢，但相比min的规格18μs的压摆率则快得多。IC的数据表中，根据规定排序所保证的整个温度范围的保证值，是将由温度引起的变化也考虑在内的，但仿真实验的模型一般没有包含温度参数。所以这一点上无论哪个IC制造商制造出的模型都是相同的，在评价仿真实验的结果时需注意这一点。

2. 电路图的制作与编辑小窍门

在电路图窗格中配置元件时，用网格表示界面可以方便确定元件的位置。要用网格表示的话，可单击"View"菜单的"Show Grid"。热键为 [Ctrl] + [G]。即使没有使用网格表示，放置元件的位置也会变为网格表示，小的电路的话就不用那么在意。

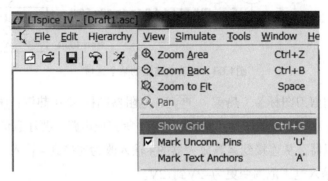

图1.71　网格表示

若想要让电路图窗格始终处于网格表示状态的话，勾选控制面板中的"Drafting Options"标签的"Show schematic grid points"[1]。

要为水平或垂直排列的元件布线的时候，单击"Wire"（热键：[F3]），可将布线的十字光标从布线的视点串起所有直线排列的元件，就不用一个个单击链接，能省去很多布线的时间。

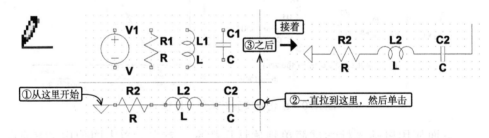

图1.72　连接一连串元件的布线

1.2.11　运算放大器的.AC解析例题

仿真运算放大器的频率特性的话，要选择仿真实验指令".AC"。下面以使用LTC6244的非反相放大器为例进行讲解。这里也可以继续利用刚讲过的压摆率例题中的电路图，但此处我们还是基于原始例题重画电路图。电路图的编辑手法

1）根据小型笔记本电脑及放映机的不同种类，不同的显示器端及网格网点的位置关系可能出现没有显示的情况。

则参考前面的例题进行修正。

信号输入保持接入运算放大器的非反相输入的状态，反馈的配线中放入电阻器，接着在反相输入中接入电阻，在其另一方接入GND。接着跟之前的顺序一样，单击"New Schematic"（热键：Ctrl+N）打开空白电路图窗格。使用"Component"（热键：F2）打开元件选择窗口，输入"6244"，单击"Open this macromodel's test fixture"。

将鼠标光标移至".tran 100μ"这一瞬态解析指令的文字列上，右击打开"Edit Simulation Command"窗口，点击"AC Analysis"标签。从"Type of Sweep"（扫描形式）的选项中选择"Octave"或者"Decade"。这两个作为频率轴的对数来处理。解析频率范围比较大的时候，适合用对数形式。Octave及Decade本质上没有任何区别，但通过与其下的设置项目的"工作点"的关联，可以决定全部仿真实验的工作点（图1.73）。

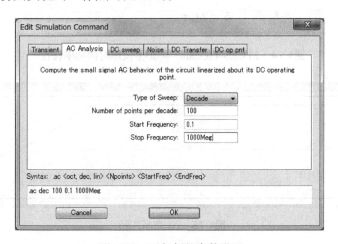

图1.73 AC解析的参数设置

可以看作Octave以每2倍频率、Decade以每10倍频率为一组。即是说1位（Decade）可以换算为约3.16倍频程（Octave），所以把下个设置项目的工作点设置为相同的话，选择Octave的情况有3.16倍的仿真实验工作点，比选择Decade的情况多。两者就只有这点差别。

除了"Type of Sweep"（扫描形式）的选项之外，还有"Linear"和"List"。频率范围比较小的时候（频率开始点和结束点最多几倍的时候），适合用Linear（线形）刻度。另外，只想对特定频率进行仿真实验时，将那个频率列举在List（列表）中。

紧接工作点数的2个框是扫描频率的开始频率及结束频率。频率的单位为

Hz。需注意的是,表示10的6次方的"Mega(兆)"在一般电气、电子电路中使用大写的"M",在SPICE中则使用"Meg"来表示(SPICE中不区分大小写,所以可写作meg或者MEG),一般使用Meg。SPICE中M跟小写字母m一样,都表示千分之一(10的-3次方)。

这个例题是仿真0.1Hz到1000MHz的频率特性。做出来的电路图及仿真实验结果如图1.74和图1.75所示。

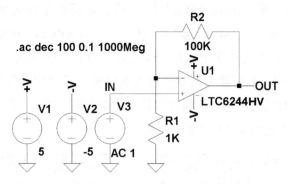

图1.74 LTC6244在Gain=40dB下使用时的频率特性

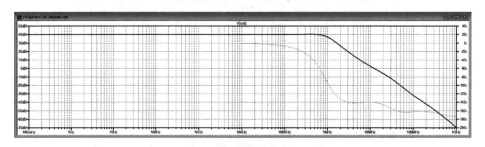

图1.75 AC解析图形

图形的实线对应表示增益特性,使用左侧刻度,虚线对应表示相位特性,使用右侧刻度。相位的单位为"°(度)",但英文版之外的OS中会出现乱码。日语版的OS则是用"<"这个符号表示。

由于是反馈电阻为100kΩ,输入电阻为1kΩ的非反相放大器,理论上增益的计算值会变为101倍,这里判断约为40dB。从仿真实验的结果可以看出,0.1Hz开始到约1MHz位置大约为40dB,1MHz开始的高频率则是以-40dB/Dec减弱。

关于用SPICE仿真实验研究开环增益的更详细的活用方法,将在第8章中进行讲述。到目前为止,我们学习了LTspice的基本操作方法。接下来将举出能加深对LTspice电子电路的理解的活用例子。

1.2.12 电路图、波形表示、网表的颜色设置与编辑

在LTspice的电路图输入、编辑和波形表示中可以改变（编辑）颜色设置。打开颜色编辑窗口的方法有以下3种：

（1）打开"New Schematic"前及打开后，按钮的位置多少有点不同，但都是点击"Tools"菜单的"Color Preferences"（图1.76）。

（2）单击工具栏的"Control Panel"按钮，点击"Waveforms"标签，再点击"Color Scheme"（图1.77左侧）

（3）单击工具栏的"Control Panel"按钮，点击"Drafting Options"标签，再点击"Color Scheme"（图1.77右侧）。

图1.76 Color Preferences按钮

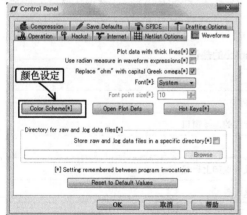

图1.77 由控制面板设定颜色的链接

接着就会打开"Color Palette Editor"（图1.78）。单击里面的3个标签中想编辑的标签，点击想编辑的信号名或者想编辑的部分。接着用鼠标左右拖动此窗口下方的"Selected Item Color Mix"的滑动条，或者用鼠标点击滑动条之后，用左右方向键移动滑动条。也可以在滑动条的最右方的数值框中直接输入数值。最后点击"Apply"，再点击"OK"就完成了。

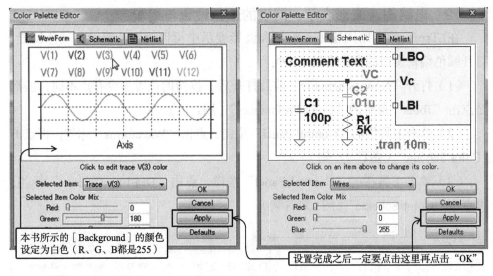

图1.78 Color Palette Editor

1.2.13 热键的设置与编辑

进行电路图的输入与波形表示时，利用热键（也叫"快捷键"）会方便很多。为了缩短获取电路图的操作时间，一定要学习使用热键。电路图输入中预设的基本热键如表1.2所示。

表1.2 LTspice的热键

热 键	英语名称	意 思
F1	Help	打开帮助界面
F2	Place Component	显示元件配置的选择窗口
F3	Draw Wire Mode	布线工具
F4	Place Netname	为信号线及节点加上标签
F5	Delete Mode	删除元件及配线
F6	Duplicate Mode	复制元件、配线及所包围的区域
F7	Move Mode	截取、移动元件、配线及所包围的范围
F8	Drag Mode	不截取、移动的情况下移动元件、配线及所包围的范围。配线则弹性移动
F9	Undo	撤销当前操作。无论多少次（预设500次），只有在记忆容量允许的情况下都可以实现
Shift＋F9	Redo	恢复F9撤销的内容
T	Place Comment Text	在电路中写上注释文本
S	Place SPICE Directive	写SPICE指令等"SPICE Directive"文本

续表1.2

热 键	英语名称	意 思
U	Unconn. Pin Marks	将未连接的pin显示切换到显示（非显示）状态
A	Text Anchor Marks	文本中锚点的标记（圆点）显示、非显示的切换
Ctrl＋Z	Zoom Area	放大鼠标图标选中范围
Ctrl＋B	Zoom Back	一点点缩小
Space	Zoom to FIT	放大到适应窗口大小
G	Place Ground	GND的配置
R	Place Resistor	电阻的配置
C	Place Capacitor	电容器的配置
L	Place Inductor	线圈的配置
D	Place Diode	二极管的配置
Ctrl＋G	Schematic Grid	网格的显示、非显示的切换
Ctrl＋R	Rotate	每按一次顺时针转90度
Ctrl＋E	Mirror	每按一次左右反转一次，文字不反转
Ctrl＋H	Halt Simulation	中途放弃运行中的仿真实验
0	(zero)	运行这个的时候，会将运行中的仿真实验的图像显示位置显示为T=0（Reset T=0）

　　这些热键都可以根据用户自定义重新设置。只需单击工具栏中的"Control Panel"图标或者"Tools"菜单的"Control Panel"，选择"Drafting Options"标签，再点击"Hot Keys［＊］"（图1.79）。

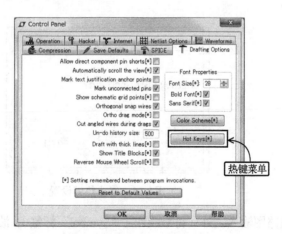

图1.79　由控制面板设定热键的链接

　　选择自己想编辑的标签，出现自定义键的表之后，点击按键名称（灰色的地方），输入新按键（按下自定义键），就可以改变热键了（图1.80）。

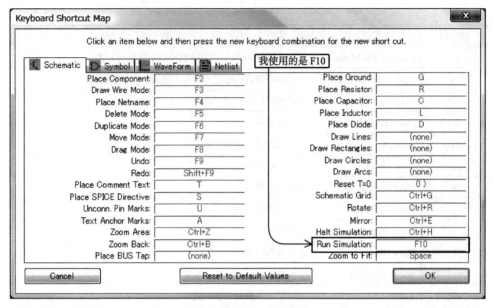

图1.80 热键的编辑

经常使用的操作中，预设中没有指定热键的，可以用"Run Simulation"按键。由于 $\boxed{R}$（电阻器）或者 $\boxed{Ctrl}$ + $\boxed{R}$（元件的旋转）早已是指定热键，可以使用 $\boxed{F10}$ 等。

要取消指定的快捷键时，单击那个快捷键，当其颜色从灰色变为黑色时，按下 $\boxed{Delete}$ 键。接着就会出现图1.81所示的对话框，点击"是"，则热键显示变为"（none）"。

图1.81 终止热键设置

除了电路图输入之外，符号制作（"Symbol"标签）、波形表示（"Waveforms"标签）、网表（"Netlist"标签）也同样可以通过设置热键来进行编辑。

同时按下菜单栏（图1.82）的各个按键的文字中的下划线字母（"File"菜单为F、"Edit"菜单为E等）与 $\boxed{Alt}$ 键，就会出现下拉菜单。根据下拉菜单输入有下划线的字母就能运行。另外，启动之后，在键盘上输入 $\boxed{\text{Ctrl}}$ + $\boxed{\text{N}}$ 的话，跟输入 $\boxed{\text{Alt}}$ + $\boxed{\text{F}}$ → $\boxed{\text{N}}$ 一样会打开新的电路图窗格。另外，通过 $\boxed{\text{Ctrl}}$ + $\boxed{\text{O}}$ 能够打开已保存的电路图文件的选择窗口。

图1.82 菜单栏

另外顺便介绍几个其他的热键。按下 $\boxed{\text{Ctrl}}$ + $\boxed{\text{L}}$ 能够显示错误日志。激活电路图之后，按下 $\boxed{\text{Shift}}$ + $\boxed{\text{Ctrl}}$ + $\boxed{\text{Alt}}$ + $\boxed{\text{H}}$ 的话，则可以显示元件中没显示的属性（显示颜色为Highlight Color），返回非显示状态则按 $\boxed{\text{Esc}}$ 。要根据流水号重新将元件编号的话，按 $\boxed{\text{Shift}}$ + $\boxed{\text{Ctrl}}$ + $\boxed{\text{Alt}}$ + $\boxed{\text{R}}$ 。

1.2.14　文件菜单

至今仍未提及的"File"菜单的功能中，文件的保存及打印十分重要。在菜单栏中下拉"File"可以得到图1.83中的按钮。下拉的热键为 $\boxed{\text{Alt}}$ + $\boxed{\text{F}}$ ，在其后面的菜单指令中输入有下划线的文字，即可启动此功能。

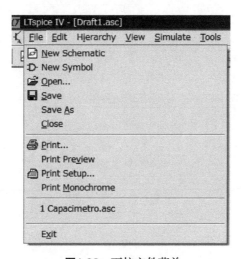

图1.83 下拉文件菜单

1.2.15　文件的保存（Save As）

点击菜单中的"Save As"，可以将文件以任意文件名保存起来。热键为 $\boxed{\text{Alt}}$ + $\boxed{\text{F}}$ → $\boxed{\text{A}}$ 。点击之后会出现文件名输入框，在里面输入文件名，按"保存"即可。

要覆盖保存的话则单击"Save"，此时不会出现文件名输入框，热键为 $\boxed{\text{Alt}}$ +

F → S 。

保存好的电路图文件扩展名为 "*.asc"。

1.2.16 打印（Print）

打印电路图或者图形时，激活想要打印的窗格，单击 "File" 菜单中的 "Print"。电路图配线为粗线（勾选 "Control Panel" 的 "Drafting Options" 标签的 "Draft with thick lines"）的情况下也会打印为细线。同样，图像中的粗线（勾选 "Control Panel" 的 "Waveforms" 标签的 "Plot Data with thick lines"）在打印的时候也用细线表示。

要将电路图或图像放到图像传真或文字处理软件中使用时，可以利用截图程序。截图的话，可以使用Windows OS的Print Screen键（复制到剪贴板），也可以单击菜单栏的 "Tools" 下拉菜单中的 "Copy bitmap to Clipboard"，截下电路图及波形表示的活动窗格。

第2章 电路图的输入

本章将对制作仿真电路图所需的要素进行介绍。

电路图的输入，首先准备一张白板（电路图绘制），在白板上安排并画上元件，最后用线连接即可。等待所有的元件都接线完毕，就可以设定元件的值，通过键盘输入数值等，设定电源的条件。根据情况，元件的参数可以写在电路图上，或者与写有参数的文件进行链接。

2.1 编辑基本的电路图

一般情况下，在进行电路图的输入的时候，首先不能违反这一基本规定。但是，以单纯的电路进行实验的时候，电路图过于简单化，有可能会出现仿真错误，以防万一，说明如下：

（1）至少需要一个GND：在电路图中，至少需要一个GND（节点名＝0）。

（2）节点只有GND的电路不可以：在电路图中，节点只有GND的电路，不能进行仿真。

（3）不可并联电压源：不可并联没有内部电阻的电压源，即使有相同的电压值，也不可并联。

（4）不可串联电流源：途中没有分路的闭合电路网中，不能串联电流源。即使有相同的电流值，也不可串联。

2.2 配置新的元件

2.2.1 元件、线路的配置与编辑

下拉菜单栏中的"File"，点击"New Schematic"，点击工具栏的"New Schematic"（快捷键为 Ctrl + N），打开输入电路图用的空白板（图2.1），默认设定是稍亮的灰色表格。

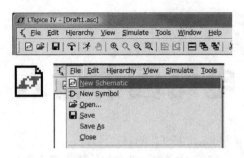

图2.1 "New Schematic" 的图标和按钮

接下来，下拉菜单栏中的 "Edit"，点击 "Component"，然后点击工具栏的 "Component"（快捷键为 [F2]），打开 "Select Component Symbol" 的窗口（图2.2）。

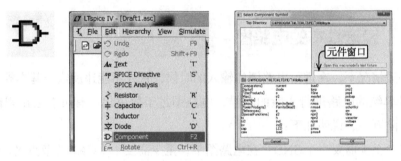

图2.2 配置元件的按钮

这个元件名列表（样品）展现了基本元件（晶体管和电源等），和IC类似，宏模型中提供的元件都储存在下面的辅助文件夹中。在已经了解LTC公司的制品的元件名称的情况下，在元件名窗口输入元件名的数字（4位），电脑就会自动从辅助文件中读出所需资料。

从辅助文件夹回到上一步的文件夹，点击 "Select Component Symbol" 窗口左侧的 "Up One Level" 按钮。或者，如果已经对配置元件的名称有一定的了解，输入元件名后，就会自动改换文件。例如，在配置IC后，如果已经有电源配置，只要输入 "voltage"，就会出现电源的标记。这时，不需要输入整个单词，只需输入 "vo"，自动完成功能，就会激活 "voltage"。

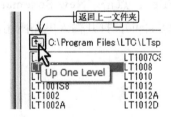

图2.3 Up One Level按钮

2.2.2 电路图的复制

在复制电路图中的元件或者是电路图的特定范围时，下拉菜单栏中"Edit"，点击"Duplicate"，下拉工具栏，点击"Copy"（快捷键为 F6 ），点击想要复制的元件，在按着鼠标左键的同时，选择复制的范围（图2.4）。

点击元件，选择范围后，把复制文件移动到目标位置，点击鼠标后便可完成复制（图2.5）。

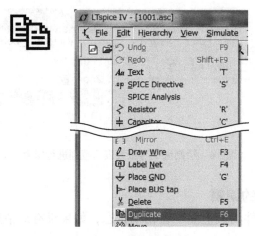

图2.4 复制按钮

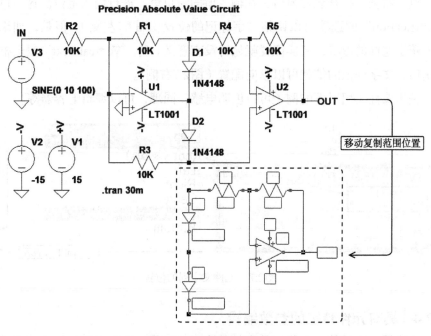

图2.5 复制部分电路图

这时，在电路图画面上，如果粘贴的位置不充足，就不能放复制文件。遇到这种情况，就要按住旋转，滚动鼠标，进行原有电路图的缩放和移动，把原来的电路图缩小到适当的尺寸，即可完成制作。滚动鼠标进行缩放的中心位置是此时鼠标光标点出现的地方。下拉菜单栏的"View"，点击"Zoom to Fit"，或者下拉工具栏，点击"Zoom full Extents"（快捷键为空白键）即可，将整个电路图与电路图绘制区域吻合（图2.6）。

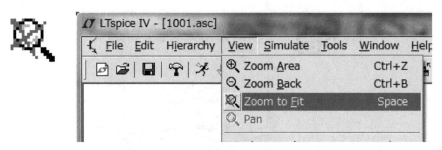

图2.6 绘制区中与最大表示范围进行拟合

2.2.3 可视属性的编辑

把鼠标放在元件的值上面（在初期状态，如果没有对值进行设定，文字就会形成R、L、C），点击鼠标的右键，就可改变值。鼠标光标停留在文字列上面，点击右键，打开设定窗口，在输入值的窗口里，进行输入定位。这窗口中的"Justification"的选项可以调整文字标记的位置（图2.7左侧）。但是，如果没有像大箱子这样的形状，变换位置就显得没有意义。待"Vertical Text"复选框自动弹出后，文字列上的值就可以纵向配置（图2.7右侧）。

关于属性，用以下的例子可以说明电感，同理，可以编辑电容器等。

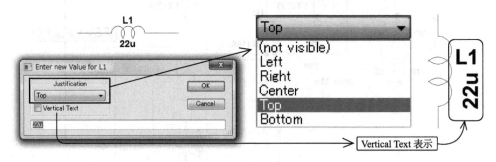

图2.7 元件文字列的位置

2.2.4 具有元件特征的参数编辑

电容器和电感等，如果仅从它们的决定值来看，反映电路设计的仿真是不充分的。也就是说，电容器的等效串联电阻（ESR）、等效电感（ESL）、电感的等效串联电阻（DCR）等是实际动作条件的重要要素。当然，在实际电路中，也必须要考虑其他要素，这一部分会在个别元件的电容器和电感的内容中进一步描述。

打开这一编辑窗口后，鼠标光标要放在元件标记的上面，然后点击右键。这时的光标形状在仿真执行之前是"手形"，执行后则是"电流探针形"。在窗口中可以设定的参数是图2.8左侧所示的5组。默认的等效串联电阻值是1mΩ。这里的"Peak Current"不受仿真的影响，只是单纯地登录。

点击"Select Inductor"按钮后，激活登录在LTspice内程序库的电感一览表，通过一定的参数，在进行元件选择，可以自动地反映仿真。这个程序库的内容会定时更新，在"Sync Release"中，也会偶尔进行数据更新。"Select Stock Inductor"的例子如图2.8右侧所示。在列表中，只会显示与元件相近的设定电感值。并且，点击这里的"List All Inductors in Database"按钮后，就会显示登录的所有电感。点击各纵行的标签（L"uH"、Mfg.、Part No.等）后，里面的内容就会按照升序（或者是降序）分类显示。

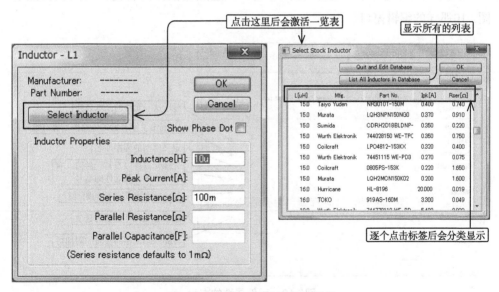

图2.8 程序库里登录的列表例子

在执行仿真的时候，可以使用电源效率自动计算的"steady"选项，执行仿真后，如图2.9所示，这一元件的峰值电流、RMS电流、消耗功率的仿真结果都会显示在窗口中。

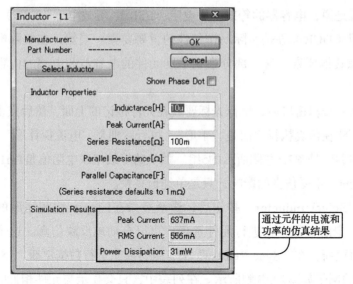

图2.9 元件的消耗电流和功率的列表

2.2.5 常用属性的编辑

在元件的图标上，一边按着 Ctrl 键，一边点击鼠标的右键，马上就会显示图2.10那样的编辑窗口。

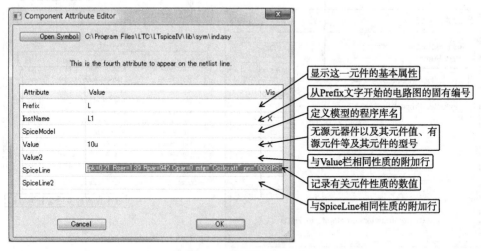

图2.10 元件属性的表示

编辑窗口的横向有三栏，从左到右分别是"Attribute"（显示元件属性的参数）、"Value"（元件的参数值及文字描述）、"Vis."（复选框）。在"Value"栏中，双击编辑的位置，就可以进行编辑。

2.2.6　布　　线

关于布线，已经在第1章进行了说明。下拉菜单栏的"Edit"，点击"Draw Wire"后，再点击工具栏中的"Wire"按键。快捷键为 F3 。之后，在电路图的折线处，就会出现十字光标，移动光标与元件的端子一致，然后点击，按着按键移动鼠标拖动至通过布线的位置，点击每一个拐角处，如此重复到布线的终点。只要显示折线的十字光标，就可以连续地进行布线工作（图2.11）。在布线工作结束的时候，点击鼠标的右键，按着 Esc 键，就可以开始进行另外的指令（作业）。

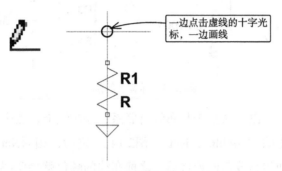

一边点击虚线的十字光标，一边画线

R1
R

图2.11　布线工具

2.2.7　带有标签的节点

下拉菜单栏的"Edit"，点击"Label Net"，然后点击工具栏的"Label Net"。快捷键为 F4 。之后就会出现带有节点标签名的输入框，在输入框中可以输入文字。尽可能添加简单明了的名称（图2.12）。

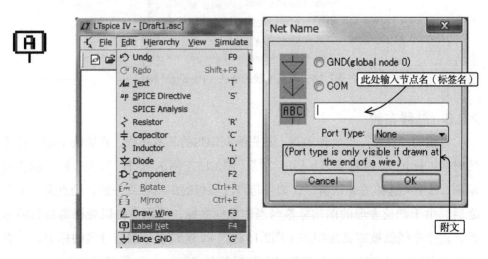

图2.12　给节点添加标签

一般情况下，"Port Type" 选择 "None" 即可，在表示输入、输出、输出输入的时候，就可以选择这一选项。这一输入选项，如以下补充说明所示，只有附着在线路终端时，才用标签符号 "Port Type" 表示（图2.13左侧）。另外，如图2.13右侧所示，即使是分离的节点，也要署上相同的标签名，即使没有明示的布线，也可以看作折线。

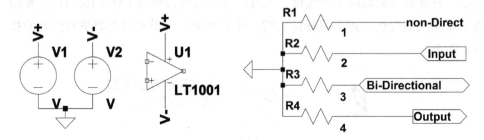

图2.13 标签名的例子

依据标签，可以确认是否与布线有联系，在布线上，点击鼠标上的右键，点击显示在菜单上的 "Highlight Net"（图2.14）。之后，相同Net名的地方，颜色会发生变化。其他的布线与此连接后，之前布线的颜色就会变回原来的颜色，新的复选框部分的颜色就会发生变化。这里显示的颜色，是在第1章最后一部分提及的定义为 "颜色设置" 所控制的。"Highlight Net" 的颜色变回到原来颜色的时候，按着 Esc 键，就可以让电路图绘制区保持在激活的状态。

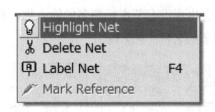

图2.14 布线连接的确认（Highlight Net）

2.2.8 总线布线

布线的 "Wire" 可看作BUS，首先绘制BUS的基本布线，在Wire上添加标签的时候，标记为 "<标签名>［0：7］"（图2.15左侧）。这样 "OK" 后，就会显示图2.15中央这样的确认窗口，如果与自己预想的BUS布线一致，则点击 "是"。之后，由于把长方形的BUS标签名当作鼠标光标，所以点击以光标为目的的布线，这个布线就被定义为BUS（图2.15右侧）。这时，分割信号名的标记，就表示成以下8条，分别是 "<标签名>1" "<标签名>2" …… "<标签名>7"。

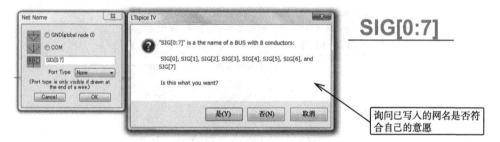

图2.15 总线抽头的确认

从这个总线中取出仅有的1根抽头时，下拉菜单栏中的"Edit"，点击"Place BUS Tap"，按着 Ctrl + R ，这个细长的三角形就会按照确切的方向旋转，在总线上，可以取出抽头，从中取出布线后，就可以标上图2.16所示的标签，这样就可以处理总线中的个别信号。

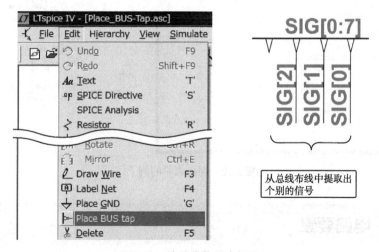

图2.16 从总线信号中提取

2.2.9 PCB网络表单的输出

只有使用电路图编辑器，才能输入电路图，不能直接编辑网络表单，要确认网络表单是如何作为SPICE文件输出的，就要下拉菜单栏的"View"，点击"SPICE Netlist"（图2.17）。这样，就可以输出与电路图相对应的SPICE网络表单的文本文件。或者，在执行仿真后，（如果没有设定自动删除），保存电路图的文件夹里就可以输出网络表单。作为参考，可以参看LT1722的网络表单（图2.18左侧）。

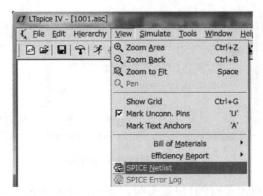

图2.17　按钮"SPICE Netlist"

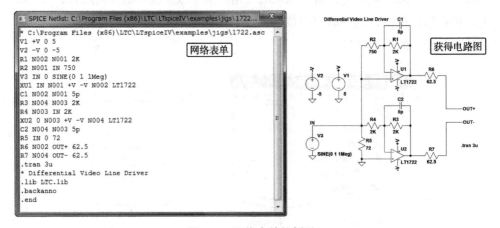

图2.18　网络表单的例子

2.3　电路要素

2.3.1　电路要素记述的有关说明

　　LTspice在使用GUI设定各种参数上下了工夫。但是，在Model中的各个参数的追加设定以及设定元件的必要要素（数值）时，也有只使用GUI不能进行设定的参数。在设定这些参数时，从"Spice Directive"窗口输入文本，或者通过编辑"Component Attribute Editor"的"Spice Line"来完成。在这个时候，就必须掌握文本数据形式的SPICE语法的预备知识，这样有助于对电路图输入等的理解。

　　在这一段，会分别说明在LTspice里使用的各种各样的电路要素，说明时，会加注以文本数据形式记载时使用的"语法"（Syntax）。了解语法后，在执行仿真时出现错误，或者是出现了没有料想到的仿真结果等时，对对策或多或少都会有帮助。有关文本数据形式的语法，也可参照第10章。

2.3.2 记述元件的"语法"

在记述元件的最初的文字列中的首字母是用来标识元件的种类。在LTspice中使用的文字，与其他的SPICE大体都可进行互换[1]。元件种类的字母在两个以上，要标记元件的固有差异，可以使用英文字母和数字。例如，Rload就写作R1。

关于元件的种类+固有的符号（号码），元件在电路图中，标识与哪一个节点连接，就要写上节点名。节点名的数量和元件的端口数的数量是一致的。依据FET的种类，把背栅当作端口考虑，就有4个端口。

在这之后，并列元件必需的参数和选项参数。不能省略用"＜"和"＞"括起来的参数。可以省略用"［"和"］"括起来的参数，按照需求进行设定。参数中用"｜"（竖线）区分板块，这意味着在这其中选择一项。

在每个元件要素中，有语法（Syntax）这一项，在LTspice中，即使不知道这一语法，也可以使用电路图符号，进行电路图输入。因此，每个元件的要素可以用"语法"表示，初步利用LTspice的时候，不需要用到语法的任何知识。

从电路图中输出网络表单时，了解语法的形式的话有时候很有用。另外，在记述文本数据形式的时候，也可以依据这一语法进行记述。再者，使用Spice指令（Spice Directive）[2]记述元件属性的时候，如果不了解这一语法就不能正确记述。

在电路要素中（元件），不能记述不能省略的参数，在实行仿真后，就会产生错误，因此必须设定必要的参数。例如，电阻的电阻值、电压源的电压值等，一定要进行设定。一般的参数设定是把光标移动到元件上，点击右键，设定参数的窗口就会打开，在框中输入数值。

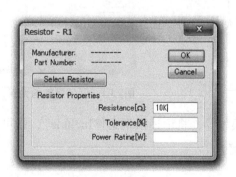

图2.19 元件值的输入（1）

1）列举几个例子，在LTspice中，使用的"B"就表示行为源，在PSpice中，把"B"分配到GaAs-FET。另外，对于基本的逻辑电路，在LTspice中使用"A"，在PSpice中，使用"U"。在LTspice中，"U"表示带有RC损失的传输线。
2）SPICE指令（Spice Directive）可以参照第3章。

更加简单的方法是，在配置元件时，把光标放在标识参数的字母（例如电阻是R）上面，待光标变成I形后，点击右键。这样之后，光标就会停留在字母组上，然后点击鼠标的右键，就会显示编辑字母组的画面。

编辑光标

图2.20 元件值的输入（2）

但是，依据电路要素，必须添加表示元件属性的"Spice Line"来表示元件的参数。在编辑元件属性的时候，把鼠标光标停留在元件的符号上，一边按着 Ctrl，一边点击右键，这样就可以打开"Component Attribute Editor"窗口。其中有"Spice Line"和"Spice Line2"，使用哪一个都一样。为了能让编辑的内容显示在电路图上，双击每一行右端的框（"Vis.栏"），添加"×"（图2.21）。

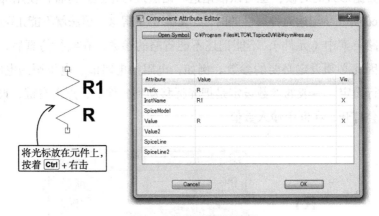

将光标放在元件上，按着 Ctrl ＋右击

图2.21 元件属性的编辑

FET的模型等，将记述模型文件Include[1]，就可以把Spice指令粘贴在电路图中，进行设定。

2.3.3 与电源相关联的元件

1. V独立电压源

从元件配置按键中，选择"voltage"（图2.22），配置在电路图上。作为例子，GND和标签"SOURCE"都分开配置，如图2.23左侧所示，进行布线。

图2.22 独立电压源的选择

　　把光标停留在电压源上，就会变成手形的图标（在实行仿真后，就会变成探针形），在这时点击右键，然后就会出现设定电压和内部串联电阻的对话框。设定这些之后，点击"OK"，当作单纯的DC电压源进行设定。在这个对话框的右下角有一个"Advanced"按钮，点击这一按钮，就如此图所示，会出现可以设定各种功能的对话框。只要设定过一次"Advanced"，下次只要点击鼠标的右键，就会直接打开"Advanced"对话框。作为单纯的电源进行设定的内容（"AC Phase"），可以通过这个对话框的右半部分进行设定（图2.23右侧）。

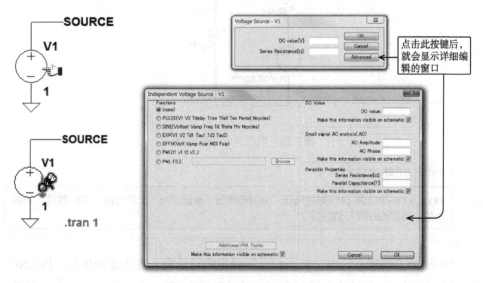

图2.23 电压源的详细设定

"Functions"中有7个单选按钮（图2.24），在7个中，选择仿真中必要的功能。下面针对不同的功能进行说明。另外，在文本数据的情况下，会显示语法。

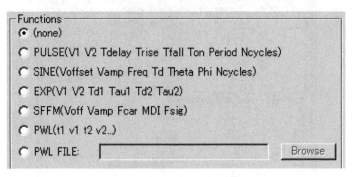

图2.24 电源Function的设定

1）（none）

语法 | **Vxxx n+n−〈电压〉[AC=〈振幅〉] [Rser=〈值〉] [Cpar=〈值〉]**

作为单纯的直流电源设定，或者作为进行AC解析时的交流信号源，可以设定的内容有如下几项："电源电压（voltage）"、"AC振幅（amplitude）"、"串联内部电阻（Rser）"、"并联电容（Cpar）"。等效电路如图2.25所示。

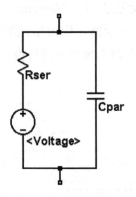

图2.25 电压源的等效电路

2）PULSE脉冲波形设定

语法 | **Vxxx n+n−PULSE（off时的电压　on时的电压　延迟时间　上升时间　下降时间　on的时间　周期的时间[周期数]）**

如图2.26左侧所示，在"Functions"设定的对话框，点击单选按钮"PULSE"的左侧。这时，"off时的电压"和"on时的电压"，哪一个高都没有关系。但是，当"off时的电压"比"on时的电压"高时,"上升时间"和"下降时间"就会与外在显示的数据相反。

这里的"上升时间"是指,从"on时的电压"转移到"off时的电压"时,所需的时间。不管是哪一种情况,波形未必会向上或者向下(设定on时的电压比off时的电压要低即可)。按照这个图设定条件,设定的画面"OK"后,电路图内的电源显示就如图2.26右上所示。

仿真"Run",则出现图2.26右下的波形图。在"PULSE"电源中,没有".tran解析"的选项功能。当t=0时,off时的电压就会直接输出。在一般的设定中,"off时的电压"为0,应该没有"startup"选项的问题,如果需要更细致的脉冲设定,设定"PWL"功能会比较好。设定上升时间、下降时间为0后,就会默认设定。默认的数字,无论是Ton还是{Tperiod−Ton},都会短10%。

📁▶V−Source−PULSE.asc

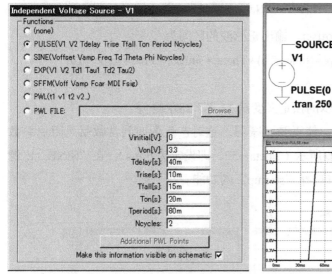
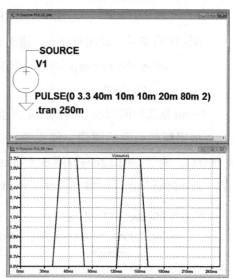

图2.26 脉冲电压源设定的例子

3)SINE正弦波设定

语法 | `Vxxx n+n−SINE(DC_offset Vamp Freq Tdelay Theta Phi[Ncycles])`

图2.27是"Functions"设定的对话框,点击单选按钮"SINE"的左侧。

从t=0开始到Tdelay之间,输出电压为

$$Voffset + Vamp * sin(\pi * Phi/180)$$

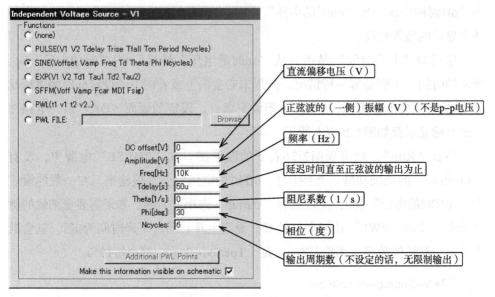

图2.27 SIN波电压源的设定

N周期结束后，输出Voffset。输出正弦波的区间为

$$Voffset + Vamp * exp(-(time - Td) * Theta) * sin(2\pi * Freq * (time - Td)$$

$$+ \pi * Phi/180)$$

（time是将时间以秒表示的预定义变量）（图2.28左侧）。

根据指数函数的原理，使正弦波减弱，这时产生的时间常数就是阻尼系数（Theta）。例子如图2.28右侧所示（Theta=50，即设定为20ms）。在"SINE"电源的".tran解析"选项中没有选择"startup"的功能。

▶V–Source–SINE.asc

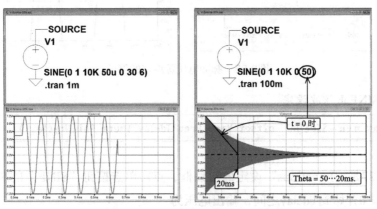

图2.28 正弦波电压源的设定例子

4）EXP指数函数波形设定

语法 Vxxx n+n－EXP(Vinitial Vpulsed Rise_Delay Rise_Tau + Fall_Delay Fall_Tau)

图2.29左侧，"Function"设定的对话框中，点击单选按钮"EXP"的左侧。

▶V-Source-EXP.asc

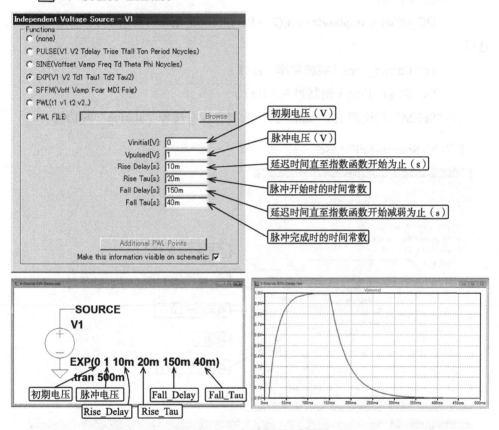

图2.29 EXP电压源的设定例子

从t=0到Rise_delay之间，输出Vinitial。Rise_delay后的输出电压是

V1+(V2－V1)*(1－exp(－(time－Td1)/Tau1))

Fall_Delay后的输出电压是

V1+(V2－V1)*(1－exp(－(time－Td1)/Tau1))

+(V1－V2)*(1－exp(－(time－Td2)/Tau2))

time是表示时间的预定义变量，单位为秒（s）。在"EXP"电源的".tran解析"选项中没有选择"startup"的功能。

5）SFFM单一频率FM

语法 | Vxxx n+n−SFFM(DC＿offsset Amplitude Carrier＿Freq
+Modulation＿Index Signal＿Freq)

图2.30左侧，"Functions" 设定的对话框中，点击单选按钮 "SFFM" 的左侧。
电压的式子为：

$$DC\_offset + Amplitude * \sin((2\pi * Fc * t) + Mod\_Index * \sin(2\pi * Fs * t))。$$

这里

　　Fc＝Carrier＿Freq（载波频率（Hz））

　　Fs＝Singal＿Freq（调制频率（Hz））

在 "SFFM" 的电源的 ".tran解析" 选项中没有选择 "startup" 的功能。

▶V−Source−SFFM.asc

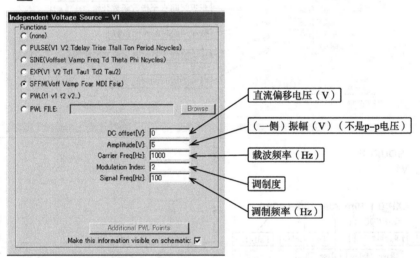

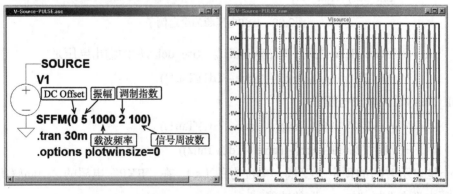

图2.30　SFFM电源的设定例子

6）PWL折线波形（Piece-wise linear）

语法 | `Vxxx n+n-PWL(t1 v1 t2 v2 t3 v3…)`

图2.31，"Functions"设定的对话框中，点击单选按钮"PWL"的左侧，并且显示编辑画面的"Additional PWL Points"。

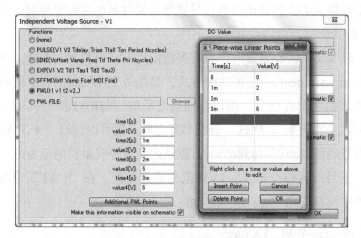

图2.31 PWL电源的设定例子

把编辑画面的time1［s］、value［V］这一组作为折线的出发点，指定下一点的组为time2［s］、value2［V］。下面，同理，依次设定时间和电压的组别。用直线连接的点与点之间会发生变化。在最初的编辑画面中，只能编辑4组，点击"Additional PWL Point"后，就会出现图2.31所示的编辑一览表，在编辑一览表中，还可以进行点（时间、电压组别）的添加、插入、删除。设定后点击"OK"，编辑完成。在"PWL"电源的".tran解析"选项中没有选择"startup"的功能。

▶V-Source-PWL.asc

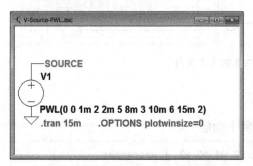

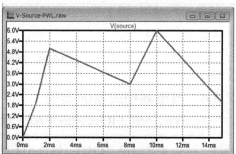

图2.32 PWL波形的例子

7）PWL FILE读取折线波形的文件

| 语法 | `Vxxx n+n−PWL file=<文件名> [chan=<nnn>]` |

图2.33左侧，"Functions"设定的对话框中，点击单选按钮"PWL"的左侧。文件是放至在与电路图放置位置一样的文件夹中，用全路径方式书写。图2.33右边的例题是读取文本文件开始时的信号波形。文件名中含有空格时，文件名就必须用""（双引号）。

另外，外部文件需要重复时，也有可能使用PWL这样的书写方式（repeat for 5 file=data.txt endrepeat）。使用这种方式，要花费变化的时间。时间和纵轴（电压）的倍率，每个都在变化，可以参照这之后的"与PWL的时间轴、纵轴（电压、电流）相关的倍率"。用这一语法书写之后，就可以读取"＊.WAV"形式的文件，信道号码可以使用由0到65535。默认的信道号码最初的值为0。

另外，信号的振幅全部以±1V的范围进行变换。在"PWL"电源的".tran解析"选项中没有选择"startup"的功能。

▶V−Source−PWL_TXT.asc

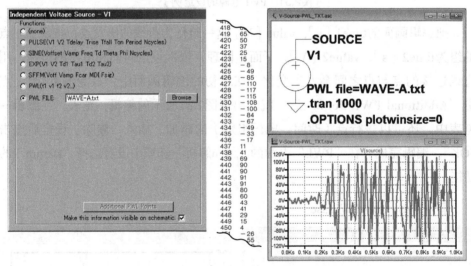

图2.33　读取PWL的文本文件

2.3.4　与电源相关联的选项

1. PWL/PWL FILE的REPEAT（重复）功能

| 语法 | `Vxxx n+n−PWL repeat for n (t1 v1 t2 v2 t3 v3···) endrepeat` |

如图2.34所示，出现时间、电压组的表时，会出现这个图案重复输出的情况。

实现这一功能的是选项"repeat/endrepeat"。这里，for的持续显示了n的重复次数。书写endrepeat后，重复这一操作，就会变成"时间、电压"的一系列组。不同组之间，可以连续用repeat和endrepeat联系起来，还可以作出多样的波形。之后的endrepeat电压值可以输出时间、电压组的最后电压。

▶V–Source–PWL_Repeat–1.asc

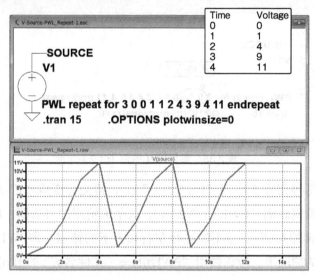

图2.34　重复PWL的例子（1）

看到这图后，就会明白问题之所在。Repeat开始的时间为"0"，重复前的一瞬间是最终的点，重叠重复开始的最初的点，按照仿真的顺序，重复两次后的初始时间为"0+x"，可是不能显示。

解决方法是，输入repeat语句最初的点的时刻的值为"0.1u"，而不是"0"。例子如图2.35所示。想要最后的电压恢复到0（V）的时候，重复操作repeat/endrepeat，在仿真电路的检验中，变更参数后，repeat的end时间也会发生变动，此时，想要设定相对时间，可以参照之后的"以相对值连接PWL的时间"。

▶V–Source–PWL_Repeat–2.asc

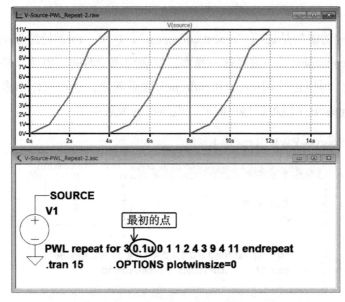

图2.35　重复PWL的例子（2）

　　把鼠标光标停留在文字列"PWL……"上，待光标变成"I"形后，点击右键，就会显示编辑画面"PWL"（图2.36）。这个编辑用的对话框，即使在框的右下角有一个"伸缩按钮"，也不能进行左右和上下的伸缩。即PWL的行只能写1行。在非常长的情况下，应该使用"PWL file=〈文件名〉"的形式。

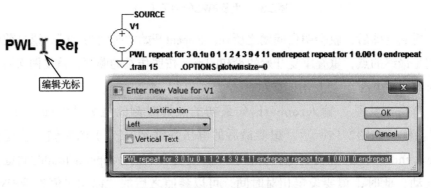

图2.36　编辑PWL的重复语句

　　或者，使用文本数据的记数法，在SPICE directives的编辑画面中写上图2.37所示的数据，放置在电路图中。这样做，在电路图上就看不到电源符号，可以实现PWL电源的功能。使用分隔符是为了更容易分辨括号（不是数学公式），引号即使不一致，也不会产生错误。

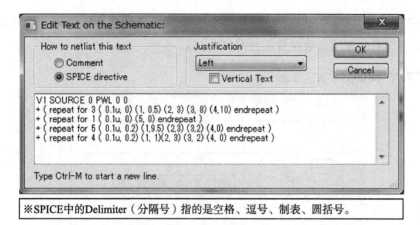

※SPICE中的Delimiter（分隔号）指的是空格、逗号、制表、圆括号。

图2.37 用SPICE指令记述PWL

▶V–Source–PWL_Repeat–3.asc

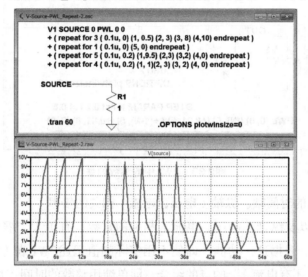

图2.38 根据Spice指令的PWL电源设定和仿真的结果

2. 以相对值连接PWL的时间

到目前为止介绍的PWL的（time，value）的一系列点的集合，时间方向的值记述为"时间的绝对值"。这一方式，在endrepeat后，在维持某一定值时，有时也有希望保持电压的时候，或者PARAM和变量（time，value）的时间相对变化的情况。出现这种情况的时候，标记（+time，value），就有可能形成PWL的点（时间轴）的相对表示。

相对表示PWL的时间，让脉冲相对变化的例子如下所示。在这例子中，把N作为参数，脉冲上升的时间为0.2、0.4、0.6，脉冲的高电平宽度从1上升到N值。

PWL中的括号"（ ）"和逗号"，"都被省略了，想要看得更清楚，可以添加。但是，不能省略使用参数演算的括号"{ }"。

▶V-Source-PWL-3.asc

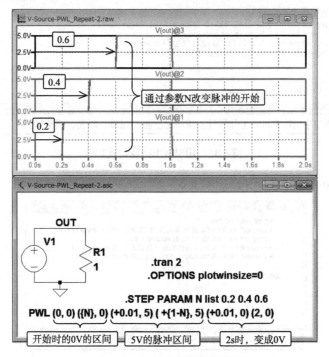

图2.39 PWL中的参数列举

3. 与PWL的时间轴、纵轴（电压、电流）相关的倍率

与时间轴以及纵轴（电压、电流）相关的常数，有扩大、缩小PWL设定的常数值的选项。根据这一功能，即使不用实际的值记述PWL表（或者文件）的"时间、电压（还有电流）"的点的组合，即单纯用整数的时间（秒）进行记录，在与倍率相关的情况下，也可以变换时间轴的ms和μs。

在PWL中设定电压、电流时，可以使用这一倍率，按照比例，任意放大或者缩小。

语法 PWL［time_scale_factor=<数值>］［value_scale_factor=<数值>］<波形的记述……>

对于〈数值〉来说，例如，在写作1e-3的地方，把秒单位改成毫秒，输入time_scale_factor和value_scale_factor后，就可以继续编写。

例子显示了时间轴为1000倍，电压为5倍时的情况。使用的PWL的表的文件"Table_Sample–Ramp2.txt"（图中的表）可以保存在同样的文件夹。表中的时间轴分别是1ms、20ms、30ms，仿真结果分别扩大1000倍，这时，你就明白为什么要把单位换成秒。电压的大小也好，表中的值扩大5倍之后的电压也好，在进行仿真时，你就明白这其中的道理。

📁▶PWL_Scale_Table.asc

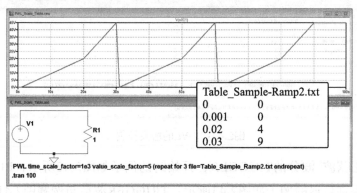

图2.40 变更PWL的比例尺

4. TRIGGER功能

某信号源的电压条件成立时，就开始输出PWL等的信号，条件激活中持续输出PWL等的信号，如果条件不成立，就会停止输出。

当某一信号源是"Gate信号"时，如果其他信号是单纯的on/off，使用SW或者BV的函数乘法更好。但是不能使"Gate信号"的起始位置和PWL等信号的初期状态一致。

因此，在PWL等的初期状态一致时，就开始信号输出，每次输入"TRIGGER"时，复位初期状态，作出重复输出的信号，可以使用"TRIGGER"选项。只能使用独立电压源，不能使用电流源。需要电流源的时候，就要利用"Voltage Dependent Current Source"（控制电压电流源）抑制电压源。

语法 | **TRIGGER <条件式> <PULSE|SIN|EXP|PWL的波形记述>**

如图2.41所示。这里，在V2触发开始用的梯形中设置输出，V1用PWL记述，那个波形开始用"TRIGGER"运行。在PWL波形的输出图中，即使不满足TRIGGER的条件，也可以输出0。

📁▶Trigger_PWL.asc

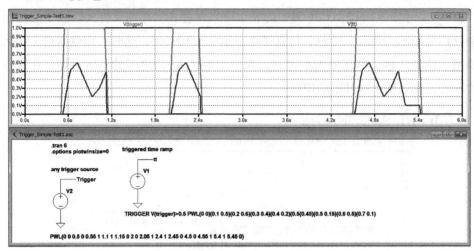

图2.41 PWL的触发控制

使用正弦波1波分的TRIGGER，开始时的例子如图2.42所示，PULSE（单发波形）添加延迟的例子如图2.43所示。TRIGGER波形与例题图2.41所示情况一样。

📁▶Trigger_SIN.asc

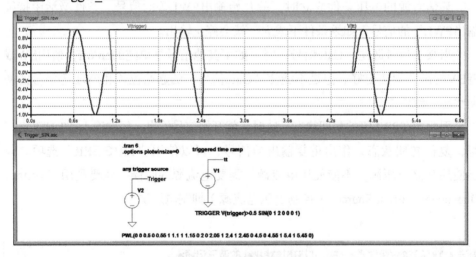

图2.42 SIN波的触发控制

其他函数和BV或BI等组合，可以制作更加复杂的信号源。可以仿真用户希望的信号源，形成有力的选项工具。

▶Trigger_Delay_Pulse.asc

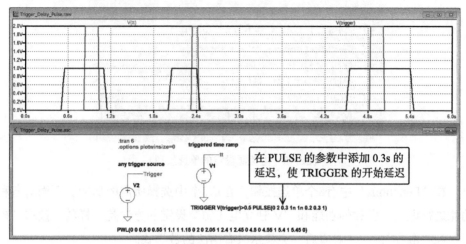

图2.43 添加延迟的触发

5. I独立电流源

在元件配置按钮上选择"current",配置在电路图上。作为例子,GND、标签"SOURCE"和电阻(1Ω)组合,像图2.44所示那样配置布线。包含电流源在内的电路网必须是闭合线路。

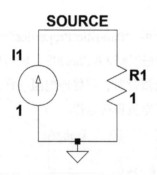

图2.44 设定电流源

把光标放在电流源上面,待光标变成手形后,在此处点击右键。之后,就会出现设定电流值的对话框。完成设定后,点击"OK",就完成单纯的DC电流源的设定。

点击这个对话框右下角的"Advanced",如图所示,就会出现可以设定各种功能的对话框。设定一次"Advanced"后,点击鼠标的右键,直接打开"Advanced"的对话框。作为单纯电源设定的内容,可以在这个对话框的右半部分进行设定。

Independent Current Source – I1

Functions
- ⦿ (none)
- ○ PULSE(I1 I2 Tdelay Trise Tfall Ton Period Ncycles)
- ○ SINE(Ioffset Iamp Freq Td Theta Phi Ncycles)
- ○ EXP(I1 I2 Td1 Tau1 Td2 Tau2)
- ○ SFFM(Ioff Iamp Fcar MDI Fsig)
- ○ PWL(t1 i1 t2 i2...)
- ○ PWL FILE: [   ] [Browse]
- ○ TABLE(w1 i1 v2 i2...)

图2.45　电流源设定的单选按钮

在 "Functions" 中有8个单选按钮，在这8个中选择所需的功能。下面对各种功能进行说明。多数的功能和 "V 独立电压源" 设定的方法是一样的，读取 "电压" 和 "电流"，一一对应后，会显示只有语法的数学式。

1）（none）

语法　`Ixxx n+n-<值> [AC=<amplitude>] [load]`

可以设定单纯的直流电流源。.AC解析，在研究阻抗的频率特性时，可以利用交流电流。设定的项目是 "电源电流（Current）" "AC振幅（amplitude）" "激活加载（Active load）声明"。

在电流源设定画面右侧的 "Parasitic Properties" 的框中，有对话框 "This is an active load"（图2.46）。在这里输入Check后，就可以把电流源当作电流负荷对待。电源侧没有规定的电流流过时，就好像电阻一样工作，电源供给侧有充分的电流输出时，就可以当作定电流负荷运作。

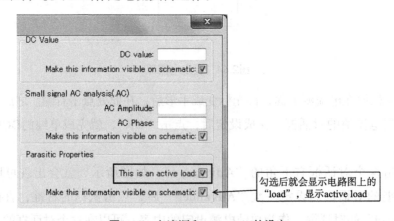

图2.46　电流源和active load的设定

这样做的原因是，一开始的时候定电流负荷流入大电流，使开关电源工作，在开关工作之前，从电源吸入负荷电流，就可以回避没有电源就产生仿真结果的情况。

2）PULSE设定脉冲波形

语法	Ixxx n+n－PULSE（off时的电流 on时的电流 延迟时间 上升时间 下降时间 on的时间 周期的时间 [周期数]）

这样，就可以理解V（独立电压源）的电压以电流的形式读取。

3）SINE正弦波设定

语法	Ixxx n+n－SINE（DC_offset Iamp Freq Tdelay Theta Phi[Ncycles]）

这样，就可以理解V（独立电压源）的电压以电流的形式读取。

4）EXP指数函数波形设定

语法	Ixxx n+n－EXP（Iinitial Ipulsed Rise_Delay Rise_Tau Fall_Delay Fall_Tau）

这样，就可以理解V（独立电压源）的电压以电流的形式读取。
Rise_Delay之后，就可以输出电流

$$I1+(I2-I1)*(1-exp(-(time-Td1)/Tau1))$$

Fall_Delay之后，就可以输出电流

$$I1+(I2-I1)*(1-exp(-(time-Td1)/Tau1))+(I1-I2)*(1-exp(-(time-Td2)/Tau2))$$

time是用秒表示时间的预定义变量。

5）SFFM单一频率FM

语法	Ixxx n+n－SFFM（I_offsset Amplitude Carrier_Freq Modulation_Index Signal_Freq）

这样，就可以理解V（独立电压源）的电压以电流的形式读取。
电流的式子如下所示：

$$Ioff+Iamp*sin((2\pi*Fcar*time)+MDI*sin(2\pi*Fsig*time))$$

6）PWL折线波形（piecewise line）

语法	Ixxx n+n－PWL（t1 i1 t2 i2 t3 i3…）

这样，就可以理解V（独立电压源）的电压以电流的形式读取。

7）PWL FILE读取折线波形的文件

语法 `Ixxx n+n - PWL file = <文件名>` ［chan = <nnn>］

这样，就可以理解V（独立电压源）的电压以电流的形式读取。文件放置在电路图所在的文件夹。文件名中也有可能包含空格，但是，在这种情况下，文件名就要用双引号""，让文件区分更简单（不是必须）。

8）TBL电压依存电流负荷（一览表展示）

语法 `Ixxx n+n - tbl=(<V1, I1>, <V2, I2>…)`

二端口元件的负荷可以用电压、电流特性表示，可以用与折线相似的查找列表定义。但是，很可惜，TBL FILE＝"……"的形式，不能打开文件。形成几种文件形式的情况下，在调整形式的基础上，用文本数据的形式记述，这样就可以定义任意的负荷例子。这里展示的图表示的是有IC的输入负荷特性，横轴是电压，纵轴是电流。

如图2.47右侧所示，用Microsoft-Excel表示电压、电流的组合数据。如图2.47左侧所示，把Excel的数据转换成文本形式（各行的前面添加符号"+"），就可以用文本数据形式定义电流负荷。

作为用途，例如，某传输线路（信号源）的终端有几个IC的输入连接，如果有其输入端口的IBIS，从V-I特性的一览表中就可以仿真传输信号的波形。

📁▶TCurrent_TBL9001.asc、Current_TBL9001.xlsx

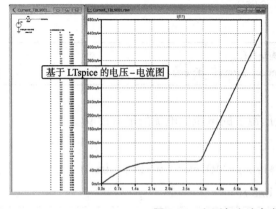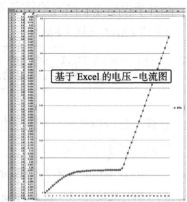

图2.47 电压与电流负荷的关系

9）STEP选项按照顺序设定电流负荷的变化

语法 | `Ixxx n+n－<值> step（<值1>，[<值2>]，[<值3>，…]）[load]`

电源评价是仿真负载调整率时使用的选项。使用这一功能，需要变更仿真指令的对话框设定。在.tran设定中的"Step the load current source"输入check（图2.48）。另外，仿真的"Stop Time"也十分大。实际的仿真在检出稳态时就结束了。

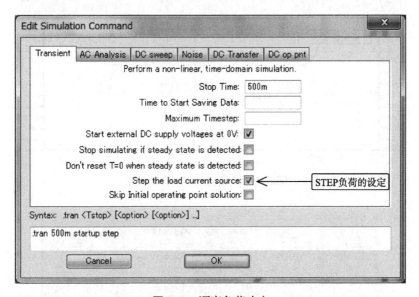

图2.48 顺序负荷响应

实际的例子如LT3580（升压开关电源）所示。在这个例子中，检查电流负荷（11）的"load"，以及电流设定的行的编辑如图2.49所示。

"0.2 STEP 0.1 0.25 0.5 0.1"

开始的0.2是".tran的设定，不能在'Step the load current source'中输入check"时的有效值，即表示电流的初期值。STEP的下一步，是使负荷电流变化的值按顺序排列。STEP变化的时序是，当电源处于稳态时，按照顺序自动识别。

保存了仿真的所有数据之后，因为在一般情况下，可以输出几倍的仿真数据，为了保存必要的范围，有时需要重置保存的数据。这时，就会显示图2.50所示的信息。

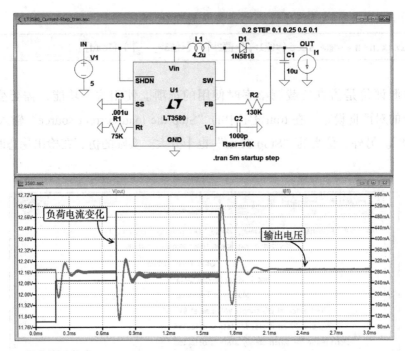

图2.49 负载调整率的自动设定

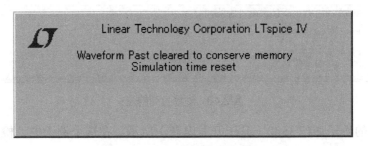

图2.50 重置保存数据的信息

在这个仿真中，.tran设定的"Stop simulating if steady state is detected"中不能勾选。STEP变化电流的时序是在稳态后一段时间自动进行的，用户不能指定。另外，根据电路参数等，未必可以调整检出的稳态条件，所以不使用STEP选项，电流发生变化的时序，使用电流源的"PULSE"或者"PWL"进行积极的指定比较好。

10）电阻负载

语法 | Ixxx n+n−R=<值>

把电流源的符号当作电阻负载进行定义。LTspice的元件列表有三种不同形式

的电流源（负载）（图2.51）。图中所显示的元件列表中的名称，从左边开始分别是
"load" "load2" "current"。不仅是如图所示的问题，和仿真的内容也是一样的。这
样输入的时候，不是电流源，而是单纯的电阻负载。网表上有电流源的列表。

▶I_Load=R_3types.asc

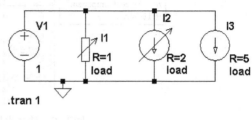

.tran 1

图2.51　将电流源设为负载

6. BV、BI、BR

1）电压源、电流源（BV、BI）

元件名称的首字母用"V（或者I）"开始的电源可以称作独立电压源（或者
电流源）（Independent Voltage/Current Source），是直流、交流、脉冲等事先定义
好格式的电压源（或者电流源）。

在元件配置按钮上，选择"bv"，配置电路图。电压（电流）源由几个电压
和电流的函数组成，可以制作复杂运作的电源。在函数中使用的电压源和电流源
（包含电路图中的节点电压和元件电流）可以直接运算。输出单位是：BV时为V、
BI时为A、BR时为Ω。在内部，即使进行V*I运算，也不能把单位变成W。函数
内使用的电压和电流全部都是单值，可以处理为V和A或者是Ω的位数。

将时间作为变量，就可以分配"time"这样的预定义变量。

对于BV和BI，.tran的startup选项无效。

把Bxxx放置在电路图中，下拉工具栏点击"Component"（快捷键为 F2 ），
打开元件配置的对话框，在这里配置电路图的"bv"或者"bi"、所需的布线、
写入函数。

电压源和电流源的词头都是"B"，即只要开始输入"V＝……"，就是"电
压源"。BI的例子可以类推。

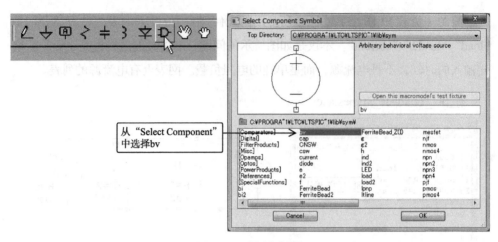

图2.52 选择电压源

2）BV的例题

如图2.53所示，独立电压源有V1和V2两个，V1可以输出10kHz、振幅为1V的正弦波。独立电源V2可以制作延迟为2ms、振幅为1V、ON时间为1ms的脉冲。V2的输出与R（1kΩ）和C（0.2μF）的积分电路有关，在ENV的节点里，可以得到指数函数的充电、放电电压。

回归到例题的图。制作V1的正弦波和ENV的电压的积，平滑地变化包络线，用B1实现新的电压源。通过绘图板的各个信号可以理解B1的动作。

▶BV_Test.asc

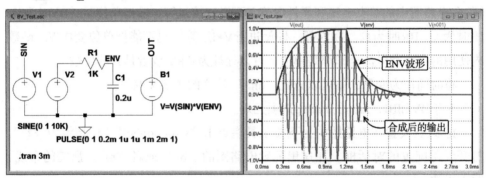

图2.53 电流源的负载

3）BI的例题

例题如图2.54所示。点击工具栏的组件图标，在"Select Component Symbol"中选择"bi"或者"bi2"，在电路图中进行配置。

"bi"和"bi2"不同，显示的电流方向除了可以上下逆向以外，没有任何的变化。选择"bi"，使用两次 Ctrl + R ，旋转180°，就会和"bi2"相同。

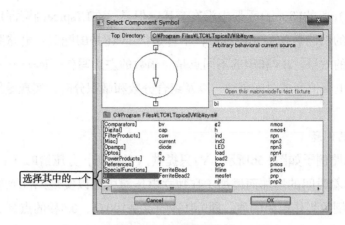

图2.54　电流源的选择

电流源的名称只显示B1、B2。电压源和电流源都使用前置字"B"。例题显示的电流源控制的独立电压源用V1表示，电压输出的标签名为"Cont"。输出V1为10kHz，振幅为1V的正弦波。

例题电路图中，B1和B2中流过的电流是，"V（Cont）"分别除以1k和10k得到的值。这些值不是单纯的数值，也不是电阻值。即可以忽略"I=……"式子中的内容，其结果的值可以成为电流值。这里的电流源，分别与10kΩ和100kΩ有关，电阻两端的电压用"V-B1"和"V-B1"这样的节点名表示。因为这些节点电压与电流的流向相反，因此需要翻转相位。

▶BI_BI2.asc

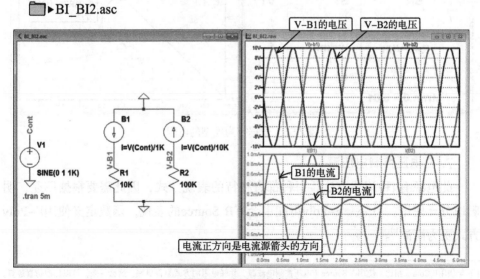

图2.55　电流源的例子

4）BR的制作方法

BR在PDF版的LTspice手册中没有表述，但是，在LTspice的资深用户中，却有相当普及的功能。作为元件符号，不管是把BV还是BI配置在电路图上，都可以起到等效的效果。BV和BI的不同点是，函数的左边写作"R=……"。其用途是，想要把电阻值变成时间函数，以及组合分数和微积分时，实现更加复杂的电阻变化。

5）BR的例题

BR的电路例子如图2.56所示。V1只提供1V的电源，分压给R2（1Ω）和BR。B1的电压随着时间的增加而增加（在独立电压源中可以实现PWL功能）。BR把时间变化的倒数当作电阻的值。即0.01秒的点是100Ω、0.5秒的点是2Ω、1秒的点是1Ω。节点为"3"的电压，由这个BR和1Ω的分压决定，0.01秒时，电源电压大约为1V；0.5秒时，约为0.66V；1秒时，相当于电源的一半，即0.5V（在.tran指令的BR式子中，为了不让分母为0，可以延迟输入小数值）。

▶BR_Test–V–time.asc

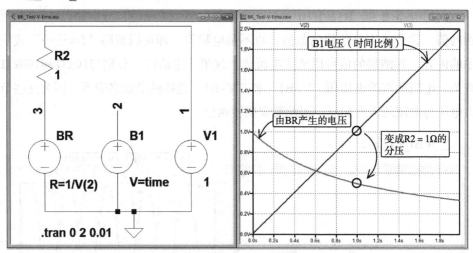

图2.56 依据行为模型的电阻

7. E.电压控制电压源

此电源有4种记述方法，每种都有独特的表现方式，因此需要根据用途，明确地分开使用。另外，E-Poly可能也会有B Source的表现，函数定义使用E-Poly方式更为简洁[1]。

1）与使用E Source相比，使用G Source（电压控制电流源）并联电阻的方式显得更好。这么一来，可以加速仿真运算，难以产生收敛计算的问题。另外，其输出阻抗也不会为0，更接近实际的电路。

1）一定增益的电压源

语法　Exxx n+n – nc+nc – <gain>

在配置元件的按钮上选择"e"或者是"e2"，进行电路图的配置。"e"和"e2"的特征不同，控制输入的极性（+和–）可以上下交换。如图2.57所示，V1作为控制电源，在正弦波上添加DC偏移后输出。E1的两元件间，输出了〈gain〉倍（例子是2倍）的输入功率（控制电压输入功率）。这个〈gain〉在仿真时，一定是个确定的值。在仿真中，不能采用随着值变化的函数。

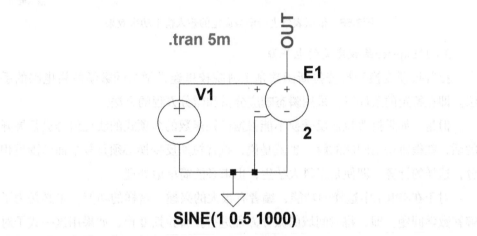

图2.57　电压控制电压源的例子

2）依表格进行增益设定的电压源

语法　Exxx n+n – nc+nc – table=(<value pair>, <value pair>, ⋯)

元件的名称为"e"或者是"e2"。"e"和"e2"的特征不同，控制输入的极性（+和–）可以上下交换。这里，〈value pair〉是与传递函数相当的输入电压和输出电压组列的一览表。〈value pair〉的第一个数是输入电压，第二个数是输出电压，分别记述不同的数值。

在这个例子中，使用了折线图显示输入电压和输出电压的关系，表示了非线性的电压转换的情况。表示折线各点的中间的值，是根据线性内插法计算的。另外，在图中，控制输入电压超出输入电压最大值时，最终的电压值需要外插输出。仿真的结果如图2.58所示。

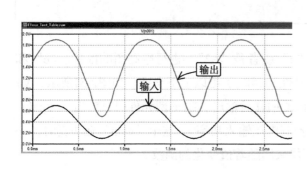
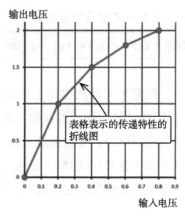

图2.58 依据表格进行增益设定的输入输出功率效果

3）用Laplace函数定义的电压源

拉普拉斯变换和拉普拉斯函数是工科院校里经常学习的数学解析电路的手法。即在特定的条件下，采用瞬态响应分析和微分方程的方法。

但是，如果拉普拉斯反变换不能根据已知函数的多项式的线性组合进行展开的话，就很难得出问题的解。也就是说，拉普拉斯反变换必须是复平面的围道积分，这样的计算，即使是工科大学生，也未必能简单地处理。

对于在SPICE中这样的功能，编者有很大的兴趣。这样的功能，未必是为了解答数学问题。即，将时间域的微分方程进行拉普拉斯变换，如果用这一式子对电压源进行设定，也不能得到时间域的数学式的答案。或者说，时间域的答案也不能用时间的变化图形来表示。

当然，对于一般的简单的函数来说，可以用时间域的图形来表示。另外，在作瞬态响应分析时，作为问题给出的拉普拉斯函数，可以分析作为传递函数是如何表示频率响应。

下面，展示几个例题。

语法
```
Exxx n+n − nc+nc − Laplace = <func(s)>
[window = <time>] [nfft = <number>] [mtol = <number>]
```

用拉普拉斯变换来展示这个电源的传递特性。拉普拉斯变换的式子必须是S的函数。频率f的响应特性可以根据s与$\sqrt{-1} \cdot 2\pi f$的置换得出。

首先，展示两个拉普拉斯反变换的传递特性展现时间域图形的例子。第一个例是图2.59所示的指数函数响应。在这一例子中，"e^{-at}"的拉普拉斯变换，使用s/（s+a），a=1。

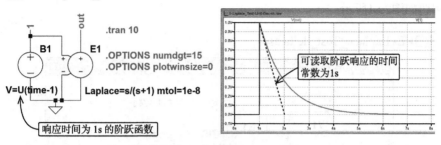

图2.59 s/（s+1）的阶跃响应

这一例子显示了针对CR微分电路的阶跃函数（Step Function）的响应。

另外一个例题，应用上述例子，代入"1–e^{-at}"，这一式子的拉普拉斯变换同样使用s/（s+a）。

如下面的例子所示（图2.60），a=1。这个仿真的结果如图2.60左侧所示。这个波形显示了针对RC积分电路的阶跃函数的响应。

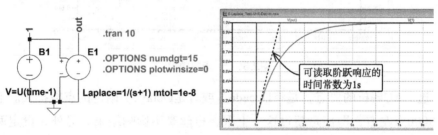

图2.60 1/（s+1）的阶跃响应

这样看来，拉普拉斯反变换可以很简单地表示时间域的图形，但这只是个例外的仿真。

在不能仿真时间域的时候，可以了解进行AC解析的频率响应特性。语法中，选项参数的各种意思如下所示，实际上，优先选择".AC"指令的参数设定，没有必要考虑这些参数。

●选项参数：window =〈时间〉

这个〈时间〉的倒数相当于傅里叶变换的频率分辨率。

●选项参数：nfft =〈自然数〉

相当于FFT的点数，用来确定可以解析频率分辨率和这个点数的积的最高频率。

不能进行时间域仿真的典型例子是三角函数 "δ(t−a)"。这个函数的拉普拉斯变换使用e^{-as}，当t＝0，考虑三角函数时，a＝0，即拉普拉斯变换式是 "1"，这个例题如图2.61所示。

▶E−Laplace_Test_delta.asc

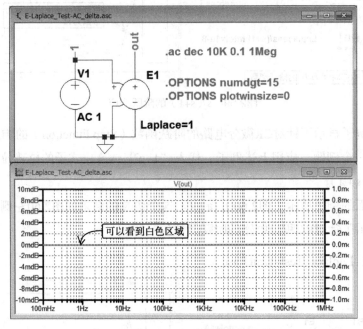

图2.61 函数频谱

这个AC解析的要点，是将Decade（或者是Octave）附近的点数扩大。上限是10000点左右，即使是超过这一上限，也丝毫不影响结果。另外，设定两个Option，即使计算精密度提升，显示的数据也不会压缩。

由这一结果可知，在指定的频率范围内，Gain都是确定的。另外，相位特性在仿真的全领域也可理解为0°（由于Gain的实线和相位的折线重叠，所以较难理解）。但是δ(0)的傅里叶级数展开是

$$\delta(0)= \sum_{n=1}^{\infty} (\cos n\omega t)$$

直到n次的频率为止，数值才会变得与系数一样大，可以理解为在三角函数中，Gain的频率没有依存性。δ(0)的相位特性在全频率的理论上也可以是0°。

这个函数运用 ".tran" 进行仿真，也没有出现任何信号。δ(0)在时间轴上的幅度是 "0"，在数学解析中，被认为是没有数据显示。

即使把电源的Laplace式写作 "Laplace＝exp（s＊1m）"，在1ms的时候也不能

在图形上表示三角函数。有意思的是，将"δ(t−a)"的a从t＝0的点开始稍稍偏移后的、频率高的部分的相位的变化。当x＝0时cos x为最大值，稍稍偏离x＝0，为了使其尽可能接近峰值，在提高频率的同时，需要移动原点（相位的变化）。

时间域的三角函数被运用在系统的脉冲响应中，如果单单仿真针对频率的增益和相位特性，一般情况下，只要解析".AC"就足够了。

同样，还有一个三角函数的例子是不能进行时间域的仿真，它就是cosωt。这个函数的拉普拉斯变换使用$\dfrac{s}{s^2+\omega^2}$，ω是从10Hz开始每次增加10倍直到10kHz，4组频率的仿真例题如图2.62所示。由Gain的图形可知，每个频率都具有峰值的单一频率特性。

📁▶E–Laplace_Test_COS.asc

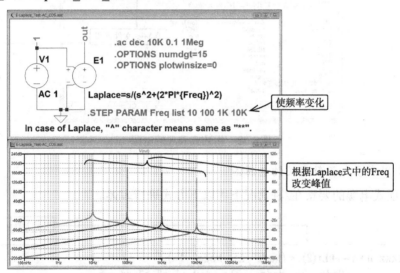

图2.62 依据Laplace的COS函数仿真

这个例题的"Laplace＝……"式中出现的"PI"，在"SPICE"的预定义变量中为"π（圆周率）"，即$\omega=2\pi f$。另外，式中的符号"^"为"平方"的意思。这个平方的符号通常写作"**"，"^"只有在Laplace中才允许[1]。

另外，sinωt时可以用$\dfrac{\omega}{s^2+\omega^2}$计算。结果和cos$\omega$t一样（相位特性有90°不同）。

4）依据数学式表达的电压源

元件名称是"e"。

1）"^"符号在逻辑运算中为EXOR（异或逻辑）。

| 语法 | Exxx n+n – value = {<数式>} |

输入"Value="后，用数式在"{"和"}"之间进行表述。在二端口的电源中符号与后面介绍的Epoly相同，使用同一符号。Epoly的符号在组件列表的"Misc"（图2.63）中。即使Epoly有"电压控制"，也仅仅是"二端口"元件。

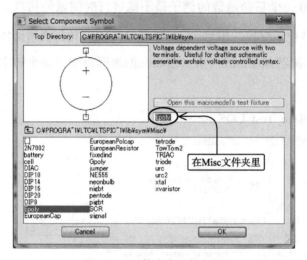

图2.63 用数式表现的电源

5）用多项式函数定义的电压源

多项式电源的要素在2种情况下用以下方式进行表述。

要素个数

| 语法 | Exxx n+n – POLY(2) <(Node _ 1+, Node _ 1–)
(Node _ 2+, Node _ 2–)> <c0 c1 c2 c3 c4 ···> |

〈例〉

形成多项式的电源要素有2个（分别是X_1、X_2），合成后，制作的多项式电压源"V（E–Poly）"如下所示：

$$V（E–Poly）=a_0+（a_1X_1+b_1X_2）+（a_2X_1+b_2X_2）^2+（a_3X_1+b_3X_2）^3\cdots$$

将上式像下面那样按各次数列出：

$$V(E–Poly)=C_0$$
$$+C_1X_1+C_2X_2$$
$$+C_3X_1^2+C_4X_1X_2+C_5X_2^2$$

$$+C_6X_1^3+C_7X_1^2X_2+C_8X_1X_2^2+C_9X_2^3\cdots$$

这时Epoly的表述为：

POLY(2)(1, 0)(2, 0)(C_1 C_2 C_3 C_4 C_5 C_6 C_7 C_8 C_9 $\cdots$)

在系数的最后，不存在系数的话，不写"0"，用"）"表示结束。中途为0也不能省略。

如果仅仅处理2个节点的电压积，使用"BV"就可以了。但当输出电压在某处的节点电压为2次和3次的函数，像IC内部的宏模型一样，用数式表述电路模型时，也使用这个"多项式电压源"。

如果电子电路由一般的购入元件组成，那么就没有必要使用这一公式电源。

多项式电源要素的n种情况如下所述。

语法

Exxx n+n – POLY(n) < (Node _ 1+, Node _ 1–)
(Node _ 2+, Node _ 2–)···(Node _ n+, Node _ n–)> <c0 c1 c2 c3 c4 ···>

与系数的一般式相比，多项式电源的要素在以下三种情况让人更加易懂明了。

〈例〉

形成多项式电压源的要素有三个（分别是X_1、X_2、X_3），形成它们的多项式电压源"V（E–Poly）"如下所示：

$$V（E–Poly）=a_0+（a_1X_1+b_1X_2+c_1X_3）+（a_2X_1+b_2X_2+c_2X_3）^2$$
$$+（a_3X_1+b_3X_2+c_3X_3）_3\cdots$$

将上式像下面那样按各次数列出：

$$V（E–Poly）=C_0$$
$$+C_1X_1+C_2X_2+C_3X_3$$
$$+C_4X_1^2+C_5X_1X_2+C_6X_1X_3+C_7X_2^2+C_8X_2X_3+C_9X_3^2$$
$$+C_{10}X_1^3+C_{11}X_1^2X_2+C_{12}X_1^2X_3+C_{13}X_1X_2^2+C_{14}X_1X_2X_3+C_{15}X_1X_3^2$$
$$+C_{16}X_2^3+C_{17}X_2^2X_3+C_{18}X_2X_3^2+C_{19}X_3^3$$
$$+C_{20}X_1^4+C_{21}X_1^3X_2+C_{22}X_1^3X_3+C_{23}X_1^2X_2^2+C_{24}X_1^2X_2X_3$$
$$+C_{25}X_1^2X_3^2+C_{26}X_1X_2^3+C_{27}X_1X_2^2X_3+C_{28}X_1X_2X_3^2+C_{29}X_1X_3^3+C_{30}X_2^4+C_{31}X_2^3X_3$$
$$+C_{32}X_2^2X_3^2+C_{33}X_2X_3^3+C_{34}X_3^4+\cdots$$

控制电源的要素为1个时，可以根据高次多项式准备电源。如例子所示，使用3次函数表示电源。把仿真进行的时间当作变量，重写变量x＝time–3，则y＝10–10x–8x^2+x^3的曲线如图2.64所示。

▶Epoly_Mono.−3rd_Test.asc

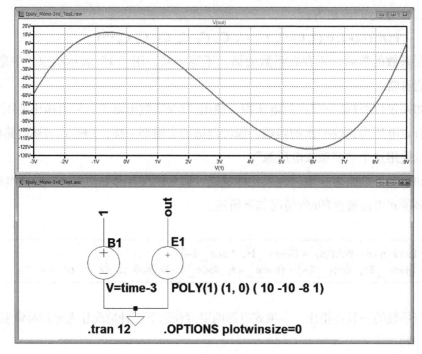

图2.64 多项式电源的例（3次函数）

在控制电源的要素（B1）中，设定x=time−3。这个输出的节点名为"1"。在二端口电源中，符号和后面介绍的EPoly相同。电压控制电压源（E1）的Epoly的符号在组件列表的"Misc"中。因为控制电源要素为"1个"，所以写作POLY（1），又因为与控制电源相连的节点在节点名"1"和GND（节点名"0"）之间，所以写作POLY（1）（1，0）。

之后，多项式各次数的系数从常数项（次数=0）开始向更高的次数前进。然后，这个电源最终的多项式记述为POLY（1）（1，0）（10 −10 −8 1）。

另外一个例子如图2.65所示。控制电源要素为2个时，可以输出B1值的平方的函数。如前文所示，电压源的要素为2个时，X_2^2的系数为C_5，输入C_0到C_4，与C_5对应的时候输入"1"，往后就省略。这样，即使控制电源要素是多个，也可以只利用其中一个。

包含n个控制电源（V1到Vn）时，对应的各项、次数的系数顺序的一般式为

$$\text{Vout} = C_0 +$$
$$C_1V_1 + C_2V_2 + C_3V_3 + \cdots\cdots + C_nV_n +$$
$$C_{n+1}V_1V_1 + C_{n+2}V_1V_2 + \cdots\cdots + C_{n+n}V_1V_n +$$

$$C_{2n+1}V_2V_2+C_{2n+2}V_2V_3+\cdots\cdots+C_{2n+n-1}V_2V_n+$$

:

:

$$C_{n!/(2(n-2)!)+2n}V_nV_n+$$

$$C_{n!/(2(n-2)!)+2n+1}V_1^2V_1+C_{n!/(2(n-2)!)+2n+2}V_1^2V_2+C_{n!/(2(n-2)!)+2n+3}V_1^2V_3+\cdots$$

另外，当次数很高时，像$C_{n!/(2(n-k)!)+2n+m}$这样形式的系数，也有想要确定是否可以按照自己的意愿来的时候。在这个时候，可以准备必要个数的控制电源的要素，用"素数"设定各自的输出电压。

▶Epoly_2func.asc

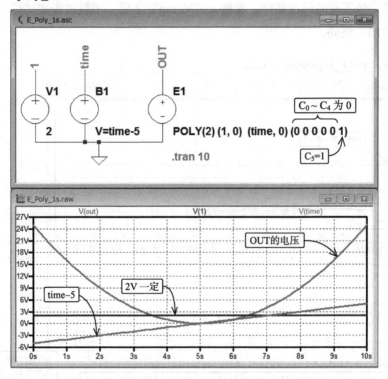

图2.65 Epoly的运用例子

例如，当电源的要素为3个时，各自的电压可以预先设定为3V、5V、7V。

这时，需要确认C39变成哪个项的系数。POLY的系数列中并列了39个"0"，在与C_{39}对应的地方输入"1"。

图2.66显示了电路图和仿真的结果。

找到仿真结果后，就变成945V。因此，把945进行素因数分解后，得出$945=3^3\cdot5\cdot7$，从这里开始这一系数相对应的项为$V_1^3\cdot V_2\cdot V_3$。

多项式电源在一般的电路仿真中没有实用的场合，表述IC的模型时，电路解析在简单的场合可以得到广泛的利用。

6）F.电流控制电流源

在元件配置按钮中使用"f"。

语法　Fxxx　n＋n－〈电压源名称〉〈倍率〉

如图2.67所示，这个电流源中的电流是电压源名称指定的电压源中流动的电流乘以"倍率"，值为任意的正负值。

另外，像下面的语法那样，在输入"Value"之后，用数式表述"{"和"}"，与电源"BI"相同。

▶E_poly_3-primes_39.asc

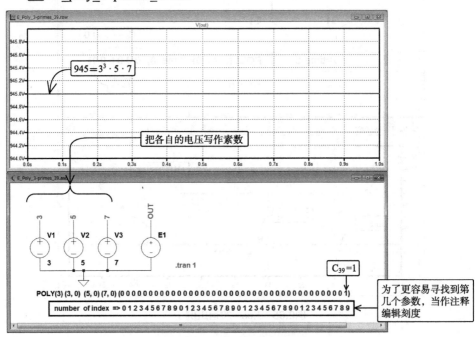

图2.66　确认Epoly的系数位置

语法　Fxxx　n＋n－value＝{<数式>}

▶Test_F-source.asc

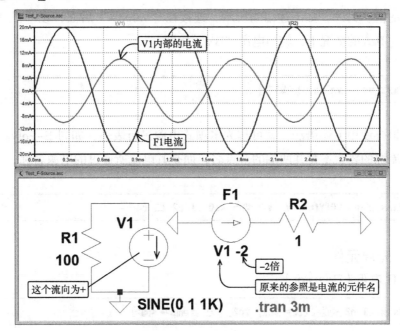

图2.67 F电流源的例子

7）G.电压控制电流源

在元件配置中，选择"g"和"g2"进行电路图的配置。

语法	Gxxx n+n – POLY(n)<(Node _ 1+, Node _ 1–) (Node _ 2+, Node _ 2–)…(Node _ n+, Node _ n–)> <c0 c1 c2 c3 c4 …>

把语法"E.电压控制电压源"的"E"换一种读法，则为"G"，完全可以用同样的方法思考。因为是电流源，因此并联电阻，可以发挥其作为电压源的功能。与E比较，并联电阻的电压源，由于其可以自动包含电压源的内部电阻，因此可以避免仿真收敛上的困难。

另外，使用Gpoly进行多项式函数的表示。Gpoly的符号在组件列表的"Misc"中。即使Gpoly有"电压控制"，也仅仅是"二端口"的元件。

8）H.电流控制电压源

在元件配置按钮中选择"h"对电路图进行配置。

语法	Hxxx n+ n- <电压源名称> <传递电阻值>

这个电压源输出值为流经电压源名称指定的电压源的电流乘以"传递电阻值"后的值。另外，如下述语句所示，连接在"Value="后面，在"{"和"}"之间表述算式的情况下，就与电源"BV"相同。

语法 `Hxxx n+n-value={<算式>}`

如果再使用下述语法，就可作为多项式电源进行表述，如同 E-Poly。但是，控制电流源的要素不是其两端的节点名，而是其电流所通过的电源名称。

语法 `Hxxx n+n-POLY(n) <V1 V2…Vn> <c0 c1 c2 c3 c4…>`

2.3.5 无源元件

1. R.电阻（Resistor）

语法 `Rxxx n1 n2 <值> [tc=tc1, tc2, …] [temp=<值>]`

在第1章中也有简单提过符号形式，且LTspice初期设定所准备的符号中，包含下述内容。

所准备的符号有以下3种：点击"Component"图标、热键 **F2** 所打开"Select Component Symbol"的首菜单中的"res"或者"res2"、或者"Misc"文件中的"EuropianResister"（图2.68）。

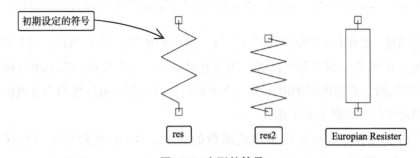

图2.68 电阻的符号

"res"的符号为热键"R"。以R开头的元件名表示的是简单的电阻器。可以设定温度依赖性，并且设定后温度系数tc=k（k为实数）项的记述满足下式。

在这里，td=temp-tnom。也就是说，td为仿真温度，以及实际温度与仿真温度之间的差异。tnom初期设定为27℃。设tnom中的R值为R_0，则

$$R = R_0*(1. + dt*tc1 + dt^2*tc2 + dt^3*tc3 + \cdots)$$

tnom变化时，像 ".OPTIONS tnom=···" 那样，作为Spice指令来表述。但是设定后，所有的电路要素的既定（nominal）温度就会同时被设定为这个温度，这点需要注意。

图2.69所示为例题。

▶Test_R_2nd-TC.asc

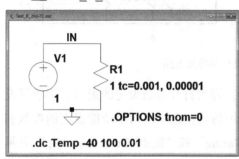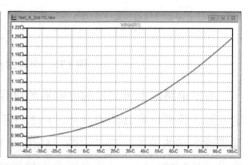

图2.69 电阻温度系数的例子

既定温度设定为0℃，直流电分析的扫描参数中对 "Temp" 进行设定后，将坐标图的横轴作为温度。R0为1Ω，温度系数的1次和2次分别为0.001和0.00001。而实际上并没有温度系数这么大的电阻器，这里仅仅只是为了强调其各自所带的参数[1]。

2. C.电容器（Capacitor）（condenser）

语法	Cnnn n1 n2 <容量: 值> [ic=<值>] [Rser=<值>] [Lser=<值>] [Rpar=<值>] [Cpar=<值>] [m=<值>] [RLshunt=<值>] [temp=<值>]

这个语法中的ic用于仿真初期状态。另外，m在m个相同的电容器并联时使用。

在第1章中也有简单提过符号形式，下面对LTspice中初期设定所准备的符号进行说明。

所准备的符号有以下4种：点击 "Component" 图标、热键 F2 打开 "Select Component Symbol" 的TOP菜单中的 "cap" 或者 "polcap"、或者 "Misc" 文件中的 "EuropianCap" 和 "EuropianPolcap"（图2.70）。"cap" 的热键为 C 。

1）DC分析参照第3章的3.1节，OPTIONS参照3.4节。

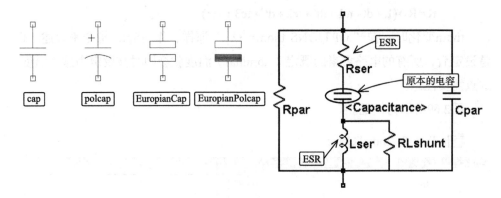

图2.70 电容的符号和等效电路

右击电路图中所配置的电容器的符号，即可打开参数设定的窗口，不仅可设定容量，还可设定其他的参数。图2.71所示的是在这个窗口中所能设定的参数和其等效电路的关系。窗口中的"Voltage Rating"和"RMS Current Rating"只是确定元件时的注释，对仿真没有直接影响。图2.71右侧所示是窗口名称和图中的符号的关系。

表格的参数	图中的符号
Capacitance	<Capacitance>
Voltage Rating	—
RMS Current Rating	—
Equiv. Series Resistance	Rser
Equiv. Series Inductance	Lser
Equiv. Parallel Resistance	Rpar
Equiv. Parallel Capacitance	Cpar
—	RLshunt

图2.71 电容的属性设定

设定这些参数后，在开关电源中，相对于电压波动和放射噪声，不仅可以结合实际元件参数来设定Resr和Lser，而且还可以结合印刷电路板上的各种要素，尽可能使仿真接近现实电路。这些参数，结合容量可以参照下述语法来设定。

例子中，显示了将RC积分电路的电容按照m=1和m=2的STEP[1]来变化的结果（图2.72）。

1）关于STEP指令请参照第3章。

▶Cap_Param_m15.asc

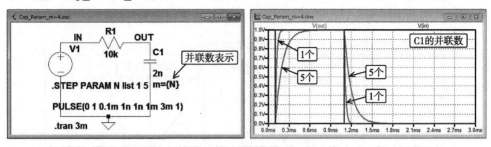

图2.72 电容并联的例子

设定这些值的一个简单方法就是，将鼠标移至元件上面，按紧 Ctrl 键右击，打开"Component Attribute Editor"后，在"Value"栏或者"Value2"栏双击后可输入。为方便在电路图中能够看见这些值，需在右边"Vis."处双击出现"x"标记后，电路图即可读取显示。

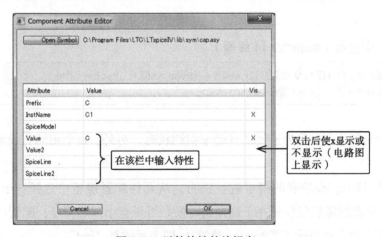

图2.73 元件特性的编辑窗口

LTspice中所包含的开关电源的简易电路数据（元件选择窗口中点击"Open this macromodel's test fixture"后所显示的内容）中，相位补偿的1个电容器中含有Rser和Cpar。在实际电路中，这些其实是作为个别元件进行组装的，把电容器作为1个元件，再根据内部参数进行处理，这样一方面可以提高仿真的计算精度，另一方面也可以尽快完成仿真。参考由"Open this macromodel's test fixture"得出的电路图时，需注意存在这样的参数。

作为容量的显示方法，可使用"Q"。并且还可根据变量"x"显示电容两端的电压。也就是说，100pF的电容器的容量与"Q=100p∗x"等效。

另外，将x作为变量处理时，还可以用于按照端子间电压的偏移倾向来变化容量的设定值。这个在图2.74中有显示。将容量写成"Q=x∗if(x<0, 1μ, 2μ)",那么电容两端的电压为负数时可设定为1μF,正数时可设定为2μF。

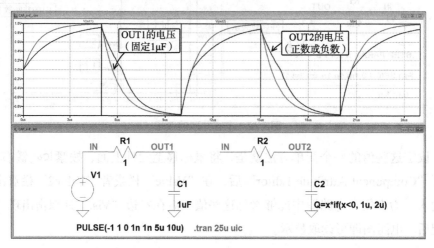

图2.74 电容参数中的if句型

3. L.电感器(Inductor)(线圈)

语法	Lxxx n+n−(感应系数值)[1c=<值>][Rser=<值>][Rpar=<值>] [Cpar=<值>][m=<值>][temp=<值>]

这个句型中的ic是为了使仿真处于初期状态。另外,m个相同的线圈并联时使用m。

下面对LTspice缺省的符号进行说明。从元件配置按钮中选择"ind"或者"ind2",两者的区别仅仅只在于选择的时候是否带有小圆形符号。配置后,这个符号可以添加或者消除(图2.75)。热键 L 即表示的是"ind"。

▶CAP_x−if_.asc

图2.75 电感器的符号及等效电路

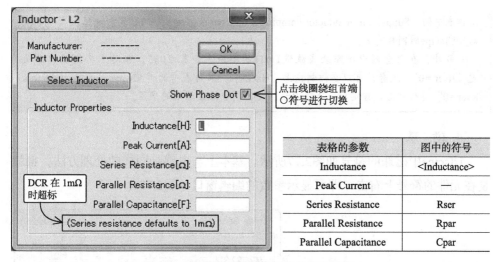

图2.76　电感器线圈绕组首端的符号控制

　　右击电路图中所配置的电感器的符号，打开参数设定窗口，可以设定容量的同时设定其他的参数。图2.76显示的就是在这个窗口中可设定的参数及其等效电路的关系。窗口中的"Peak Current"对仿真没有直接影响，只是确定元件时的注释。窗口的名称和图中的符号之间的关系如图2.76右表所示。

　　作为"Misc"文件中的"fixedind"符号，有和"ind"完全相同的，但一般用于设定仅在LT1533和LT1534示范电路中使用的参数，且不可编辑其内容，正常情况下不使用。

　　相对开关电源中的电压波动和效率，称Rser为DCR，可将其和实际的元件参数相结合设定，并尽可能使仿真接近现实的电路。这些参数还可以与电感值相结合根据语法进行设定。

　　LTspice中已准备的开关电源的简易电路数据（元件选择窗口中点击"Open this macromodel's test fixture"可显示）中，所使用的电感器中含有Rpar。在实际电路中，这些其实是作为个别元件进行组装的，但像这样，把电感器作为1个元件，通过内部参数处理，一方面可以提高仿真的计算精度，另一方面也可以使仿真尽早完成。参考"Open this macromodel's test fixture"所得到的电路图时，必须要注意这种参数的存在。

注意事项

　　为了便于解析SMPS的transient，LTscice通过缺省设定Rpar和Rser。这对于SMPS的解析式不会引起大的问题。如果希望没有Rpar的情况下，可以解除控制盘上"Hacks！"

工作表中的 "Supply a min.inductor damping if no Rpar is givern." 的锁定。一旦设定，下次启动LTscipe时同样有效。

另外，在电感器中按照缺省放进1mΩ的Rser。如果为0时，相对于其线圈积极设定 "Rser=0"。或者，可以在控制盘上 "Hacks！" 工作表中的 "Always default inductors Rser=0" 进行锁定。锁定后，下次启动LTscipe时会恢复原来的设置。

4. 磁珠

LTscice中磁珠的符号如图2.77所示。基本上与电感是同样的处理方法，也就是在元件的符号上右击，即可显示参数的编辑窗口（图2.78）。

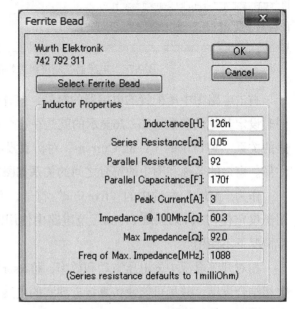

FerriteBead   FerriteBead2

图2.77 磁珠的符号   图2.78 磁珠的属性

点击 "Select Ferrite Beat" 按钮后登录到LTscipe的数据库可显示一览表。选择所采用的元件或者类似部件编辑数据库（关于数据库的编辑请参照第10章）。图2.79左边所示，得出Wurth Elektronik制的742-792-311，显示了其属性。这个窗口可以编辑其属性的上面4行。而下面4行是产家所发行的特性（不可编辑）。使用这种磁珠的情况下，可通过AC解析仿真信号在哪个波段被切断，如图2.79右边所示。正如所表述的那样，这个磁珠的属性就是其最大电阻的频率数为1088MHz，仿真的结果也是在1GHz的中心可读取到滤波器的特性。

▶FerriteBead2.asc

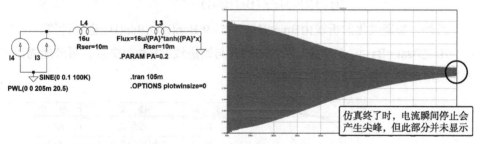

.ac oct 100 100K 1T

图2.79 磁珠的仿真

5. 非线性线圈的处理（1）—tanh近似处理

通常仿真中处理的电感器（线圈）是线性的。也就是说，处理的前提就是线圈电流不管怎样流过，电感器都不会变化。从实际元件来看，也就是类似空芯线圈的东西。

但是，对于开关电源中所用的线圈铁环等磁性物体的构造而言，一般要在其上面缠绕电线材料，当线圈电流增加后，会有某部分磁通量密度不再增加，这就是所谓的饱和区域。

仿真这种饱和区域的方法有2种。其中一种简单的方法就是，由于饱和的近似值很相近，所以经常使用"tanh"。将B-H曲线近似为无磁滞，则能完美显示磁饱和特性。图2.80显示的是确定饱和状态的电感器的特性的例题。

▶Inductor_Sataration_tanh.asc

图2.80 根据tanh的非线性线圈的类似例子

这个例子中将线性电感器（L4）和非线性电感器（L3）串联，流过一样的电流。电流源以0.1A的振幅将100kHz的正弦波重叠在直流电流源上（从0到10A变化）。电感器的变量名为"Flux"。也就是说，SPICE可将通过线圈的电流表示为"x"，表述为：Flux＝16u/{PA}*tanh（{PA}*x）。

在这里，PA是为了与现实的饱和特性一致而使用的系数。PA的值是边观察实际线圈的数据图形，边使用这里所示的方法来确认电感器的变化而决定的。

使用这样的电路，Plot各线圈两端的电压可知"L的值"。也就是说，线圈两端的电压（V_L）为

$$V_L = L * (di/dt)$$

而如果忽略缓慢变化的DC成分的时间变化，则电流变化部分为

$$i = 0.1 * \sin(2\pi * 100kt)$$

根据这些公式，可得出：

$$V_L = L * (di/dt) = L * 62.8k * \cos(2\pi * 100kt)$$

这里将L=16μH代入公式，则$V_L = 1V$。

6. 非线性线圈的处理（2）——近似的B–H曲线的设定

仿真线圈饱和领域还有1种方法就是使用几个参数使B–H近似。这里所示的是在John Chan等最早所提倡的"hysteretic core mode"的基础上，编入LTscipe的方法。这种手法的设定虽然比较复杂，但是所得到的仿真结果相对比较现实。

这种模式中，将B–H曲线的磁滞现象定义成3种参数，也就是Hc、Br、Bs（参考图2.81）。

下式所示是，上升时的折线"Bup（H）"和下降时的折线"Bdn（H）"进行初期磁化后的折线：

$$Bup(H) = Bs \cdot \frac{H + Hc}{|H + Hc| + Hc \cdot (Bs/Br - 1)} + \mu_0 \cdot H$$

$$Bdn(H) = Bs \cdot \frac{H - Hc}{|H - Hc| + Hc \cdot (Bs/Br - 1)} + \mu_0 \cdot H$$

另外，初期磁化的折线由$Bmag(H) = 0.5 * 9(Bup(H) + Bdn(H))$进行计算。

Bs是Bsat＝Bs＋$\mu_0 \cdot$H中H无限大增加时与渐进线的B轴的交点。另外所需的参数与线圈形状有关，如图2.81右表所示。

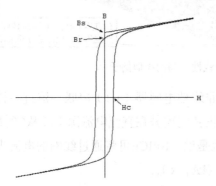

名 称	说 明	单 位
Hc	磁阻力	AT/m
Br	残留磁通量密度	Tesla
Bs	饱和磁通量密度	Tesla
名 称	说 明	单 位
Lm	磁路长（无裂缝）	m
Lg	裂缝的长度	m
A	断面积	m²
N	匝数	—

图2.81 B–H曲线的参数

这个非线性电感器的使用有几点需要注意。首先，电感器值的设定（确定多少μH等），以及非线性电感器的参数不可同时存在。也就是说，在确定线圈构造的参数的同时，不可以固定电感器的值。因此，就像在某种程度上确定线圈的构造，使其变为规定的电感器值那样，对匝数等进行微调整，在规定的电感器的线性线圈比较的同时确定参数。与磁心相关的参数（Hc、Br、Bs）是依赖于磁心的种类的，对其进行微调是没有意义的。因此，能发生变更的只有匝数。

图2.82显示的是这个例题的仿真结果。在这个图中，L1是非线性电感器，L2是线性电感器（16μH）。这两个电感器的串联电阻（Rser）分别设定为10mΩ。将这些进行串联连接，准备与"htan"所示的电流源相同的电流源，通过比较2个电感器各自两端的电压，确定L1和L2是否变更为相同的电感器。

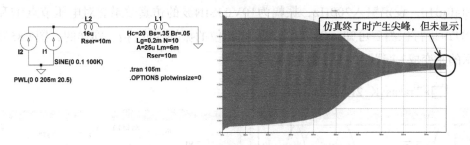

图2.82 基于B–H曲线的非线性线圈的近似例子

与在"htan"所看到的结果来比较的话，DC偏压电流为4A大小时，基本看不到电感器的下降程度。但可看到电感器急速降低到7A左右。将这个结果与DC偏压时的饱和特性相比较的话，可以看出电感器降低的倾向变化特别明显。而使用该方法时，要求参数设定时尽量要与实际数据接近。

7. K.互感（Mutual Inductance）——变压器耦合

将2个以上的线圈耦合进行变压时，设定各线圈的耦合系数。首先电路图中配备2个电感器。然后输入键盘上的热键 $\boxed{\text{S}}$，打开Spice指令的编辑窗口后，输入"K1 L1 L2 1"（图2.83）。

图2.83 在Spice指令指示中记述互感

以K开头的字串表示的是互感，如K1和Ktran命名一样。与其连接的2个要素用来表述想要耦合的线圈的名称。最后的数值是耦合系数，是1以下的数值。作为理想的变压器处理时这个值设定为1。

将线圈耦合时，绕组首端符号（Phase Dot）会激活，不可消除。另外，从线圈的元件清单中选择适当元件的按钮（Select Inductor）也不能点击。

想让绕组首端符号逆向的情况下，使用热键 F8 将光标变成拖动图标后选择线圈，在选择的状态下按 Ctrl + R 使之回转。根据需要，左右反转的情况下使用 Ctrl + E，将线圈移至想放的地方，点击鼠标即可完成。匝数比与电感器的2倍成比例，因此设定变压器匝数比为1：2时，将电感器设定为1：4效果较好。

图2.84所示的是使用耦合系数=1制作1：2的变压器（电感器分别为10μH和40μH），设定输入200Hz，振幅为10V的SIN波的仿真效果。对电压节点IN和OUT1进行探测后可知，OUT1输入及同相位的振幅变成2倍。同样的，图2.85显示的是变成3个线圈的变压器的例子。

▶Trasus_K_2以及Traus_K_3

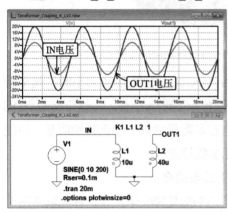

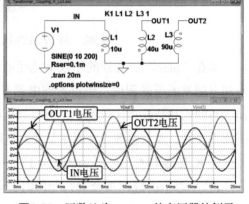

图2.84 匝数比为1：2的变压器的例子   **图2.85** 匝数比为1：2：3的变压器的例子

在这个例子中，3个线圈的匝数比为1：2：3。也就是说，电感器的比例为1：4：9。相对于IN同相位的OUT1振幅为2倍，而其反相位的OUT2的振幅为3倍。这种情况下表示互感的Spice指令，将3个线圈的耦合系数设为1，表示为"K1 L1 L2 L3 1"。这与写成3行的"K1 L1 L2 1""K2 L2 L3 1""K3 L1 L3 1"的意思是一样的。如果将各自的耦合系数设定为不一样时，就必须写成3行（Spice指令的编辑画面中想改行时使用 Ctrl + M 或者 Ctrl + Enter ）。

耦合系数变更为不足1时，可知相对于IN的OUT1和OUT2的振幅减少。这种情况下只要有一个耦合系数不是1，其他的耦合系数也没有必要是1，因此不将全部系数设定为不足1时就会出错。

8. D.二极管（Diode）

从元件配置按钮中选择"diode"、"zener"、"shottoky"、"varactor"（图2.86）"diode"的符号为热键 D 。

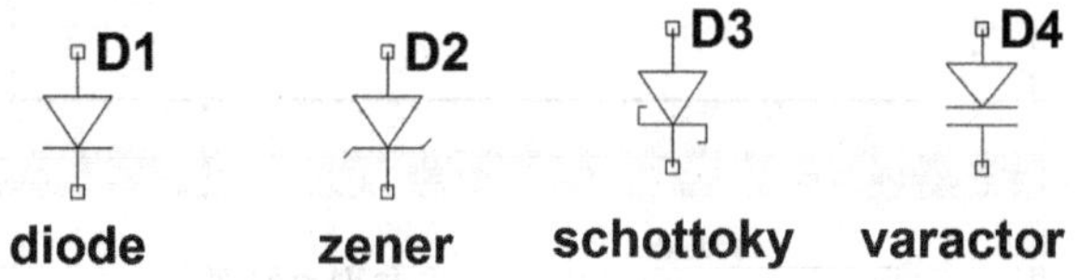

图2.86　二极管的符号

| 语法 | `Dnnn anode cathode <mode> [area] + [off] [M=<整数> [N=<整数>] [temp=<值>]` |

M是二极管并联的数，N是二极管串联的数。1个的情况下就可以省略。

二极管模型是以半导体的物理参数为基础进行仿真的模型。作为电子电路的仿真，应该以物理性质的动作原理为基础来构建模型，但是简单理解动作概念时，简单模型的计算可以更快实现，因此使用折线近似便可解决。

表2.1所示是表示二极管属性的参数。

表2.1　表示二极管属性的参数

名　称	意　　义	单　位	缺省值
Ron	正向（ON时）电阻	Ω	1.
Roff	反向（Off时）电阻	Ω	1/Gmin
Vfwd	正向起始电压	V	0.
Vrew	反向击穿电压	V	无限大
Rrev	击穿阻抗	Ω	Ron
limit	正向电流限制	A	无限大
Revilimit	反向电流限制	A	无限大
Epsilon	2次函数领域的幅度	V	0
Revepsilon	反向2次函数领域的幅度	V	0

下面所示的是折线近似的例题。折线近似的基本参数是有4个，即On/Off时的电阻值和表示折线弯曲点的电压的点。On时的电阻：Ron=5Ω，Off时的电阻：Roff=20Ω，正向起始电压：Vfwd=0.5V，反向击穿电压：Vrev=2V，仿真所得到的结果如图2.87所示。

📁▶Diode_Test_MyDiode–1b.asc

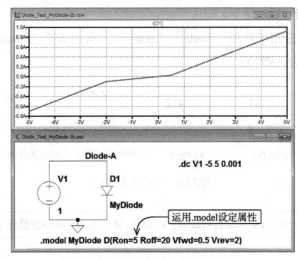

图2.87 折线近似的二极管的例子

仿真中进行扫描电源电压的DC解析，纵轴Plot二极管电流。超过反向击穿电压时，反向电阻值与Ron相同。如果不进行Vfwd和Vrev以及正反向电流限制的话，跟"电压控制开关"的基本动作是相同的。

设定正反向饱和电流时，在基于on/off时的电阻的电流倾角以及各自的饱和电流的方向，根据"tanh（）"渐近成平滑的曲线（图2.88）。

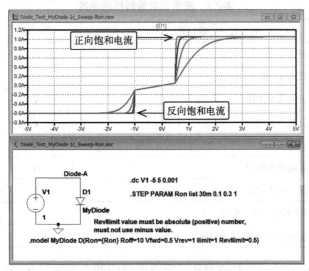

图2.88 设定二极管的正反向饱和电流

电流限制的值必须设定为正数。即使是反向，也不可以为负数，应写为绝对值。图2.88显示了使有电流限制的折线近似二极管的Ron值发生变化时，其正向电流（以及反向击穿）是怎么变化的。

Ron的值为30mΩ、100mΩ、300mΩ、1Ω。在起始点可以看到tanh（ ）的曲线的切线变为Ron值。

2次函数领域（参数：设定为Epsilon时，从Off范围移动到On范围的部分可用2次函数平滑连接）如图2.89所示。

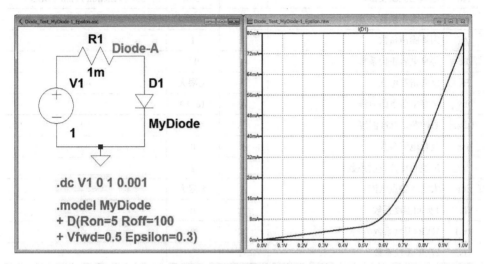

图2.89 用平滑曲线近似二极管

如果是IC设计者，或许会对个别的参数进行详细设定，但如果换成在PCB对电子电路进行组装的设计者，就不会将这些设计参数输入后再一个个地确定。所采用的元件确定后，一般会从元件厂家的主页上下载SPICE参数，在电路图中编入模型文件。关于模型的编入方法，可参照第10章的10.2节。

作为参考，表2.2所示的是使用Standard Berkeley SPICE seminconductor Diode的参数一览表。里面包含了缺省值以及改写时的参考值。

图2.90左侧所示的是标准二极管SPICE模型中将反向饱和电流设为10^{-7}时的仿真结果（V–I特性）。

表2.2　二极管的参数一览表

名　称	意　思	单　位	缺省值	参考值（例）
Is	饱和电流	A	1e-14	1e-7
Rs	串联电阻	Ω	0	10
N	发射系数	–	1	1.
Tt	渡越时间	s	0	2n
Cj0	零偏势垒电容	F	0	2p

名　　称	意　　思	单　位	缺省值	参考值（例）
Vj	势垒内建电势	V	1	0.6
M	梯度因子	–	0.5	0.5
Eg	活化能	eV	1.11	1.11（Si）0.69（SBD）0.67（Ge）
Xti	饱和电流温度指数	–	3.0	3.0（Junction）2.0（SBD）
Kf	闪烁噪声系数	–	0	
Af	闪烁噪声指数	1	1	
Fc	势垒电容正偏系数	–	0.5	
Bv	反向击穿电压	V	无限大	40
ibv	击穿电压下的电流	A	1e–10	
Tnom	参数测定标准温度	/℃	27	50
Isr	复合电流参数	A	0	
Nr	Isr复合电流发射系数	–	2	
ikf	大注入膝点电流	A	无限大	
Tik1	1次ikf温度系数	/℃	0	
Trs1	1次Rs温度系数	/℃	0	
Trs2	2次Rs温度系数	/℃^{2}		

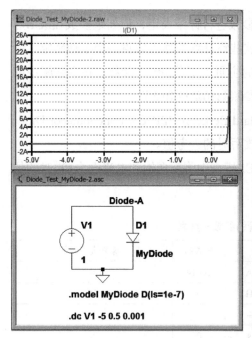
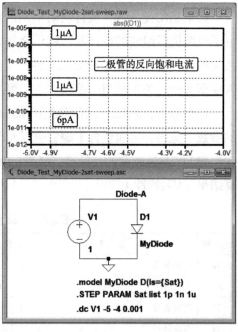

图2.90　二极管仿真例

另外，图2.90右中是以电流的对数显示了将饱和电流设为1pA、1nA、1μA时的反向饱和电流的仿真结果。但是，由于实际电流值为负数，因而显示的是绝对值的对数。即使Is＝1pA，在其他缺省参数的影响下，通过的电流大概为6pA。

除此以外，与所仿真的电气特性不相关的参数如表2.3所示。根据这些参数，可用于检查动作中是否超过额定值。

表2.3　表述二极管额定值的参数

名　　称	意　　思	单　位
Vpk	电压上限额定值	V
Ipk	电流上限额定值	A
Iave	电流平均额定值	A
Irms	RMS电流额定值	A
diss	最大功率损失额定值	W

2.3.6　有源元件

1. Q.双极型晶体管（Bipolar transistor：BJT）

双极型晶体管基本采用的是基于Modified Gummel–Poon模型的参数。这些参数在设计IC等时，要依赖于半导体制造流程和电路要素的尺寸，因此使用市场上销售的IC和分立元件进行电路设计的情况下，是不需要了解这些参数的详细的。一般来说，将半导体产家所提供的（或者网络上公布的）SPICE模型编入电路进行仿真。外部模型的编入方法参照第10章。

在这样的情况下，本书中关于模型中所处理的参数没有进行表述。如果想知道含有怎样的参数，或者缺省值是怎样时，按热键 F1 ，参照关键词"Q.Bipolar transistor"。参数一览表中所显示的符号有乱码，例如，"Tre2"的单位一栏中的"1/–C"等是"1/℃²"的意思。

作为双极型晶体管的符号，npn有4种，pnp有3种。npn4和pnp4是4端子元件的符号，其他的都是一般的3端子的晶体管的符号。这些的差异仅仅在于基础符号的竖线的大小不一样而已。虽然使用缺省的参数也可以实施仿真BJT，但为了更接近现实电路，应该得到所使用元件的SPICE模型。

语法
```
Qxxx Collector Base Emitter [Substrate Node]
model [area] + [off] [IC = <Vbe, Vce>] [ [temp = <T>]
```

例 Q1 C B E MyNPNmode1
.model MyNPNmode1 NPN (Bf=75)

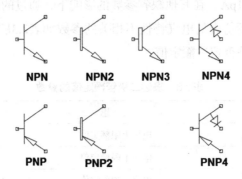

图2.91 双极型晶体管的符号

2. M.MOS 场效应晶体管（MOSFET/VDMOS）

MOSFET的缺省值所设定的是Shichaman–Hodges所声明的模型。LTspice中对应2个不同类型的模型，即单块集成的MOSFET和垂直双扩散型功率用的FET（Vertical double diffused power MOSFET：VDMOS）。从元件配置按钮中选择"nmos"、"nmos4"、"pmos"、"pmos4"（图2.92）。

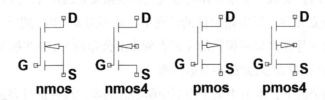

图2.92 MOSFET的符号

3端子的符号的背栅与源极连接，而4端子的符号的引脚是独立的。

使用一般市场上出售的MOSFET时，将半导体厂家所提供的（或者网站上公布的）SPICE模型编入电路图进行仿真。外部模型的组合方法详细参照第10章。

●单块集成MOSFET的情况

语法 | Mxxx Nd Ng Nb <model> [m=<value>] [L=<len>] [W=<width>]
[AD=<area>] [AS=<area>] [PD=<perim>] [PS=<perim>] [NRD=<value>]
[NRS=<value>] [off] [IC=<Vds, Vgs, Vbs>] [[temp=<T>]

在这里，模型名称为"NMOS"或者"PMOS"。

例　```
M1 Nd Ng Ns 0 MyMOSFET
.model MyMOSFET NMOS(KP=.001)
```

例　```
M1 Nd Ng Ns Nb MypMOSFET
.model MypMOSFET PMOS(KP=.001)
```

单块集成MOSFET的情况下，"m＝<value>"是指并联的FET的数量。"L=<len>"和"W=<width>"是指沟道的长度和宽度（单位为m）。"AD=<area>"和"AS＝<area>"分别指漏区和源区的面积（单位是m^2）。不设定L、W、AD、AS，使用缺省值也行。

"PD＝<perim>"和"PS＝<perim>"分别指的是漏区和源区的周长（单位为m）。"NRD＝<value>"和"NRS＝<value>"表示漏区和源区等效方块。PD、PS的缺省值为0，NRD、NPS的缺省值为1。

"off"显示的是DC解析时硬件的初期状态。为指定硬件的初期状态，"IC=<Vds，Vgs，Vbs>"根据".TRAN解析"的UIC选择来进行使用。

使用"temp=<T>"对硬件的温度进行设定。这个虽然在".OPTIONS"中有指定，但在这里其在关于硬件方面需要重写设定。要想使MOSFET的温度参数有效，必须使.MODEL控制面板的level=1、2、3、6。使用Level=4、5、8的BSIM模型的硬件中不含温度参数。

关于模型所处理的参数，本书就不再详细地叙述了。如果想知道含有怎样的参数，或者那些缺省值是怎样的时，可以按热键 F1 ，参照"M.MOSFET"。参数一览表中所显示的符号有些乱码，如"Tre2"的单位栏中"1/cmウ""1/cmイ"等是"$1/cm^2$"的意思，另外"–C"是"℃"的意思。

3. VDMOS

语法　```
Mxxx Nd Ng Ns <model>[L=<长度>] [W=<宽度>] [M=<面积>]
[off] [IC=<Vds, Vgs, Vbs>] [temp=<数值>]
```

例　```
M1 Nd Ng Ns Si4410DY
.model Si4410DY VDMOS(Rd=3m Rs=3m Vto=2.6 Kp=60
Cgdmax=1.9n Cgdmin=50p Cgs=3.1n Cjo=1n Is=5.5p Rb=5.7m)
```

在板级开关电源中VDMOS越来越被广泛地使用。就其特性而言，与前述的MOSFET相比，其在性质上是不同的。特别是：

（1）相比通常的单块集成MOSFET的衬底二极管，体二极管以不同于外部端子的连接状态来进行连接。

（2）栅漏电容的非线性无法像单块集成MOSFET的简单的阶段电容那样进行模型化。

模型名称"VDMOS"在n沟道或者p沟道中都可使用。想要明确显示极性的情况下，像以下进行表述：

例 `.model ABC VDMOS(Kp=3 pchan)`

缺省为"nchan"。"off"显示了DC解析时设计的初期状态。

关于模型所处理的参数，这里不再详细表述。如果想要知道含有怎样的参数，以及缺省值是怎样时，可以按热键 F1 ，参照"M.MOSFET"。参数表中所显示的符号有部分乱码，单位栏显示"A/V"的是"A/V^2"的意思，另外"–C"是"℃"的意思。

使用市场上出售的VDMOST时，将半导体厂家所提供的（或者网站上公布的）SPICE模型编入电路图进行仿真。外部模型的组合方法详细参照第10章。

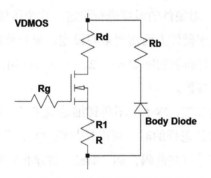

图2.93　VDMO 等效电路例子

4. J.结型EFT（JFET）

JFET的模型是建立在Shichman–Hodges的场效应管的模型上的。在元件配置按钮中选择"njf"、"pjf"（图2.94）。

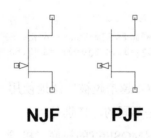

图2.94　JFET的符号

| 语法 | Jxxx D G S <model> [面积] [off] [IC = Vds, Vgs] [temp = T] |

例
```
J1 0 in out MyJFETmodel
.model MyJFETmodel NJF(Lambda=.001)
J2 0 in out MyPJFETmodel
.model MyPJFETmodel PJF(Lambda=.001)
```

使用市场上出售的VDMOST时,将半导体厂家所提供的(或者网站上公布的)SPICE模型编入电路图进行仿真。外部模型的组合方法详细参照第10章。

"off"显示的是DC解析时设计的初期状态。JFET的直流特性是由VTO和β决定的。这些是由沟道长度调制系数λ、栅结饱和电流Is所决定的。另外也包含了2个串联电阻Rd和Rs。

根据非线性耗尽层电容,将电荷保存模型化。然后,将非线性耗尽层电容按照连接电压的(-1/2)倍变化后,由参数<Cgs、Cgd、PB>来定义。

关于模型所处理的参数,这里不再详细记述。如果想要知道所含有的参数,以及缺省值是怎样时,可以按热键 F1 ,参照"J.JFET transistor"。参数表中所显示的符号有部分乱码,单位栏显示"A/V"的是"A/V^2"的意思,另外"-C"是"℃"的意思。

<参照>A. E. Parker and D. J. Skellern, An Improved FET Model for Computer Simulators, IEEE Trans CAD, vol. 9, no. 5, pp. 551-553, May 1990.

5. Z.MESFET(GaAs FET)

| 语法 | Zxxx D G S model [area] [off] [IC = <Vds, Vgs>] [temp = <value>] |

LTspice中不含有MESFET的缺省模型。因此需要表述仿真时所必需参数的模型卡(SPICE model)。使用市场上出售的GaAs FET时,将半导体厂家所提供的(或者网站上公布的)SPICE模型编入电路图进行仿真。外部模型的组合方法详细参照第10章。

元件配置按钮中选择"mesfet"(图2.95)。

NMF

图2.95 MESFET的符号

"off"显示的是DC解析时初期设计的状态。

<参照> H. Statz et al., GaAs FET Device and Circuit Simulation in SPICE, IEEE Transactions on Electron Devices, V34, Number 2, February, 1987 pp160-169

2.3.7 开关元件

1. S.电压控制开关（Voltage Controlled Switch）

开关不但形成了仿真所需的电路，同时在很多场合下也是有用的元件。虽然现实的电路必须根据晶体管等来构成电路，但其实在制作现实电路之前，先通过理想电路确认电路概念或者更深刻地理解，可以更大程度地活用元件。从元件配置按钮中选择"sw"。

语法 `Sxxx n1 n2 nc+ nc- <model>`

电路图上写上model名（元件名称），将其所含内容的参数按照".model"表述在设计指示上。节点名n1、n2是开关两端的端子，nc+、nc−是控制端子的端子名称。为表述模型，如下所示：

例 `.model MySw SW(Ron=.1 Roff=1Meg Vt=0 Vh=-.5 Lser=10n Vser=.6 Ilimit=10)`

虽然没有必要表述全部的参数，但如果不表述，就会采用缺省值。表2.4显示的是各个参数的名称和含义。

表2.4 开关模型的参数

参数名	含 义	单 位	缺省值
Vt	阈值电压	V	0.
Vh	滞后电压	V	0.
Ron	On电阻	Ω	1.
Roff	Off电阻	Ω	1/Gmin
Lser	串联晶体管	H	0.
Vser	串联电压（源头）	V	0.
Ilimit	电流限制	A	无限大

图2.96显示的是基本的SW动作例子。在开关的两端连接+1V和−1V的电源，

中间放置1kΩ的电阻限制电流。在这个例子中没有使用"llimit"。在控制电压上升时，开关的跳变点是"Vt+Vh"，相反地下降时其为"Vt−Vh"。滞后的幅度为"2Vh"。但需要注意的是，在普通的电子电路中，滞后幅度被定义为上下跳变的幅度，而这个SW模型中的"滞后电压"是不同的。Vh设定为负数时，其就会在On和Off之间一边缓慢地变化一边迁移。电导的变化用低次多项式来近似。

📁▸Vswitch_Level3.asc

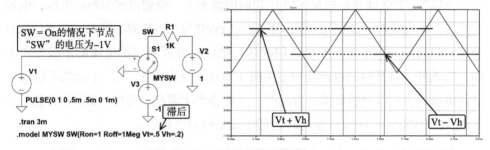

图2.96 有滞后现象的开关的例子

图2.97显示了与上图相同条件下，Vh＝−0.2的情况。Vh为负数时，滞后幅度就没有了，跳变点只由Vt决定，与Vh的值没有关系。

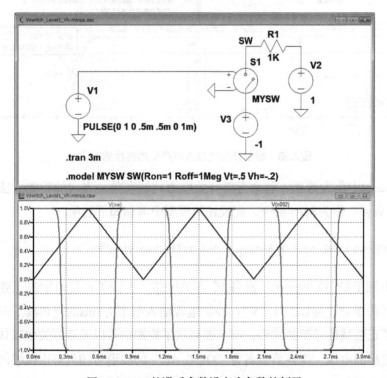

图2.97 SW的滞后参数设定为负数的例子

在上述例子中被称为"Lecel1"的就是缺省的开关模型。开关的控制电压的电气传导率g（Vc）是由下式得出的：

$$g(Vc)=exp(A*atn((Vc-Vt)/Vh+B)$$

其中A跟B是：

$$A=pi*(log(1/Ron)-log(1/Roff))$$

$$B=(log(1/Ron)-log(1/Roff))$$

在这里，图2.98显示的是在Vh值相同的情况下，横轴设定为控制电压，纵轴设定为开关电流时，通过图形的变化显示Level1和Level2的不同点。如果Level1和Level2的开关端子按照原样运用的话，电流探针所测定的电流的正极方向不同，因此开关打开时的电流朝向是正极（负极相反方向）。实际上如果不注意到电路电流的流向以及探针箭头方向时，可能会产生混乱。另外，图2.98右侧显示了Level2中Vh由-0.5V变成接近0V时的电流是如何变化的。

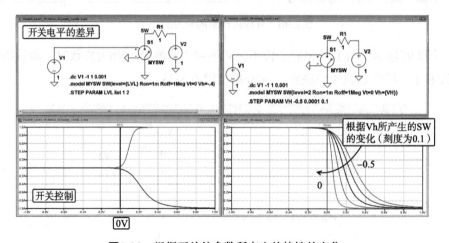

图2.98　根据开关的参数所产生的特性的变化

在Level中作为选项，包含有将开关电源控制在单一方向的功能。选项名称为"oneway"，作为Spice指令，在表述的模型中追加如下选项。

例 `.model MySw SW(level=2 oneway Ron=1 Roff=1Meg Vt=0 Vh=-.2)`

这个例子如图2.99所示。准备2个开关电路，上开关连接可输出正弦波的电源，下开关单独连接DC＝1"V"。控制电源输入频率为1ms的三角波。图形的下侧显示了正弦波信号源的波形，而上面显示了控制信号以及双开关中以1kΩ为终端节点输出的电压。观察节点名为"OUT-AC"的波形可知只有正弦波的上半部分通过。

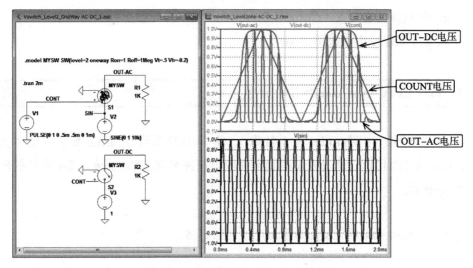

图2.99 开关选项 "oneway" 的例子

● 理想二极管

运用开关两端的电压作为其控制电压，并使用Level1的开关，所形成的元件可以像等效的理想二极管那样运行。这样的例子如图2.100所示。图形中显示的是Vt从0V到0.5V按照0.1V的间隔逐渐变化的动作。Vh设定为较小的负数，可以避免开关On/Off所产生的急速变化。仿真中电流急速变化，可避免仿真无法收敛的错误。通过设定二极管的参数，可以仿真出类似的特性。

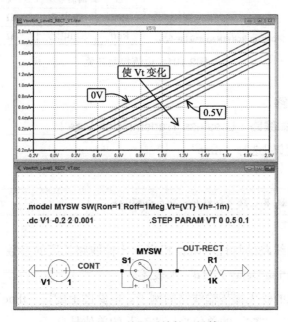

图2.100 基于开关的二极管

2. W.电流控制开关（Current Controlled Switch）

从元件配置按钮中选择"csw"。

语法	`Wxxx n1 n2 Vnam <model>[on, off]`

在电路图上注明model名（名称），将其中的参数在Spice指令中表述为
".model"（图2.101）。通过开关控制电流的电压源名称为Vsource。模型表述的例
子如下所示：

例	`.model MySw CSW(Ron=1m Roff=1Meg It=0 Ih=-.5)`

表述全部参数是不必要的。如果不表述，就会采用缺省值。图右显示的是各
个参数的名称和含义以及缺省值。Lh为负数时，其像SW一样从on到off平滑地
变化。

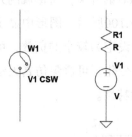

.model CSW CSW(Ron=1m Roff=1Meg It=0 Ih=-0.5)

参数名	含义	单位	缺省值
lt	阈值电压	V	0.
lh	滞后电压	V	0.
Ron	On电阻	Ω	1.
Roff	Off电阻	Ω	1/Gmin

图2.101 电流控制开关

2.3.8 传输线路

1. T.无损传输线路（Lossless Transmission Line）

从元件配置按钮选择"tline"。

语法	`Txxx L+L- R+ R- Zo=<value> Td=<value>`

Zo作为传输线路的特性电阻，相当于传输线路长度的参数，并以传播的推
迟时间（Propagation Delay）"Td"来表述。

图2.102显示的是无损传输线路的例子。电路图上配置"tline"后，即可出现
"Td=50n Zo=50"。"Td"的单位是s，"Zo"的单位是Ω。

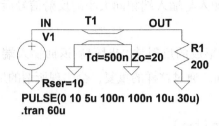
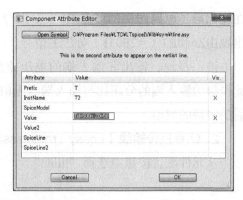

图2.102 无损传输线路

编辑传输线路的参数时，将光标移至文字列上方右击，在出现编辑栏的地方输入数值。或者移至元件上方右击，在"Value"栏双击，编辑其参数。为使参数可以在电路图上显示，需要双击该栏右边的"Vis"格，使其显示"X"。另外，"Zo=…"的"0"可以看作"数字的零"或者"罗马字母的O"使用。

这个仿真的例子中，连接输入为10V的脉冲电源（内部电阻＝10Ω），并将传输线路的特性电阻设定为50Ω，延迟时间为500ns。图2.103显示的是仿真的结果。

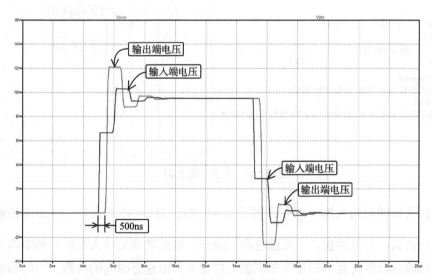

图2.103 传输线路和输出输入端的电阻不一致时的反射

在输入端（电路图中节点名为"IN"）加入脉冲（10V）的开始信号，其特性电阻（$Z_0=20\Omega$）和电源端的内部电阻（10Ω）的分压所决定的电压($10*(20/(10+20))=6.67V)$一旦上升，输出端电压迟于传输线路的传输延迟时间（Td），在输出端（电路图中的节点名"OUT"）加入与输入端相同大小的反射信号后，出现由Zo和R1（=200Ω）分压的信号。

进一步地，输出和输入端的电压差所形成的反射波Td时间后返回输入端，此振幅的输入端的分压比与输入端电压相加。通过这样的重复，会出现所谓的反射的独特的波形。

2. O.有损传输线（Lossy Transmission Line）

从元件配置按钮中选择"ltline"。

语法 `Oxxx L+ L- R+ R- <model>`

例 `.model MyLossyTline LTRA(len=1 R=10 L=1u C=10n)`

图2.104显示的是有损传输线路的例子。电路图中配置"ltline"后，即可出现"Td=50n Zo=50"的值。"Td"的单位是s，"Zo"的单位是Ω。表2.5显示的是模型中所使用的参数。需要注意的是表中记录为"Unit Length"的其实是"单位长度"，而不是"多少m"这样的表达方式。

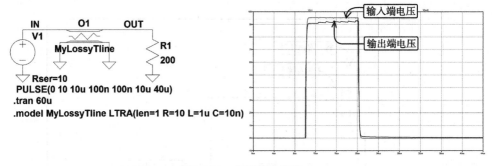

图2.104 有损传输线路

因为特性电阻为 $Zo = \sqrt{\dfrac{L}{C}}$，假设 $Zo=20\,\Omega$，对 $L=40\mu H$、$C=0.1\mu F$ 的传输线路进行仿真，且里面包含了直流电阻的成分。将此仿真的输入及输出的电阻用于无损传输线路的仿真。但是由于不能直接设定类似延迟时间的参数，时间轴必定与前述的仿真不一致。图2.105显示的是仿真的结果。可以看出所显示的反射波形极其类似。

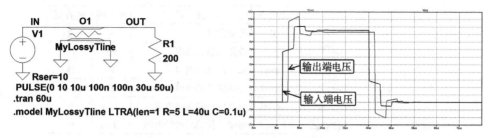

图2.105 $Z_0=20\Omega$ 情况下的有损传输线路

表2.5 有损传输线路的参数

参 数	含义（一部分参数按照英语直接记录）	单 位	缺省值
R	每单位长度的电阻成分（参照图2.106）	Ω/unitlen	0
L	每单位长度的电感成分（参照图2.106）	H/unitlen	0
G	每单位长度的电导成分（参照图2.106）	$1/\Omega$/unitlen	0
C	每单位长度的电容成分（参照图2.106）	F/unitlen	0
Len	单位长的数量	–	1
Rel	Relative rate of change of derivative toset a breakpoint	–	1
Abs	Absolute rate of change ofdervative to set a breakpoint	–	1
NoStepLimit	Don't limit time–step to less than line delay	（flag）	not set
NoControl	Don't attempt complex time–step control	（flag）	not set
LinlInterp	Use linear interpolation	（flag）	not set
MixedlInterp	Use linear interpolation when quadratic seems to fail	（flag）	not set
CompactRel	Reltol for history compaction		RELTOL
CompactAbs	Abstol for history compaction		RELTOL
TruncNr	Use Newton–Raphson method for time–step control	（flag）	not set
TruncDontCut	Don't limit time–step to keep impulse–response errors low	（flag）	not set

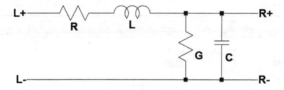

图2.106 有损传输线路的每单位长的等效电路

3. U.均匀分布RC传输线路（Uniform RC–line）

从元件配置按钮中选择"Misc"并点击，使用其中的"urc"或者"urc2"。

语法 `Uxxx N1 N2 Ncom <model> L=<len> [N=<lumps>]`

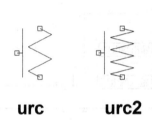

名 称	说 明	单 位	缺省值
K	传播常数	–	2
Fmax	线路的最大频率	Hz	1G
Rperl	每单位长的电阻	Ω	1K
Cperl	每单位长的电容	F	1e-15
Isperl	每单位长的饱和电流	A/m	0.
Rsperl	每单位长的二极管电阻	Ω/m	0.

图2.107 均匀分布RC传输线路的符号及参数

在RC传输电路中，RC作为固定模块，在线路内部自动生成节点并计算。

RC段朝向线路中间，根据比例系数K，像几何般增加那样进行模型化。根据K以及其他参数，段数N如下式所示得出：

$$N = \frac{\log \left[F_{max} \frac{R}{L} \frac{C}{L} 2\pi L^2 \left(\frac{(K-1)}{K} \right)^2 \right]}{\log K}$$

作为比例系数的K，其数值不可超过1（因为log1=0，所以K=1不可使用）。将N作为urc参数设定时，这个式子就不成立。Isperl为0时，是纯RC段。Isperl不为0时，将C替换成反向偏压二极管，电容变成零偏结电容，饱和电流由每单位长的Isperl分配。另外等效串联电阻由每单位长的Rsperl分配。

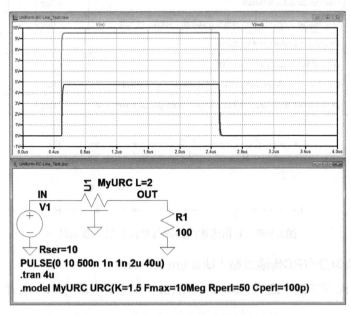

图2.108 均匀分布R和传输线路的例子

2.3.9 特殊功能

1. 特殊功能 (Special Functions)

1) 逻辑电路

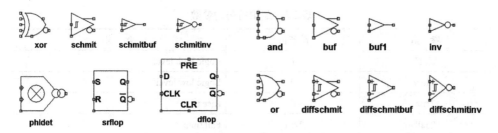

图2.109 逻辑符号

表2.6所示是逻辑电路元件符号及其含义。在对象是被收纳符号的情况下，进入 "Select Component Symbol"（热键 F2 ）的 "Digital" 中。

表2.6 逻辑符号的含义

逻辑电路元件	含 义
INV	反相
BUF	缓冲器：反相·非反相输出
AND	逻辑与：反相·非反相输出
OR	逻辑或：反相·非反相输出
XOR	逻辑异或：反相·非反相输出
SCHMIT	施密特缓冲器：反相·非反相输出
SCHMTBUF	施密特缓冲器：仅非反相输出
SCHMTINV	施密特反相缓冲器：仅反相输出
DIFFSCHMIT	差动输入施密特缓冲器：反相。非反相输出
DIFFSCHMITBUF DIFFSCHMITINV	差动输入施密特缓冲器：仅非反相输出 差动输入施密特缓冲器：仅反相输出
SRFLOP	SR-Type触发器
DFLOP	D-Type触发器
PHIDET	相位检出：电流输出

作为Ltspice的程序库编入的模型不含有一般市场上售卖的逻辑电路的AC/DC特性。当然由于逻辑动作是按照教科书上的动作进行的，因而便于通过仿真逻辑电路的思路来进行确认。

COM通常与GND连接。未使用的输入·输出引脚连接COM（符号的左下角：5输入逻辑电路中左下角的最右边）时，仿真时可以缩短时间。这时候，COM

（或者GND）即使连接输入端，也不能解释输入的逻辑电平为什么为"L"。固定输入"L"时，必须连接GND以外的0V（Vt以下的电压）电源。

表2.7显示的是LTspice中程序库所包含的模型的参数及其缺省值。

表2.7　逻辑符号的参数

参　数	缺省值	含　义
Vhigh	1	Logic high level
Vlow	0	Logic low level
Trise	0	Rise time
Tfall	Trise	Fall time
Tau	0	Output RC time constant
Cout	0	Output capacitance
Rout	1	Output impedance
Rhigh	Rout	Logic high level impedance
Rlow	Rout	Logic low level impedance
Td	0	Propagation delay
Ref	0.5 * (Vhigh + Vlow)	Input Logic threshold
Vt	0.5 * (Vhigh + Vlow)	Shmit input trip point
Vh	0.1	Shmit input hysteresis(one side)

例如，由于"H"电平的缺省值为1V，如果运用在5V的电路时需要在元件属性的"SpiceLine"上追加"Vhigh＝5"。追加时，按住 Ctrl ，右击元件，出现"Component Attribute Editor"的画面后，双击"Spiceline"的"Value"，使其变成可编辑的状态后，输入参数及数值。为了在电路图中可显示所输入的内容，需双击"VIS."使"x"呈可显示状态（图2.110）。

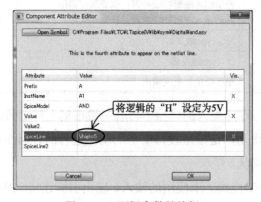

图2.110　逻辑参数的编辑

下面显示了几个逻辑电路的例子。

图2.111显示的是AND逻辑门在Vhigh＝5V时的电路图。可知相对于"输入1"和"输入2"波形的输出波形进行的是"AND"动作。图中所显示的波形没有将图形分割成多个，而在1个图形中显示，并且通过图形的运算功能，在"V（2）"上追加6V，"V（OUT）"上追加12V。

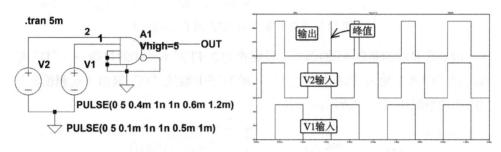

图2.111 AND逻辑的仿真例子

接下来显示的是XOR的例子。XOR使用在2输入的情况下时，按照一般"逻辑异或"运行。但是，输入在3个以上时，其中1个输入只能是True（high）时，输出为True（非反相输出为high）。多输入EXOR可以判定True（high）的奇偶，在串行通讯用来进行奇偶校验检查，但这里所叙述的模型中没有用到这个用途。在进行奇偶校验的情况下，需要每2个输入串联。

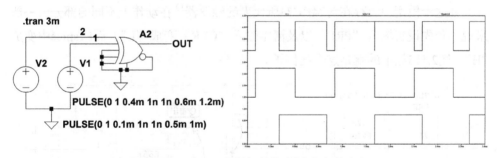

图2.112 EXOR逻辑门的仿真例子（2输入）

在这个例子也和AND的例子一样，只在1个图形中显示，并且运用图形的运算功能，在"V（2）"追加1.6V，"V（OUT）"追加3.2V。

同样地，3输入的情况XOR的例子如图2.113所示。正如已说明的那样，其不同于正常的多输入XOR的动作，可知3个输入中有1个只有在输出"H"时会变成"H"。

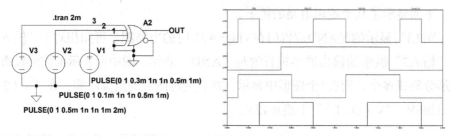

图2.113 EXOR逻辑门的仿真例子（3输入）

接下来显示的是D–FF的例子。设定作为D–FF基本动作的数据——"D"输入，将"CLK"输入在时钟（上升沿）的时序中输送"Q"输出（反相输出为"Q"）的情况如图2.114所示。

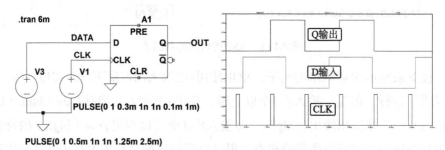

图2.114 D–Type触发器的仿真例子

在这个模型中，存在与74HC74所代表的触发器[1]在动作上不同的部分。一般来说，预先设置输入"PRE"以及清零输入"CLR"变成"L"，而LTspice中变成"H"。图2.115显示的就是这个的例子。

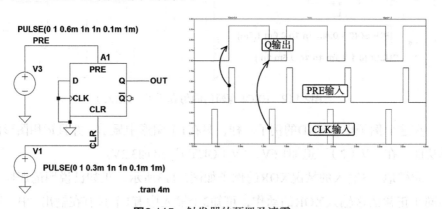

图2.115 触发器的预置及清零

1）D-Type Flip Flop这个名称，如这里所示将设置在DATA输入的数据在CLK的上升沿输出。根据时钟数据会延迟输出，解释为"Delayed"的"D"，因此SN7474出现在这里可以说是"DATA"意思的"D"。将Q输出输入在下一段的D输入并连接后，变成移位寄存器。

2）其他

含有以下特殊功能的元件存在于"Select Component Symbol"（热键 F2 ）中的"SpecialFunctions"。在这里所采用的是FM/AM调制器、采样保持电路、可变电阻。

（1）FM/AM调制。"SpecialFunctions"中的MODULATE含有VCO功能以及振幅调制功能。VCO的频率（freq）显示为：freq = space + V（FM）*（mark–space），其中mark为FM端子电压为1V时的频率，space为FM端子电压为0V时的频率。在此可以忽略Vhigh、Vlow的含义。也就是说mark并不是1V电压时Vhigh的电压。

V（FM）可设定为任意的正负数。无需限定在0到1V之间的范围，可按照上式所显示的输入任意电压，计算出频率。如果计算结果的频率为负数时，其相位与正频率时的相反。也就是说，代入上式后比freq = 0时的电压较低时，相位以freq为界反转。

这种情况下，振幅由AM端子电压设定，端子电压为 1V时（单端）振幅为1V。端子电压为0V时输出振幅为0。将AM端子电压进行正、负反转时，相位也以振幅 = 0为界进行反转。

图2.116显示的例子是，mark = 100k、space = 50k时，将前半部分进行FM调频，后半部分进行AM调幅后所构成的电路。仿真中的前半部分，是将FM端子电压由0V直线变成2V，并将AM端子电压固定为1V。也就是说，频率从50kHz到150kHz(= 50+2*(100k–50k)进行变化。后半部分中，将频率固定为150kH，AM按照10kHz调幅。

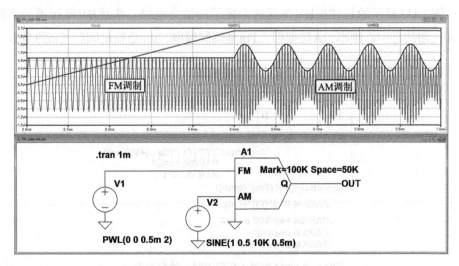

图2.116 FM以及AM调制

接下来对将SIN波加入FM调频端子时调制的输出信号进行仿真。图2.117显示的是：mark＝200k、space＝100k时，将调制的中心电压设为1V的偏压，按照0.7V的振幅进行调制的例子。

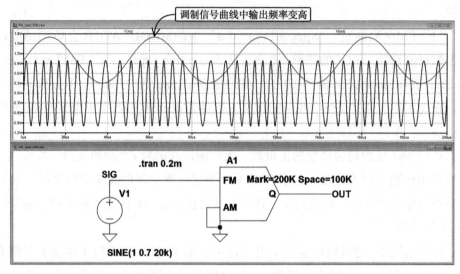

图2.117　FM调频（频率调制）的例子

另外，FM调制的式子如下：

$$f(t) = A \sin(\omega + m \sin pt)$$

$$= A\{\sin \omega_c t \cdot \cos(m \sin pt) + \cos \omega_c t \cdot \sin(m \sin pt)\}$$

$$m = \begin{cases} \Delta\theta & \text{（相位调制）} \\ \dfrac{\Delta\Omega}{p} & \text{（频率调制）} \end{cases}$$

图2.118显示的是使用BV再现这个式子的仿真电路。表述BV电压源的参数中，Fc指的是中心频率，A是振幅，Fm是调制频率，dw是确定调制度m的系数。

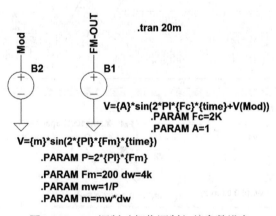

图2.118　FM调制（相位调制）的参数设定

图2.119显示的是根据这个电路仿真的结果。

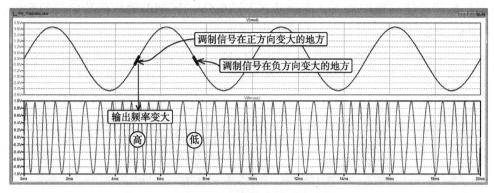

图2.119 相位调制的仿真例子

LTspice程序库所含的"modulate"数据组是以VCO为基础制作的，因此调制电压变高时频率也变高。因此，通过显示FM调制的古典的定义式可知，在调制信号的变化率变大的地方，频率也变高，而在调制信号振幅无变化的地方，可输出载波的频率。

在此项目中，仅限于显示"modulate"模型的功能，而对于与古典的定义式的差异不进行更多的说明。

LTspice程序库中被称为"modulate2"的，是"modulate"输出时相位以90°差异输出所形成的。其仿真的例子在图2.120中显示。

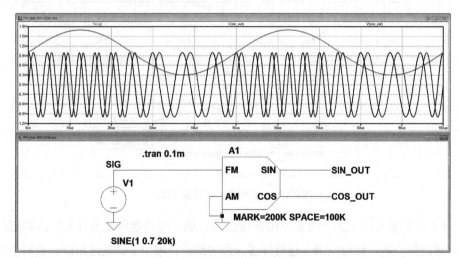

图2.120 90°相位差的调制器输出

（2）采样保持。"SpecialFunctions"中的sample是使差动输入信号具有采样保持功能。使用方法有2种：通过在CLK输入中输入时钟，在CLK上升沿将（in+

in–）值传输到输出并保持其数值（图1.121）；在S/H输入脉冲，脉冲在0.5V以上的区间时输出跟踪输入，而脉冲在不满0.5V的区间时输出保持之前的数值（图2.122）。

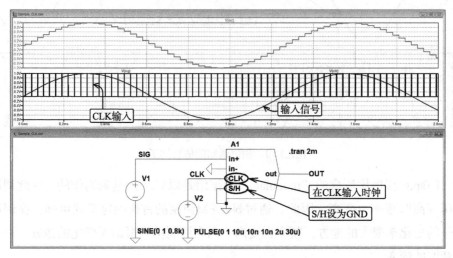

图2.121 采样保持的使用方法

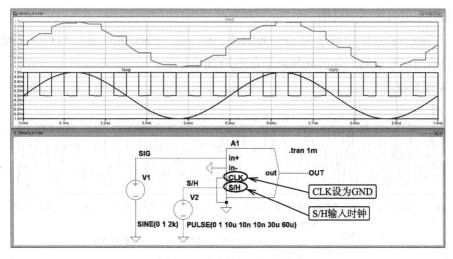

图2.122 采样保持的跟踪功能

（3）可变电阻。关于可变电阻的特性是，端子间的电压超过其元件的固定值时，通过低电阻（钳位电阻）进行导通。作为例子，可以尝试通过LTspice资料中所含有的参考电路对模型进行确认。采样电路将LTspice进行缺省设定并下载后，保存在C：/Program File/LTC/LTspice/example/Educationalvaristor.asc。

可变电阻是二端子元件，作为LTspice的模型，含有设定击穿电压的端子

"invin"和"noninvin"（图2.123左侧）。钳位电阻作为元件的特性（参数名为Rclamp）进行设定（图2.123右）。

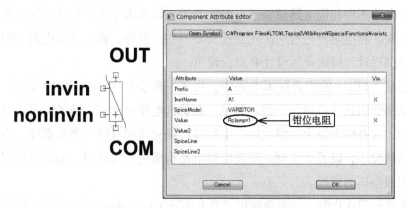

图2.123　可变电阻的钳位电阻的编辑

　　表述参数时，右击可变电阻元件符号，双击"Vaslue"栏变成可编辑状态后，记入"Rclamp＝<数值>"（单位为Ω）。为了在电路图上明确指示，双击"Vis."栏，使"x"符号可显示。图2.124显示的是仿真的例子。

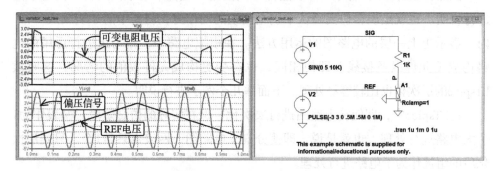

图2.124　可变电阻的仿真例

2. X.子电路（Subcircuit）

下面显示的是配置子电路的句型。

语法	xxx n1 n2 n3··· \<subckt name\> [\<parameter\> = \<expressfon\>]

　　另外，子电路的表述是记载在SPICE语法中的文本文件，以".SUBCKT"为始，以".ENDSUB"为终。关于子电路内部表述详情请参照第10章。大部分的IC和二极管等的SPICE模型，很多情况下是以子电路进行提供的。

2.4 层次化（Hierarchy）

将电路图中相同电路模块进行多次利用，以及为了能更简单了解每个电路的功能模块，将电路图进行层次化会比较好一些。另外，将大功能电路分组，由几个人分别设计，层次化后设计时间会缩短。

在基于FPGA的组合逻辑电路中，由于一般会使用结构化的逻辑设计技术，因此电路分组设计自然行不通。但是，在仿真电路设计中，除了IC设计以外，大规模的（含有50个以上电路元件）电路设计是完全没有的。即使那样，在重复使用组的情况下，以及为实现某种功能对电路构成进行确认时，如果进行层次化则更能把握整体的情况。

在进行层次化时，一般会使用"自上而下手法"或者"自下而上手法"。将逻辑电路结合到FPGA中时，自上而下手法比较普遍。那样子较容易看清整体情况，作业分担也会变得比较容易。另一方面，在以仿真电路为中心进行电路设计时，由于大部分情况下是边确认个别电路的动作边进行的，因此一般使用自下而上。

虽然在LTspice中任何一种手法都可以使用，但在本书中只用自下而上手法进行说明。也就是说，仿真确认个别电路组的动作时，将其中的一块放入"箱"内，显示更上一层的电路图的运用方法。在模拟电路中，作为组进行运用的电路构成（元件以及接线）即使相同，也有变更构成元件数值的情况，这时候LTspice的层次化也比较容易处理。下面举几个例子进行说明。

在LTspice中，即使将电路图进行层次化，但在实际的仿真阶段，网表作为1个大电路进行处理。也就是说，即使分割了电路图，网表也只是1个。只是层次化后的组被作为子电路进行处理。

2.4.1 新符号的制作

新符号的制作有2种方法：一种是通过带有输出输入引脚的电路图形自动生成符号的方法；而另一种就是描绘用户原创的外形以及引脚位置的方法。

首先显示的是原创外形制作的方法。从菜单栏的"Hierarchy"下方，点击"Create a New Symbol"。然后打开描绘符号的"绘画面板"。在成为符号原点的这个绘画面板中间，用十字符号表示这个符号的原点位置。这个十字符号是在上层进行元件配置时的基准点。画图形时，从菜单栏的"Draw"的下方选择所要画的图形种类，完成所需的图形（图1.125）。

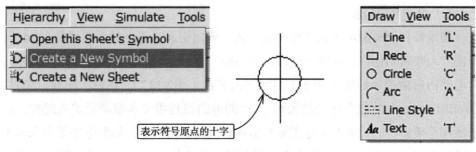

图2.125 符号绘制工具

　　点击后的落点在显示屏上用红色小圆表示。表示框内各个落点，或者文字列所示位置的红色小圆称为锚定点，被用于电路图配置时确定位置。用于描绘外形时所用的锚定点，在绘图面板网格间距1/16处捕捉。与配线位置相关联的基点（在配置输入端或输出端附近的边角处），如果不在网格上配置，会在电路图上出现配线间隙或者接线故障，因此画图时需要注意网格的位置。

　　使用"Line"指令进行描绘时，每次点击鼠标可以扩大各节点画出多角形。并且这种直线绘画可以在任何时候只要右击鼠标，或者按 Esc 可以结束绘画指令。

　　点击"Rect"及"Circle"的对角处（左上及右下，或者右上及左下），可以画出长方形或者圆形（椭圆）。

　　在这里需要注意"Arc"的写法。首先，选择"Arc"进行画，可以画出Cirle那样的圆（椭圆）（图2.126的①到②）。然后点击带有圆弧的点（图的③），并往逆时针旋转方向选择下一个点后单击（图的④）。这样的话，和电路图输入时一样拖动圆弧的起点和终点位置，将其移动到所希望到达的位置后再次单击定位。

　　要选择哪一类的直线或者曲线（虚线、点线、点划线、双点划线），可从菜单栏的"Draw"下拉框中点击"Line Style"选择线的种类，点击"OK"后可选择绘画的种类。

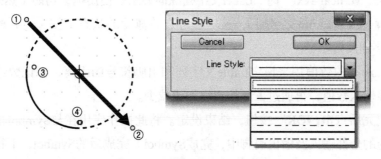

图2.126 圆弧描绘及线种选择

2.4.2 引脚的追加

如果要在所画图形中追加电源和输入、输出引脚，可下拉菜单栏的"Edit"，点击"Add Pin/Port"。在这个窗口的"Label"框中，输入与这个Symbol（外形）内电路图所附带的标签（端子）名相同的名称（图2.127）。在每次配置引脚时，"Netlist Order"的数字序号增加1。其中的电路图是用文本驱动形式表现时，这个顺序是很重要的；而在示意图驱动形式表现的电路图中，如果电路图中的输入及输出引脚名称与Label一致的话，可在层次化的状态下完成配线，因此没必要在意"Neslist Order"。

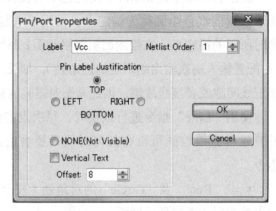

图2.127　Pin/Port的设定

"Pin Label Justification"框所包围的部分，用来设定显示引脚位置的符号（蓝色正方形），以及所附带的"Label"文字列的位置关系。"TOP"、"LEFT"、"RIGHT"、"BOTTOM"单选按钮，用来设定引脚名称文字列所对应的符号的位置。

点选其下方的"NONE（Not Visible）"按钮时，在引脚和Lable（引脚名称）关系的基础上，只有Lable的文字列不显示。

点选"Vertical Text"时，Label文字列纵向显示。使用拖动功能（热键 F8 ），点击引脚（或者Lable文字列），这样在可有效拖动的状态下按 Ctrl + R ，可使Lable文字列反转。

"Offset"的数值用来设定Lable文字列和引脚符号的距离，标记数值并从键盘上直接输入数值，再通过▲▼按钮增加或减少。

设定完后点击"OK"按钮，结束设定。将此操作应用在与Symbol相关联的电路图内的全部输入及输出引脚中，完成Symbol。完成后的Symbol，下拉菜单栏的"File"点击"Save as"，命名后保存。并且其名称必须与显示Symbol内容的电路图的文件名一致。例如，电路图文件名为"ABC.asc"时，其符号的文件名要为"ABC.asy"。

2.4.3 层次化的简单例子

作为层次化的简单例子，将RLC串联电路中的RL部分模块化后处理。

首先，准备新建文件夹放入电路图和符号。作为层次化的手法，采用的是自下而上。如图2.128左侧所示，在相当于最下层的R和L的串联电路中准备附带有端子的东西。

端子通过工具栏的"Lable"（热键为 $\boxed{F4}$ ）分别命名为"TOP"和"BOT"，将"Port Type"变成"Bi-Direct"。虽然一般情况下将R和L的值设定为固定值，但是在这个例子中，采取"参数"形式的处理方法，可从后面开始设定TOP水平的电路图中的数值。为将数值变成"参数"，只要将参数名用"{"和"}"括起来即可。参数名为用户设定的任意英文、数字和基于"_"的文字列。文字列中不可留有空格或输入四则运算符号。"_"（连字符）是负的符号，所以不可以作为变量名使用。

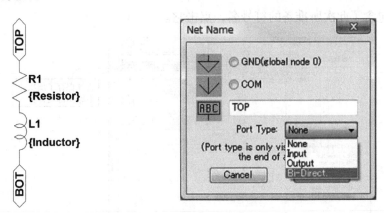

图2.128 层次化的简单例子

命名这个电路模块并将其收入前面所准备的文件夹中。这个例题被命名为"RL_Element.asc"。

下拉菜单栏的"Hierarchy"，点击"Create a New Symbol"。根据前述方法，对"放入元件"进行描绘。下拉菜单栏的"File"，点击"Save as"，将制作此外形的文件命名为与电路图相同的文件名进行保存。扩展名为*.asy，也就是"RL_Element.asy"进行保存。

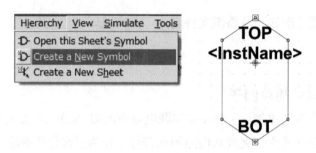

图2.129　制作图2.128的外形

那么，接下来就开始制作层次化的TOP电路图，并将前面所准备的RL电路模块编进去。将此TOP电路图文件收入已制作的RL模块相同的文件夹。从文件菜单中点击"New Schematic"（热键为 Ctrl + N ），打开新的电路图窗格，对前面的RL模块进行配置。

点击元件图标，或者通过热键 F2 打开元件选择窗口。在此阶段中，由于元件符号的文件夹（路径）为缺省C：/Program Files/LTC/LTSPICEIV/lib/sym，因此要变更。点击"Select Component Symbol"窗口上方的"Top Directory"框左侧的▼按钮后，会出现所使用的路径名称（文件夹名），因此可选择此文件夹。其中也包含了此次所准备的符号名，点击它。

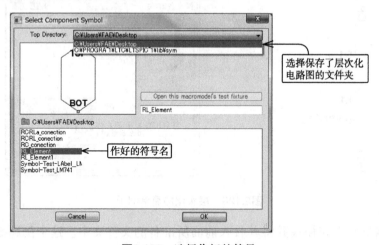

图2.130　选择作好的符号

选择元件后，与普通的元件一样配置在电路图上进行接线，完成全部电路。同样地，对这个电路文件进行命名，收入与前述相同的文件夹中。这次例题命名为"RL_Network–Top"（文件名中可使用"–"）。

将此次所制作的符号（纵向长的6角形）配置到这个上位的电路图中，试着制作如图2.131所示的电路。整体上来说，这个电路是RLC串联电路，节点

"OUT1"是RL的串联和其后的C之间的连接点。输入信号源连接了按照±1V
幅度振动的10kHz的正弦波。关于已层次化的内部R和L的各个参数，将光标移
至层次化符号的上方，按紧 Ctrl 右击，在"Component Attribute Editor"窗口的
Spiceline中写入"Resistor=20, Inductor=10u"。当然，变量名使用层次化的符号
中所使用的名称。另外，将光标移至层次化的符号上，右键单击，在"Nacigate
Edit Schematic Block"窗口的"PARAMS"编辑栏中写入"Resistor=20,
Inductor=10u"（图2.131左）。仿真结果如图2.131右侧所示。

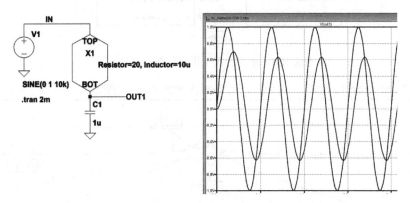

图2.131 配置在上位电路图的层次化符号

下面，在TOP电路图追加1个RL模块，尝试进行频率解析（AC解析）的仿真
（图2.132）。变更各自的RL模块的电路常数及配置在TOP水平的C值后，其中一个
RLC串联电路像低通滤波器那样设定，另一个则像LC谐振电路那样设定。不管
哪一种都要选择能使f_0=100kHz的值。

▶RL_Network–AC_TOP

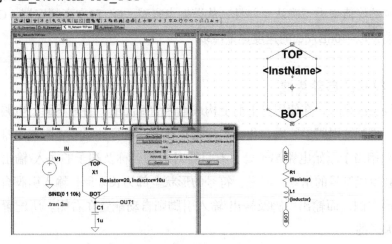

图2.132 显示所利用的所有窗格

这里将OUT1、OUT2、OUT3仿真的结果一起显示。

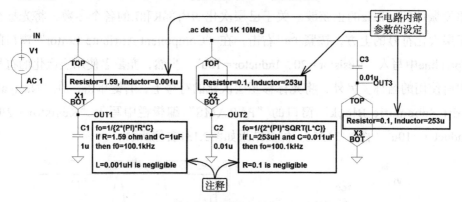

图2.133　使用层次化模块制作RLC滤波器

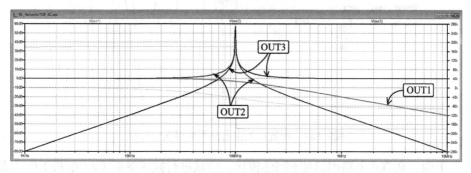

图2.134　图2.133的仿真结果

F_0的频率和计算得出的值100kHz完全一致，等效为RC低通滤波器输出的OUT1在频率较高处同样地以-20dB/dec速度逐渐减弱。另外，等效为LC谐振电路输出的OUT2和OUT3，不管哪一方都是以f_0谐振，但可以通过在频率特性图上作出尖锐的峰值来进行确认。并且，从谐振点来看，OUT2在高频率端，OUT3在低频率端，以-40dB/dec的速度逐渐减弱。

2.4.4　符号的自动生成

进行层次化时，在使用自下而上构成电路的情况下，将最下面的电路图合并到一起，再配置引脚进行黑盒化。这样会存在描绘符号外形或者配置等难操作的情况。在相当于原始电路端子处，有只要对引脚名称及端子的输入/输出进行定义，就会生成符号的指令。但是，符号的形状全部为长方形，输入引脚自动配置在长方形左侧，而输出引脚及输出/输入引脚则自动配置在右侧。所配置的位置是可以编辑的。

这里将对保存在C：/Program Files/LTC/LTspiceIV/examples/Educational（通过缺省安装的情况下）中的"LM741.asc"进行解说。

在此电路图中，去除±电源、信号源、反馈电阻，给各引脚贴上新的标签，重新定义被称为"LM741-Inside"的引脚（图2.135）。

▶LM741\LM741_Insie.asc

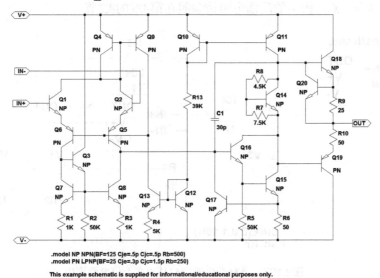

图2.135　LM741内部等效电路

在这种状态下，从菜单栏的"Hierarchy"选择"Open this Sheet's Symbol"单击（图2.136左侧）（按热键 Alt + I 后，按 S ）。在没有准备符号的情况下，如图2.136右侧所示会弹出"是否自动生成符号？"对话框，点击"是（Y）"即可。

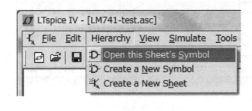
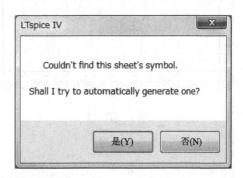

图2.136　符号自动生成顺序

最后自动生成的符号如图2.137所示。使用这个符号所构成的非反相放大器的电路图如图2.138所示。这个电路也是保存在与前述层次化电路图文件及符号文件同样的文件夹中。

图2.138显示的是通过使用这个层次化的电路，进行".TRAN"和".AC"两方面解析的结果。

在.TRAN解析中，设定的增益是21倍，可对仿真结果的正确性进行确认。在.AC解析中，可以看出频率在10mHz到1MHz的区间，以20dB/dec的速度减弱的特性（关于.AC解析中的反馈电阻请参照在第8章的8.2节）。

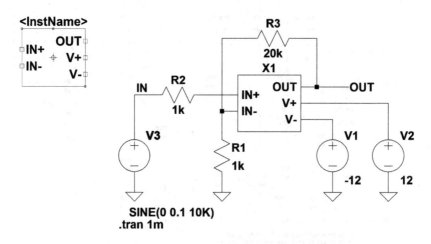

图2.137　将自动生成LM741放在上位电路图中

▶LM741\Test_741_TRAN.asc、LM741\Test_741_AC.asc

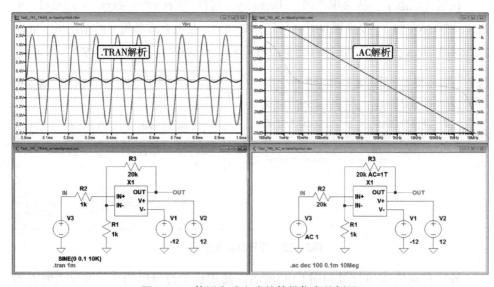

图2.138　使用自动生成的符号仿真的例子

拉普拉斯变换和傅里叶变换

电子工程专业的教学大纲中，经常会出现"拉普拉斯变换"和"傅里叶变换"，它们的共通点都是复积分。

"拉普拉斯变换"是根据在复平面内的任意点周边的围道积分进行变换，还可同样地反变换。在实际的电子电路中，并没有进行这样数学式的高难度的计算，而是通过拉普拉斯变换表和代数计算对"过渡现象"进行解析。

在使用拉普拉斯变换时，微分方程式可以替换成代数方程式，然后用四则运算计算代数方程式。整理并总结算式后，将所得结果与拉普拉斯变换表进行比较，返回原有实函数与微分方程式的解是一样的。也就是说，最大的优点就是通过将较难的微分方程式替换为四则运算，可使计算变得简便。但是，如果拉普拉斯变换表中找不到这个解，拉普拉斯反变换就不能数学式地实行。不管怎样，相比复数围道积分，微分方程式的解或许相对更简单。总的来说，拉普拉斯变换只能用在知道答案的情况下。

另一方面，"傅里叶变换"是利用三角函数的正交性，并通过周期不同的三角函数的线性组合进行变换的。在电子电路中，可以从"时域"函数变换成"频域"函数。而从频域函数变换为时域函数就称为"傅里叶反变换"。

时域函数并不一定是数学式的"连续且可微分"的函数（例如时间上离散的采样数据），但作为数值计算可求出频谱。像这样处理离散数据的傅里叶变换被称为DFT（Discrete Fourier Transform）。而高速处理这个数值计算的算法被称为FFT（Fast Fourier Transform）。不管哪个，都是根据计算机计算得出的。

第3章 仿真命令与SPICE指令

将仿真命令置于电路图面板中，执行仿真。LTspice也与其他SPICE一样，与仿真相关的指令，以点（英语的句号）为起始，因此也称为"点命令"。

如果能够熟练运用的话，就会慢慢理解SPICE的深层次的奥秘是"点命令"。在本书中，未能达到这种深奥的层次，但还是列举了几个例题。另外，书的后半部分也有相关项目供参考。

3.1 解析用的点命令

本节主要讲解LTspice的3个阶段（电路图输入、SPICE执行、结果显示）中占有中心地位的"SPICE执行"。

仿真中所使用频率最高的为"瞬态解析"与"AC解析（交流小信号解析）"。这两种仿真，只需较少的参数设定便可作为简便的工具用于电路检查，这已经是电子电路设计者们日常事务。而且，为了使电路设计的准确度更高、更稳定，需要有效运用附带的各种命令。

输入电路图后，就要确定此电路的仿真内容，因此必须完成此仿真的相关设定。在菜单栏的"Simulate"上点击"Edit Simulation Cmd"（图3.1）。然后，仿真命令的选择/编辑的对话框就会打开。仿真共有6个种类，点击对话框内的各种选项，选择仿真的内容。

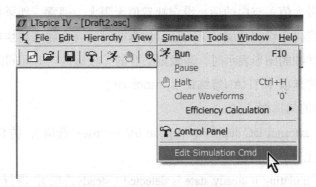

图3.1 仿真命令的选项

接下来，对各种仿真命令一个一个地进行参数解说。

3.1.1 .TRAN解析（瞬态解析）

仿真的最基本的指令，是对电路中各节点的电压、流经元件的电流时间变化进行解析的指令。下面按顺序来说明"Transient"选项的设定。

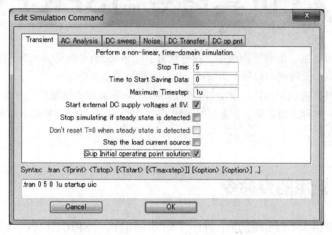

图3.2 "Transient"选项的参数设定

（1）Stop Time（停止时间）：这个参数就是设定仿真持续的时间（开始之后到什么时间停止）以及结束时间。在方框内输入单位s。

（2）Time to Start Saving Data（开始数据保存的时间）：从开始到设定的期间，仿真的结果不会写入数据文件（*RAW）。当然，仿真一般从t＝0开始执行。例如，开关电源的仿真中，由于各种电路常数的不同而在分析固有状态的变化时，与启动相关的庞大的数据不会保存，因此不仅节省HDD的容量，也能节约写入HDD的时间，实际上缩短仿真执行的时间。

（3）Maximum Timestep（最大时间间隔）：用来设定执行仿真的下一个要点时的时间间隔最大值。空白的话，设定缺省值无限大。通常，如果各节点的电压与元件的电流变化在设定范围以下的话，仿真的时间将会越来越快速。想把这个途中的经过用详细的图形表示时，需设定必要的（较短的）时间间隔。

瞬态解析的选项（.TRAN修饰词）(modifier)

5种修饰词的勾选框：

（1）STAT external DC supply voltage at 0V（startup 选项）：仿真开始时让DC电源从0V直线上升，20µs达到设定电压。

（2）Stop simulating if steady state is detected（steady选项）：进行开关电源的仿真时，会检测出输出状态呈现一定的开关数重复的情况，以此状态开始，经过10个开关数时，停止仿真。在仿真过程中，数据会保存，若检测到稳定状态后停止的话，那么最后保存的就只有那10个重复的数据，而图形也只会显示该部分内容。

（3）Don't reset = 0 when steady state is detected（nodiscard选项）："Stop simulating if steady state is detected"的检测功能安装后方可执行。当检测出稳定状态停止仿真时，就会保存从t = 0开始的数据全部保存后终止。不仅最后10次的重复，若希望看到全部的数据可选择该项。

（4）Step the load current source（step选项）：使用电流源负荷时，在使负荷的电流值逐步变化的情况下进行检测，每次达到稳定状态就会向下一个负荷电流值移动。

（5）Skip Initial operating point solution（UIC选项）：在仿真开始的阶段，并不是没有初期条件就开始的，而是各个元件所拥有的值（或者给予元件的初期条件）即作为仿真执行的初始值。即"Use Initial Condition"。

仿真开始时t = 0时点的解会有难以收敛的情况。这时若使用UIC选项，那么可跳过初期状态收敛性不好的情况，仿真可往下进行，这样，就可缩短仿真的初期条件收敛所花费的时间。

另外，steady选项与step选项不可兼顾。

.tran的仿真结果如下例所示，使用LT3580，从5V升至12V。图形内，表示输出电压与线圈电流。（图3.3）

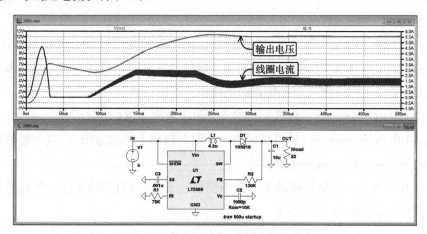

图3.3 仿真执行的例子

3.1.2 .AC解析（频率响应的分析、小信号AC解析）

"AC Analysis"标签中，可设定AC解析（交流解析、频率特性解析）必要的参数。解析频率一般覆盖在0.1Hz到100MHz较为宽阔的范围，因此频率轴通常显示对数刻度。对数刻度时的计算基准可选择间隔2倍或10倍。

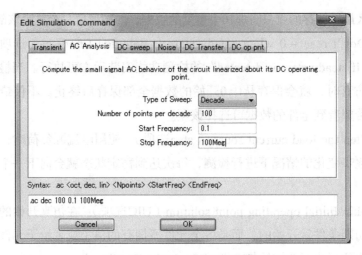

图3.4 "AC Analysis"对话框

（1）Type of Sweep：

　　Octave＝每2倍

　　Decade＝每10倍

　　Linear＝相等间隔

　　List＝只在清单上指定的频率

（2）Number of points per＝＝＝＝："＝＝＝＝"的部分，会输入通过"Type of Sweep"选择Sweep的Type。

　　一般来说，Octave的情况以20~40点，Decade的情况以30~100点进行计算。数量越多则可以算得更细致，但也花费一定的计算时间。另外，有时候越多反而没有太大意义，因此需要根据仿真的电路所具有的性质与目的来决定。

（3）Start Frequency：计算开始的（下限）频率（单位为Hz）。

（4）Stop Frequency：计算结束的（上限）频率（单位为Hz）。这个数值需设定为大于（Start Frequency）数值[1]。

　　点击"OK"，把鼠标移动至电路图窗格，就会出现I型的光标，然后拖长移动，就会显示长方形（图3.5）。

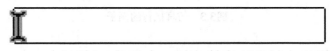

图3.5 配置仿真命令前的光标

这个长方形的光标为了不与电路图上的文字或元件重叠，就需找到合适的地

1）为慎重起见，单位为Meg（Hz）。大写字母M是不可省略的。

方，点击鼠标。然后就会显示 ".ac dec 100 0.1 100Meg"。若有前面的仿真命令，那么在命令的前面加上分号 "；" 变更为注释内容，如 "; tran 3m"，或者更改仿真命令。AC解析的执行，必须在解析电路的输入部分放置AC信号源（Vxxx）。

鼠标一旦与信号源（Vxxx）的圆框重叠，光标就会变成电流探针，因此在这可右击鼠标，在左侧的 "Functions" 中选择单选按钮的 "（none）"。另外，把 "Small signal AC analysis（AC）" 的 "AC Amplitude" 的数值变成1。使用LT1001的精密绝对值电路的频率特性的AC解析的例子如图3.7所示。

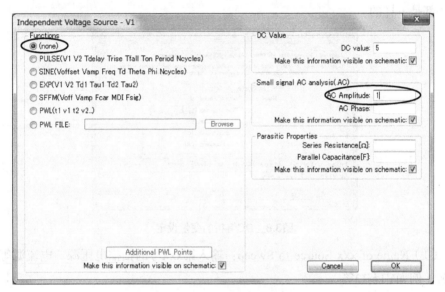

图3.6 AC解析用的电源设定

▶1001_AC.asc

图3.7 LT1001的应用电路的AC解析

3.1.3 .DC解析（直流SWEEP解析）

对二极管的V-I特性，以及晶体管的静态特性（基极电流参数化，观察集电极电流的变化）等进行直流解析是很有必要的。"DC sweep"的标签内，最大可设定3个能扫描的变量（使用SPICE Directive 来设定的话，在操作仿真器的用户能理解的范围内，增加多个扫描参数也是有可能的）。

在这个标签里面，分别有"1st Source""2nd Source""3rd Source"这3个对话框（如图3.8）。这3个各自的设定项目，除了扫描变量名（元件名）外输入的方法都是一样的。

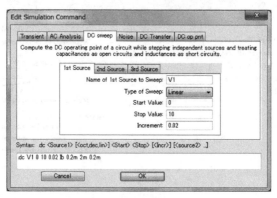

图3.8 DC解析的变量设定

（1）Name of xxx Source to Sweep：输入第xxx号的扫描电压源、电流源等元件名（例如V1与I2等）。

（2）Type of Sweep："linear"（线性）、"Octave"（每2倍，对数刻度）、"Decade"（每10倍，对数刻度）、"List"（清单上给出的点），从这几点中选择。

（3）Start Value：扫描开始点（电压、电流等）。

（4）Stop Value：扫描结束点（电压、电流等）。

（5）Increment：扫描时的增量（间隔的幅度）。

在这里，2N222作为例子尝试着仿真晶体管的静态特性。为了看到晶体管的静态特性，将图形的横轴作为集电极电压，相当于该电源的"V1"可设置为1st Source。接着，分别输入"V1"扫描的开始点与结束点（这次设定0V与10V）。在最后一栏，输入扫描时的增量（间隔幅度）。若集电极电压的扫描间隔过于狭窄，虽然图形显示平滑的曲线，但仿真的执行时间会耗时。本次就设定0.02V。

仿真晶体管的静态特性的第二个变量，就是基极电流（电路图中的［Ib］）。与1st Source一样，2nd Source也是决定名称、扫描方法、开始点、结束点、增量等，点击"OK"，指令的文字列就会置于电路图中，仿真开始执行。图3.9就是

2N2222的静态特性仿真的结果。

📁▶2N2222_V–I.asc

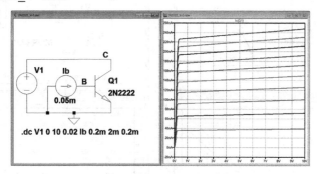

图3.9 2N2222的V–I特性

1st Source对集电极电压（V1电压）从0到10V进行扫描，因此在横轴上对这个变量进行分配。图形所说明的是，在仿真过程中（或者结束后），激活电路图边缘，把鼠标与Q1的集电极附近重叠，那么就会出现"电流探针"，然后点击该状态，就会显示图形窗口上方所探测到的信号名"Ic（Q1）"。这样，便可仿真晶体管的静态特性。

温度的扫描

DC解析的一种，就是以横轴表示温度制作成图形。作为1st Source输入"Temp"，便可表示具有温度参数的元件、电路的温度特性（图3.10）。

作为2nd Source设定"Temp"，即使是".STEP"命令皆可实现同样的仿真（图3.11）。

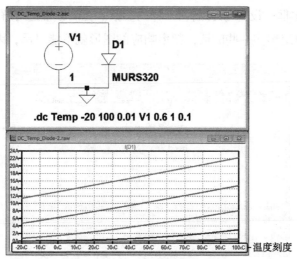

图3.10 二极管电流的温度特性

📁▶DC_Temp_Diode-1.asc 与 DC_Temp_Diode−1b.asc

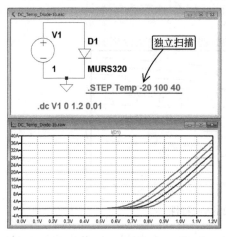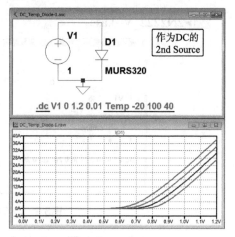

图3.11 二极管的V−I特性的温度变化

3.1.4 .NOISE解析（噪声解析）

噪声解析就是，仿真某个电路输入、输出相关的"噪声的频率特性"的命令。电压噪声的单位通常以$nV/\sqrt{Hz}$来表示。也就是说，若想知道某个频带的整体噪声，那么把对应的频带振幅的频率平方后乘以噪声电压密度便可推算出来。Op.Amp的宏模型应该会把作为Typ.值的噪声参数纳入。但是，也存在不包含关于噪声参数的宏模型。

这里以可以使用LT6200这个5V单电源的宽频带低噪声放大器为例进行说明。电路构成就是电压跟随器。指令的设定，就是点击"Edit Simulation Command"中的"Noise"文本框，设定与AC解析一样的参数。在高频带进行解析时，若Sweep区间的点数不设定稍多一些的话，频率响应的图形就不能显示，因此需要注意。

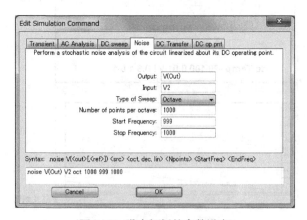

图3.12 噪声解析的参数设定

▶LT6200_nose_100K–TEST.asc

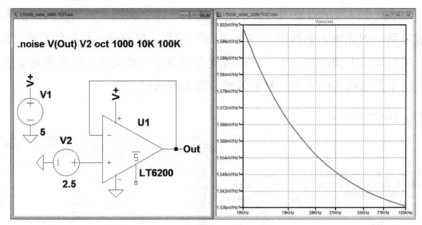

图3.13　Noise仿真的例子

3.1.5　.OP解析（动作点解析）

在晶体管电路中，若想分析不含有交流信号成分的偏置直流时所使用的命令。在这个仿真命令中，电路中的电容器处于OPEN时，那么线圈就会短路。

若设定该指令，先点击"Edit Simulation Command"，然后再点击"DC op pnt"文本框，确认输入".op"（若没有输入成功，从键盘进行输入".op"），点击"OK"（图3.14）。这时，指令光标显示虚线的长方形，可配置在电路图上任意的地方。对于该指令不存在扩展的修饰词。

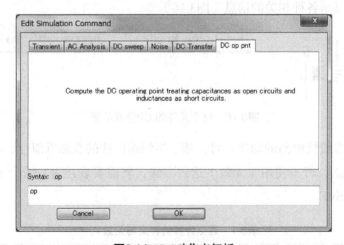

图3.14　DC动作点解析

另一个设定方法就是，点击工具箱的".op"，然后点击"Edit"菜单中的"SPICE Directive"（或者按下热键 Ｓ）就会弹出对话框，输入".op"，把指令安置在电路图中。

图3.15就是以简单电路图为例子进行说明。这个图就是差动放大器输入部分的等效电路。如此输入电路图，书写".op"指令，接着便可执行仿真的"RUN"指令。然后画面上弹出对话框，其中各支点的电压与各元件的电流值也会显示出来。在这个对话框关闭之前，其他的指令都不可运行。

📁▶TEST_OP.asc

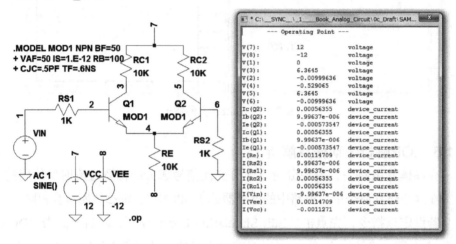

图3.15 OP解析的例子

这个指令执行后（对话框关闭后），当光标移动至各元件与支点时，画面的左下方就会显示各种相关的信息（图3.16）。

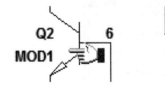

Right click to edit Q1. Dissipation=3.89006mW

图3.16 每个元件的.OP仿真结果

在寻求非线性电路的动作点时，基于牛顿迭代法的收敛近似性，不一定总是能求解。但是，若不使用（无效）这些方法，就需要表述表3.1所示的.option的SPICE Directive。

表3.1 近似计算的种类与无效化

近似法	无效化的SPICE Directive
Direct Newton Iteration	.options NoOpIter
Adaptive Gmin Stepping	.options GminSteps =0

续表3.1

近似法	无效化的SPICE Directive
Adaptive Source Stepping	.options SrcSteps =0
Pseudo Transient	.options pTranTau =0

3.1.6 AC解析、NOISE解析中的动作点确认

Ver.4.09i（2010年9月1日发布）开始，在执行仿真命令的.ac或者.noise时，便可直接显示电路图上的节点解析时的动作点电压。

例如，在进行".ac"解析的电路图中，在没有元件与接线的地方右击，若点击"View"→"Place .op Data label"，就会出现长方形的光标。在想知道DC偏置点的节点上与这个光标的锚点（anchor point）重叠，点击鼠标，便可显示那个节点的动作点。

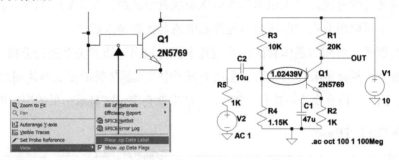

图3.17 AC解析时的动作点确认

表示流经元件的电流的".op"时也进行同样的操作。在电路图中，把鼠标光标移至没有元件与布线的地方，右击"View"→然后点击"Place .op Data label"。光标点击电路图中空白的地方就会显示"？？？"标志。右击那个标志的上方就会出现"Display Data"的一览表，在一览表中选择表示动作点电流（电压也可）的标签。但是，选择前在表示窗口中先取消"$"。

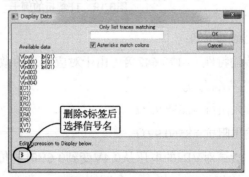

图3.18 表示动作点的另一种方法

在 ".op" 的电路图中所显示的数值，当每次变更电路常数再次执行仿真命令时，便会自动更新。要取消表示，需要在 "Cut" 或者热键的 F5 上使光标变成Cut模式，再点击表示文字。

3.1.7 .TF 解析（直流小信号传递函数解析）

这个命令把偏置点附近的微小变化的特性看作直线，计算小信号上的传递函数（Transfer Function）。计算的是：输入输出变换比率、输入阻抗、输出阻抗。

语法	.TF <输出变量名><输入源名>

在这里，输出变量名V（out），I（Rload），I（I1）等，记录与输出关联节点的电压或者元件电流。输入源名称为电压源或者电流源，写作V1、I1等。需要注意的是，不可以用节点的电压名与元件的电流名代替输入源名。

作为例子，对NPN晶体管的输入偏置电压与输出电压的关系进行分析。若执行仿真命令，便会显示TF的结果。在这个例子中仿真晶体管的模式与使用.OP的模式一样。因此，仿真命令一执行（RUN），结果就会表示在显示结果的窗口里。

📁▶TEST_TF.asc

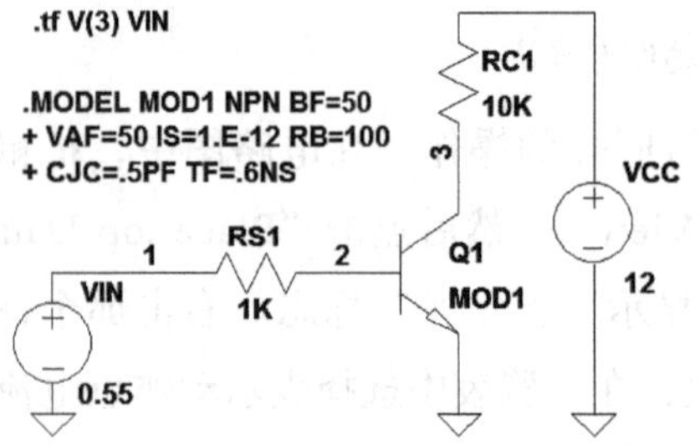

```
.tf V(3) VIN

.MODEL MOD1 NPN BF=50
+ VAF=50 IS=1.E-12 RB=100
+ CJC=.5PF TF=.6NS
```

RC1 10K

VCC 12

RS1 1K

Q1 MOD1

VIN 0.55

```
--- Transfer Function ---
Transfer_function:        -170.642   transfer
vin#Input_impedance:      2638.77    impedance
output_impedance_at_V(3): 8560.99    impedance
```

图3.19 TF解析的例子

从以上结果可知：

（1）传输特性=–170.642倍（由于对应输入的微小变化的输出变化的相位反转，显示 "–" 符号）。

（2）输入阻抗=2638.77Ω。

（3）输出阻抗=8560.99Ω。

然后，尝试对VIN的电压从0.4V变到0.6V时的传输特性进行仿真。在SPICE Directive中，追加.STEP指令（参照第3章3、4节），使VIN电压变成Vbase变量名

（图3.20）。

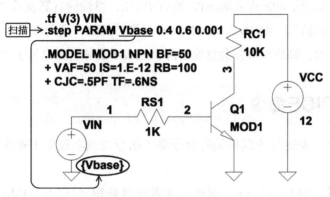

图3.20　TF解析中扫描组合

　　图形表示对话框出现后，鼠标右击对话框，然后点击"Add Trace"（图3.21）。由于能够显示TF参数表示的信号名，所以可从中选择想要显示的内容，点击"OK"即可。

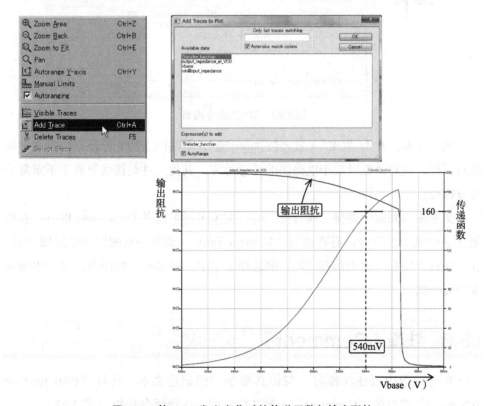

图3.21　使Vbase发生变化时的传递函数与输出阻抗

选择多个信号时，按顺序点击信号名。即使选择多个，所有的信号名都不会标识蓝色，但在以下方框中所选择的皆会显示。

图形的横轴表示400mV到600mV 的VIN电压，纵轴的右侧表示"传递函数"，左侧为"输出阻抗"。当VIN达到540mV时"传递函数"则大概显示160。当VIN超出563mV开始，输出阻抗便会急速下降，这表示晶体管完全处于ON的状态。

3.2 SPICE命令

电路图中，表述与仿真相关的命令等（指令与选项设定）称作"设置仿真命令"。

点击工具栏的右边".op"图标，或者通过热键 S 打开"Edit text on the Schematic"窗口。选择"SPICE directive"的单选按钮，可以编辑SPICE命令（图3.22）。

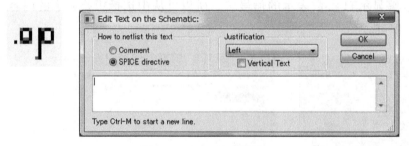

图3.22 SPICE命令编辑

输入文本，点击"OK"（或者按 Enter 键），电路图上的光标便会出现文字串的对话框，该对话框可放于电路图的任意地方。其他元件与接线等放于不重复的地方即可。

文本编辑画面中需要"换行符"时，按 Ctrl + M 或者 Ctrl + Enter 即可。若想把文字串放于纵位时，需要访问"Vertical Text"。或者一旦配置在电路图中后，在"Drag"图标（或者热键 F8 ）中选择文字串，按 Ctrl + R 便可使文字串每90度旋转一次。

3.3 注释（Comment）

在电路图中表述注释时，与仿真命令一样记述文本，选择"Edit text on Schematic"窗口的"Comment"的单选按钮后，注释便会开始。（图3.23）

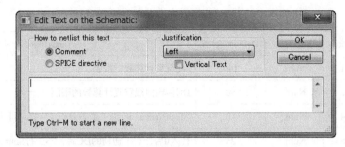

图3.23 注释的编辑

文本的输人、编辑、旋转等与仿真命令是一模一样的。另外，仿真命令的行以"*"或者"；"开始，行的中间写入"；"后，之后便作为注释。

<参照> ［文本驱动形式的表记法］（第10章10.1项）

3.4 使用频率高的点命令

3.4.1 .OPTIONS（仿真的选项设定）

语法 `.OPTIONS<keyword>=<value>`

关键词（<keyword>）与设定值（<value>）的意思分别在表3.2～表3.9中列出。另外，在"Data Type"的"Num."处写数值，"flag"处只可输入关键词（不输入时，为false）。另外，"string"处输入可选择文字列的任何一个。

表3.2 Tolerance（计算容许量）相关的项目

keyword	Data Type	Default Value	Description
abstol	Num.	1pA	电流误差（绝对值）的容许幅度 在控制面板的"SPICE"标签里
chgtol	Num.	10fC	绝对电荷的容许幅度 在控制面板的"SPICE"标签里
reltol	Num.	.001	相对误差的容许幅度 在控制面板的"SPICE"标签里
sstol	Num.	.001	"steady –state"检出的相对误差 在控制面板的"SPICE"标签里
trtol	Num.	1.0	短暂误差的容许量。实际的舍入误差是被过大评价因子的推定值 在控制面板的"SPICE"标签里
vntol	Num.	1μV	电压误差（绝对值）的设定 控制面板的SPICE卡片上的"volttol"

表3.3 Iteration（重复计算）

keyword	Data Type	Default Value	Description
ITL1	Num.	100	DC重复计算数的限制
ITL2	Num.	50	DC传输曲线重复计算数的限制
ITL4	Num.	10	"Transient analysis（瞬态分析）"的时间计算数的限制
ITL6	Num.	25	代入0后，对于初期的DC解，不进行Source Stepping
Srcsteps	Num.	25	与ITL6相同意思 变成0后，Adaptive Source Stepping法则无效
Noopiter	Flag	False	设定后，Direct Newton Iteration无效，直接进行gmin stepping
Gminstep	Num.	25	Set to zero to prevent gminstepping for the initial DC solution 设定0后，Adaptive Gmin Stepping法则无效
Ptrantau	Num.	.1	为了缓和寻找动作点的伪瞬态分析（pseudo transient analysis）， 电源的启动时间特性 设定0后，pseudo transient法无效

表3.4 Plot窗口的表示数据压缩的相关项目

keyword	Data type	Default value	Description
Plotreltol	Num.	.0025	对于波形压缩相对误差的可容量
Plotvntol	Num.	10μV	对于波形压缩电压（绝对值）误差的可容量
Plotabstol	Num.	1nA	对于波形压缩电流（绝对值）的可容量
Plotwinsize	Num.	300	波形表示窗口的数据压缩点数 设定为0，数据压缩无效
Nomach	flag	false	仿真结束之前，波形不会进度显示
numdgt	Num.	6	表示输出数据的有效数字的位数。若LTspice的值超出6，对于 因变量数据，适用双精度计算

表3.5 在C、G中，从各节点开始，到GND的shunt以及电导的相关项目

keyword	Data type	Default value	Description
Cshunt	Num.	0.	所有节点与GND之间嵌入电容（F）
cshuntintern	Num.	Cshunt	所有设计的内部节点与GND之间嵌入电容（F）
gshunt	Num.	0.	所有设计的内部节点与GND之间嵌入电导（1/Ω）
Gmin	Num.	1e–12	为辅助收敛，所有的pn结上都加上电导 在控制面板的"SPICE"标签里
MinDeltaGmin	Num.	1e–4	Sets a limit for termination of adaptive gmin stepping 在控制面板的"SPICE"标签里

表3.6 Clock 数、Step 数相关项目

keyword	Data type	Default value	Description
Maxclocks	Num.	∞	保存时钟周期的最大值
Maxstep	Num.	∞	瞬态分析（Transient analysis）的最大步骤数
minclocks	Num.	10	保存最小时钟数
starClocks	Num.	5	在找到稳定状态前待测时钟数

表3.7 Eye Diagram相关项目

keyword	Data type	Default value	Description
Baudrate	Num.	（none）	在眼图中，横轴（时间）上决定覆盖多少bit
Delay	Num.	0.	在眼图中，使bit移位

表3.8 FET的尺寸相关的参数

keyword	Data type	Default value	Description
Defad	Num	0.	MOS漏极扩散面积（既定值）
Defas	Num	0.	MOS源极扩散面积（既定值）
Defl	Num	100μm	MOS沟道长（既定值）
defw	Num	100μm	MOS沟道宽（既定值）

表3.9 其 他

keyword	Data type	Default value	Description
fastaccess	flag	false	在仿真结束时，以"fastaccess"文件形式进行变换
Flagloads	flag	False	设定外部电流源负荷
Measscplxfmt	String	Bode	.meas的输出以复数表示。从"polar"（极坐标）、"Cartesian"（直角坐标）、"bode"（伯德线）中指定一个
Measdgt	Num.	6	根据.measure所输出的有效数字的位数。最终位数为0时便不会显示
Method	String	trap	指定数值积分的方法。Trap以外的设定，有Trapezoidal或者Gear 在控制面板的"SPICE"标签里
Pivrel	Num.	1e-3	允许的主元素与其所在列最大元素比值的最小值
pivtol	Num.	1e-13	确定主元素消去法求解矩阵议程时允许的主元素最小值
srcstepmethod	Num.	0	仿真开始时决定使用哪个源步进算法 系统默认画面即可

keyword	Data type	Default value	Description
temp	Num.	27℃	在电路要素中没有设定温度参数情况下，默认的温度
tnom	Num.	27℃	对于模式，测定设置参数时默认的温度
Topologycheck	Num.	1	该参数设定为0时，对于浮动节点、电压源的循环、非物理性变压器的线圈拓扑结构的检验可忽略
trytocompact	Num.	1	若不是0时，压缩LTRA传输线的输入电压、电流记录
ptranmax	Num.	0	若为0以外的设定，作为动作点，不管电路是否终了，都可使用时间的阻尼伪瞬态分析（time of the damped pseudo transient analysis）

3.4.2 .INCLUDE（其他文件的读取）

语法   **.INCLUDE<文件名>**

.INCLUDE可写成省略形.INC。执行SPICE时使用.MODEL等读取必要的文件。被读取的文件存放于与保存电路图文件的文件夹相同的文件夹里。读取其他文件夹的文件时，用全路径指定文件名。

现在的版本，文件名与文件夹名即使存在空格，没有双引号"〞"也可读取。若文件名或者文件夹名所包含的空格数连续且有多个，皆可看作1个。另外，文件名中的空格即使不连续且有多个也没关系。

3.4.3 .LIB（程序库的读取）

语法   **.LIB<文件名>**

读取程序库文件时使用。即使使用.INCLUDE结果也是一样的。但是，在SPICE的传统使用方式上，所调用文件内容作为某种分类的元件（或者电路要素）的集合，各个元件、电路要素皆可写作SUBCKT的形式。当然，元件单体的子电路以"LIB文件"登录，也有调用的可能。

读取的文件（与用.INCLUDE所读取的文件一样）也储存于保存电路图文件的文件夹中。读取其他文件夹的保存文件时，在全路径上指定文件名。其他文件名所需的条件与.INCLUDE的情况一致。

3.4.4 （SPICE 模型的定义）

语法 .MODEL<元件的模型名>
+<模型符号>（<参数名>=<值> [<参数名>=<值>…] ）

在描述双极型晶体管、FET、二极管等元件的特性时使用。各个元件所对应的参数名称在第2章已详细说明。

3.4.5 .PARAM（用户定义参数）

语法 .PARAM<用户定义的变量名>=<值>（<用户定义的变量名>=<值>…] ）

作为例题，DC电源连接到RC串联电路，把电压源的值与电阻值作为变量处理，使用.PARAM尝试设定值（图3.24）。这时，设定元件值的文字列，把变量名以"{"与"}"（在PDF版的英文手册中则称作curly blanket）括起来。这个表记法也可在函数中使用。用curly blanket括起来的部分，在仿真执行前先进行计算，使用确定的值后执行仿真命令。因此，仿真中变化的变量不可放入curly blanket中。

▶PARAM_C-R.asc

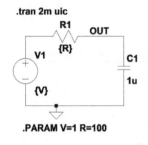
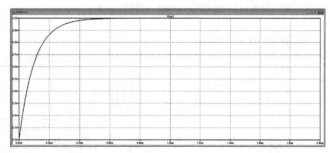

图3.24 根据参数表示的设定

3.4.6 .STEP（参数扫描）

使电路图中的常数阶段式地变化同时，进行重复仿真情况下使用。变化的参数可按阶层式分成3种，但仿真次数就会变成各个参数变化次数的积，这样不仅花费大量的时间而且表示的结果也会很复杂，因此最多就分成2个左右的参数比较合理。语法分别有线性变化、对数变化、列表表示。

1. 线性表示

语法 .STEP1 PARAM <参数名><初期值><最终值><增量>

例 `.step I1 10u 100u 10u`

在例子中，参数I1从10μ到100μ，以每10μ变化来执行仿真命令。

2. 对数表示

语法 `.STEP<PARAM><参数名><oct|dec><初期值><最终值>+<对数区间内的点数>`

对数表示以oct（2倍区间）或者dec（10倍区间）来设定。

例 `.step oct V1 1 20 5`

在例子中，参数V1从1到20以每Octave（2倍区间）5步来执行仿真命令。

3. 列表表示

语法 `.STEP PARAM <参数名>LIST<值> [<值>…]`

例 `.step param RLOAD LIST 5 10 15`

作为例子，RC串联电路连接到DC电源上，电阻值进行变量处理，使用".STEP PARAM"尝试设定值（图3.25）。

📁▶STEP_C-R.asc

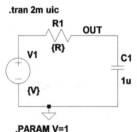

.tran 2m uic

.PARAM V=1
.STEP PARAM R 50 200 50

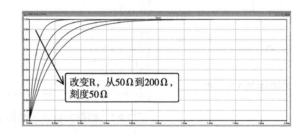

改变R，从50Ω到200Ω，刻度50Ω

图3.25 在RC串联电路中使用STEP，使R变化

3.4.7 .SAVE（保存数据的指定）

仅保存指定的节点电压、元件/端子电流。若不指定，则保存所有的节点电压、元件/端子电流；若指定.SAVE，那么就只能保存指定的项目。由于保存数据的限定，访问HDD的次数会减少，而实际的仿真速度会变快。

语法	**.SAVE <信号名>**[**<信号名>**···]

给保存的节点贴上标签，在波形显示时就更加容易读取了。例如，在只保存了赋予OUT与标签的电压、线圈电流（L1）这两个项目的情况下，如下所示，作为仿真命令置于电路图中。

例	.SAVE V (OUT) I (L1)

设定后执行仿真命令，由于只保存了这2个项目，即使之后想追加探测节点电压，也不会出现探针光标。想通过追加探测电压、电流时，需要追加再次设定项目，再次执行仿真命令。若是集电极电流则写作Ic（Q1），若是基极电流则写作Ib（Q1）等。在括号中填入元件型号。

3.4.8 .TEMP（温度扫描）

这个点命令与".STEP PARAM TEMP"具有相同的功能。

语法	**.TEMP <温度1>**[**<温度2><温度3>**···]

关于仿真的执行顺序，若温度有2个时按列表的温度的顺序，3个以上的温度从最低温开始执行。列表所记载的顺序，不一定从低开始排序。例如，二极管的V–I特性用".DC解析"来表示时如图3.26所示。

📁▶Diode_Test_MyDiode-DC-TEMP.asc

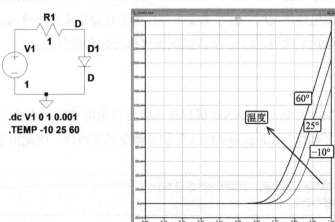

图3.26 二极管电流的温度变化

3.5 子电路相关的点命令

定义子电路的点命令只有如下所示的2个。对子电路的主要内容的说明，遵从第10章所提及的"文本驱动形式表记法"，一般称作文本文件。根据电路图编辑器所制作的电路输出网表，这个网表可重新定义为子电路。

（1）.SUBCKT——子电路的定义。

（2）.ENDS——子电路的定义结束。

以上2个的命令的表述方法如下所示。

语法	.SUBCKT<元件名称><node1><node2> [<node3>…] <内部电路的SPICE说明> .ENDS

3.6 其他的点命令

3.6.1 .BACKANNO

输入电路图后，在执行仿真命令或者输入时，SPICE就会自动生成网表（ASCLL文本文件形式），那么这个命令提示符就会自动读入。一般在描绘电路图，制作仿真的对象电路情况时，这个命令不可作为仿真命令来进行输入。另外，即使从网表中删除这个命令，LTspice IV情况下可执行仿真命令。

3.6.2 .END（网表的结束）

在SPICE的网表（ASII文本文件形式）的最后书写。一般在描绘电路图，制作仿真的对象电路情况时，这个命令不可作为仿真命令来进行输入。另外，即使从网表中删除这个命令，LTspice IV情况下可执行仿真命令。

3.6.3 .FOUR

一般在SPICE中，.TRAN解析后作为执行傅里叶变换的命令来使用。而在LTspice中为了确保与"legacy-SPICE"仿真命令的互换性，因此留下该命令。

语法	.four<频率> [高频率] [周期] <数据跟踪1> [<数据跟踪2>]

例 | `.four 1kHz V (out)`

　　.tran解析完了后，便执行该命令。执行结果就是输出 ".log文件"。要看 ".log文件" 的话，激活电路图对话框，下拉菜单栏中的 "View" 栏，点击 "Spice Error Log"。

　　如果把［高频率］的参数值设定为整数值，需要进行解析至相同数值的次数为止。默认数字为9。

　　［周期］中解析所利用的周期数N。若代入整数，将会使用从仿真最后的时间T-end到N周期结束前的数据进行解析。N若代入−1，则使用.tran解析全范围的数据。

　　对某个传输系统等输入特定的频率时，在仿真执行时须考虑传输特性的变化状态。用这个命令，高谐波成分的大小可通过基波的相对值而得之。

　　右击LTspice中的图形区域，从功能的选择窗口的最下方的 "View" 中点击 "FFT"，从新打开的信号名的表单中点击想要表示频谱的信号名，便可执行命令。

　　这种情况下，在电路图中设置仿真命令 ".OPTIONS plotwinsize=0"，执行仿真命令，多余频率成分便会消失。例子如图3.27所示。

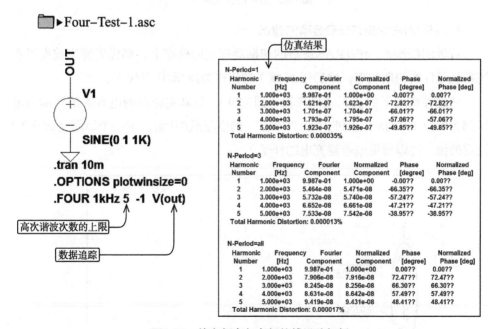

图3.27 特定频率与高频的傅里叶解析

3.6.4 .IC（初期状态的设定）

设定.tran 解析动作点的初期状态。这个命令，根据.TRAN解析是否有附加"UIC"，处理方式不一样。

语法	.IC<电压的节点名或者元件的电流名> = <值> [<电压的节点名或者元件的电流名> = <值>]

将RC积分电路连接电源，以电容器充电的电路作为例题来说明（图3.28）。在各个元件上与"IC=…"形式设定初期状态的情况等效。

📁▶IC_UIC_ON.asc

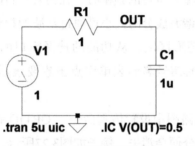

图3.28 UIC的使用例子

1．.TRAN命令里带UIC选项的情况

若带UIC选项，在.TRAN解析的初期动作点的确定上，则优先使用被设置系统默认元件的初期状态，然后用.IC赋予的值作为DC动作点代入。

从这种情况下的仿真结果来看（图3.29），仿真实施前的电容器的两端的电压都为0V（即短路），因此"OUT节点"的电压从0开始，下一个瞬间变成在.IC设定的值，可以看见电容器充电的样子。

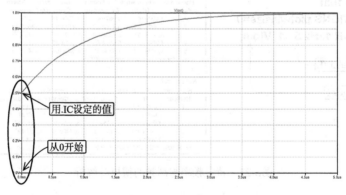

图3.29 UIC为ON

2. .TRAN命令里不带UIC选项的情况

.TRAN实施前，确定DC偏压点（动作点）的初期状态。这时候的初期状态，强制性地变成各个设定值。这个例子中不使用UIC而仿真的结果如图3.30所示。在仿真的开始点上"OUT节点"的电压，是从.IC设定的值开始的。

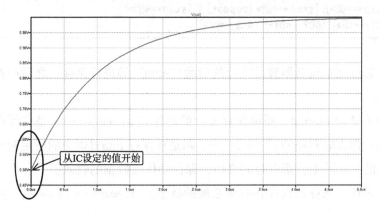

图3.30 UIC为OFF

通过"IC=…"可设定的元件的参数：

（1）电容的情况：设定电容端子间的电压，单位为V（伏［特］）

（2）电感的情况：设定流过电感的电流，单位为A（安［培］）。

（3）双极型晶体管的情况：IC=<Vbe，Vce>（电压值）。

（4）J-FET、MESFET的情况：IC=<Vds，Vgs>（电压值）。

（5）MESFET的情况：IC=<Vds，Vgs，Vbs>（电压值）。

二端子元件的情况，在元件上有+与−的端子区别，使用电流探针时必须确认元件的朝向。若反向朝向时，选择对应元件，使用键盘上的 Ctrl + R 进行纠正朝向。

3.6.5 .NODESET（设置初期动作点的值）

虽与.IC同样的功能，只对DC动作点的收敛的辅助数值设定，并不是固定初期状态。也就是说，动作点的初期状态的收敛值，并不一定是由NODESET中设定的状态决定的。设定.TRAN的"UIC"选项时，根据UIC优先初期状态。

3.6.6 .SAVEBIAS（动作点的保存）

.tran解析途中经过的DC动作点以文本文件保存起来。

这个命令，在仿真的初期阶段DC的收敛会比较花时间，在仿真时，曾经仿真的动作点的信息都会在PC的硬盘上留下记录，待下次同样电路进行仿真时，便可以省略动作点确定的收敛计算时间，那么整体的仿真时间都会缩短。

<table>
<tr><td>语法</td><td>.savebias<文件名>[internal]
[temp=<值>] [time=<值>[repeat]] [step=<值>]
[DC1=<值>] [DC2=<值>] [DC3=<值>]</td></tr>
</table>

文件名以文本编辑器容易处理的后缀"*.txt"等进行保存，之后检查内容也比较简单。

添加关键词Internal，便可保存元件的动作点。[temp=…]是在保存具有温度信息的动作点时利用的。[time=…]则是在保存.tran解析中的特定时刻的动作点而指定的。实际上，指定时刻之后，保存动作点数据的收敛值。

一般来说，保存仿真停止时刻之前的状态。[repeat=…]指定后，更新每个动作点数据，保存[time=…]的值。

.TRAN解析的例题，用将电阻串联与电容连接的单纯的积分电路来说明（图3.31）。

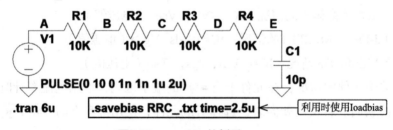

▶savebias_RRC-0.asc

图3.31 .savebias的例子

动作点的信息，在与保存电路图同一个文件夹中，设定文件名以文本文件进行保存。这个例题的结果如下。

文件名rrc_.txt的内容

```
例  *time=2.50339e-006
.nodeset V(a)=10 V(b)=9.342636449 V(e)=7.370545795 V(c)=8.685272897
V(d)=8.027909346
```

"DC1=-<值>"、"DC2=-<值>"、"DC3=-<值>"部分从".dc扫描解析"中抽出单一动作点时使用。3个参数分别对应DC扫描的3个变量，数值记录为扫描范围中的电压与电流值。

.DC解析的例题，用测定晶体管的特性的DC扫描的仿真来说明（图3.32）。电压、电流等的单位可以省略。

📁▶savebias_TR-DC.asc

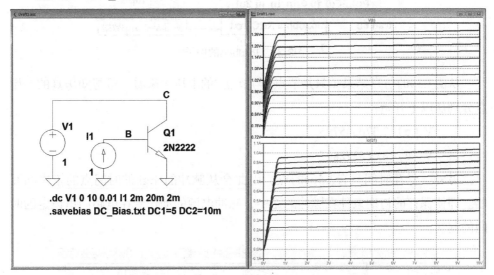

图3.32 晶体管电路的动作点信息通过savebias进行保存

".savebias DC_Bias.txt DC1=5 DC2=10m"作为仿真命令进行设置，那么可得知输出文件中便成为".nodesetV（c）=5V（b）=1.08638809"。这也可确认从图形中读取的基极电压"V（b）"。

3.6.7 .LOADBIAS（导入以前解析完的DC解）

输出的文本文件，通过确认文件内容便可得知，作为".NODESET"需赋予下一个仿真动作点的初始推定值。如果把确定后的DC动作点处理妥当，便可把这部分编辑到".IC"中进行重新保存。

作为例题，运用在.SAVEBIAS使用过的电路与保存的偏压的文件来说明。首先，把之前保存的文件的内容中的".nodeset"部分编辑到".ic"后覆盖保存。把电路图的".SAVEBIAS"的仿真命令改成".LOADBIAS"，消除时刻参数（图3.33）。

▶Loadbias_RRC-0.asc

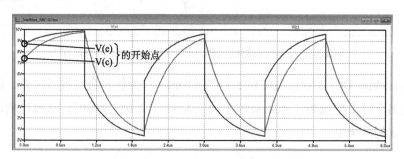

图3.33 loadbias的例子

从图3.34的仿真结果（只是节点E与节点C的电压）来看，可得知仿真的开始点分别从以下开始：

V（e）=7.370545795

V（c）=8.685272897

另外，保存时间只有2.5μs的点，因此会从脉冲的High的时间点的正中间开始。即使保存的初期条件在脉冲的途中，脉冲电源的动作受在电路图里设定的时间的制约。

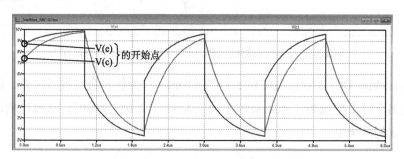

图3.34 通过LOADBIAS读取初期值

3.6.8 .NET（.AC解析中电路网参数的计算）

这个命令必须与".AC"解析组合使用，计算二端口（4个端子）网络的输入以及阻抗、导纳、Y参数、Z参数、H参数、S参数的输出。或者也可计算一端口（2个端子）网络的输入电阻抗与导纳。这种情况下，就必须与".AC"解析组合使用。

语法 | .NET [V (out) [.ref] |I (Rout)] <vin|I1n> [R1n = <值>] [Rout = <值>]

电路网的输入必须是独立的电压源或者独立的电流源。

.NET命令的例子，在对LTspice进行标准安装时会保存到以下文件。

C:\Program Files\LTC\LTspiceIV\examples\Educational\S-param.asc

这个例子中的电路图里描述有5种电路，输入/输出阻抗的设定以外，表现为等效电路。

📁 ▶ S-param.asc

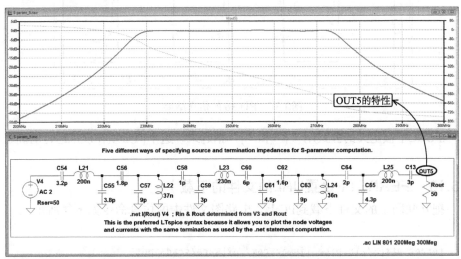

图3.35 电路网解析的例子

3.6.9 .FUNC（用户定义函数）

语法	.FUNC <用户定义名称>（［自变量］）{<表现形式>}

例子如图3.36所示。在这里定义myfunc，是求出两数的平方和的平方根。在电路图中，确定电阻值的参数由u与v/3决定，而且根据.PARAM进行设定。u=300、v=1200 的情况下，这个R的值应为500。

利用这个500，对相同电路的仿真结果进行反复确认，如图3.37所示。

📁 ▶ FUNC-Example.asc

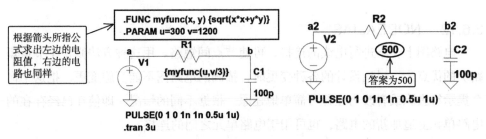

图3.36 用户定义函数的例子

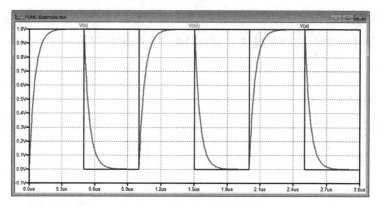

图3.37 图3.36 的仿真结果

.FUNC中被定义的公式用"{"和"}"括起来,这个值必须在模拟运行前确定。

3.6.10 .FERRET(设置URL的文件的下载)

把互联网上的文件下载到PC上。电路图文件中的仿真命令如下例所示:

例 `.ferret http://ltspice.linear.com/software/scad3.pdf`

下载的文件同样放入保存电路图文件的文件夹中。对象文件有多个的情况下,最好进行批处理。但是,只有带有扩展名的文件名与清楚URL全路径时才能作为有效的命令。

3.6.11 .WAVE(选择节点的.wav文件的输出)

节点的电压或电流以*.WAV的形式输出。可输出信道数为65384。振幅限制在±1V的范围内。电流值的情况,数值的单位直接从A(安)改成V(伏)再输出。数据的分辨率在16比特以内。输出文件可作为其他仿真命令输入文件来使用。详细 参考第9章所述。

3.6.12 .NODEALIAS

电路图上,不进行电线的连接,可使节点间短路。用这种方法修正(节点短路)的优点为,讨论设计的各种变更时,描画的电路图不能实施变更,把这个命令提示符去除或者改为注释可简单地还原。根据不同的情况,即使在已经存在的电路单元上追加新的电路,也可用于电路单元之间的连接。

多个设计者对大型的电路进行讨论时,相关人员分别对电路进行修正后,需要返回原点重新进行分析时，会很容易发生冲突。那么这种情况下，不对原电路进行修正，标出明示的电路单元，使用".NODEALIAS"对电路进行修正、追加，就能简单地恢复原来的电路。

语法	.NODEALIAS<节点名1>=<节点名2>［<节点名3>=<节点名4>…］

　　作为例子，使用此命令，改变图3.38的RC积分电路的电阻值进行分析。节点A与C短路的情况，以及A与D短路的情况如图3.39所示。

📁▸nodealias-A.asc

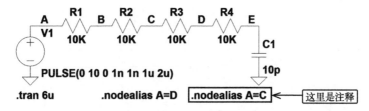

图3.38　nodealias 的例子

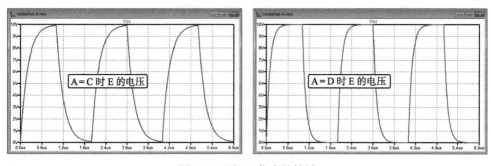

图3.39　图3.38仿真的结果

第4章 波形显示器

波形显示器具有把仿真实验结果显示为图形的功能。其基本操作方法已经在第1章介绍过了，本章除了复习基本操作方法外，还对波形显示功能的各个方面进行介绍。

4.1 波形显示窗口

显示电压或电流信号曲线和频率解析的增益或相位特性等的区域就叫"波形显示窗口"。只要启动仿真实验，波形显示窗口就会自动弹出。不过，只要不选择数据跟踪，就不会显示波形。另外，如果不勾选控制面板中"Operation"栏中的"Marching Waveforms"选项，即使用探针探测电路图中的节点，在仿真实验结束之前也是不会显示波形的（参照第5章）。

关于波形显示器的基本操作方法已经在第1章介绍过，这里将对第1章没有介绍到的部分进行说明。必要时，会重复第1章的部分内容。

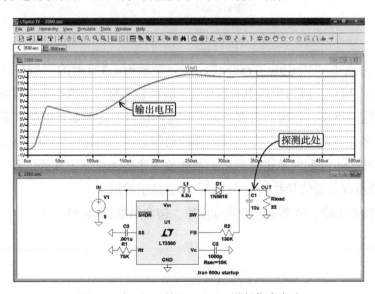

图4.1 对LT3580的Test Fixture进行仿真实验

4.2 数据跟踪的选择

数据跟踪，即要在波形显示窗显示电压电流信号曲线，只要点击电路图上的节点或部件上表示电流电压探针的地方就可以了。

首先用鼠标右击图形窗口，然后在出现的菜单中点击"Visible Traces"或"Add Trace"。另外一种方法：把光标移至电路图窗口中没有元件等的领域，右击鼠标，在出现的菜单中点击"Visible Trace"。

如果是点击"Add Traces"，会出现"Add Traces to Plot"窗口（图4.2），每次点击其中的信号名，"Expression（s）to add"区域就会追加一个信号名。追加必要信号并单击"OK"，就会显示所选择的电压、电流波形。

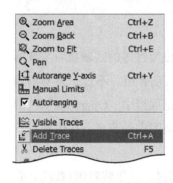 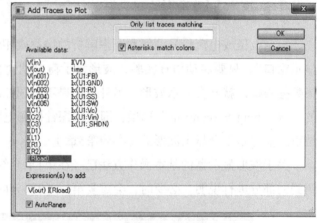

图4.2 点击"Add Traces"时的数据跟踪的追加情况

如果是点击"Visible Traces"，就会显示图4.3所示的"Select Visible Waveforms"窗口。双击窗口中的信号名，波形显示窗口中就会显示相应的信号。反复进行这一操作，每次双击都只显示相应的信号。之前显示的信号不再显示。单击信号名并点击"OK"，也出现同样的动作。在"Select Visible Waveforms"窗口中，按 Ctrl 键同时单击信号名，就会按顺序追加应该出现的信号（图4.3右侧）。选择所有必要信号并单击"OK"，就会显示波形。

关于波形消除、波形缩放和光标操作，请参照第1章第2节。

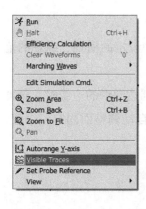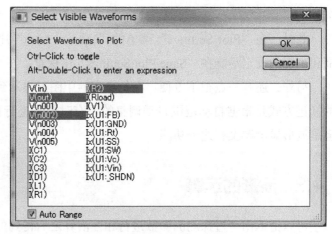

图4.3 点击"Visible Traces",进行多个波形选择

把图形的显示内容保存起来,就可以通过邮件发送仿真实验的电路和结果并与他人共享,也可以在仿真实验之后记住当时探测的节点。保存图形的显示内容,要按以下操作进行。

首先,要探测对于用图形显示仿真实验结果所需的节点电压和元件的电流,确定图形显示的条件。接着,激活图形显示窗,点击"Plot Settings"菜单中的"Save Plot Settings"(图4.4)。

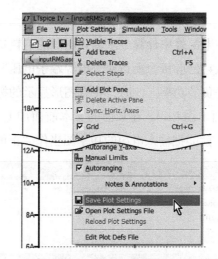

图4.4 保存波形的环境

此时,打开一个指定保存路径的窗口。执行仿真实验的文件夹为默认的保存路径。文件名是电路图文件名(扩展名是*.asc)的扩展名改成"*.plt"之后得到的。为了使下次执行仿真试验时不再重新探测最后的图形就能显示,必须遵守这

个规则。

此时，在"Plot Settings"菜单的"Manual Limt"中设定的横轴、纵轴的范围和刻度的设定不能在"Save Plot Settings"中保存。

另外，还有一点很不方便：在仿真实验中图形显示到达图形的边缘时，刻度的标记方式是根据自动范围自动调整的，有时想不进行自动调整而固定一个值，但是波形显示器没有这个功能。

4.3　波形的运算

可以把运用经过探测的参数进行相互演算之后得到的结果和常数的加减乘除再次用图形表示。这一功能经常用于显示元件的消耗功率。探测时，按住 Alt 键同时在元件符号上单击鼠标，就会显示出来（温度计探测：图4.5）。看一下探测之后的结果的标签名，就能明白是元件两端的电压和电流的积。

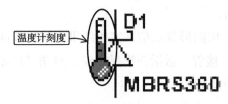

图4.5　温度计的探测（功率探测）

常用的例子是，在电源效率计算中求输入电源的消耗功率的平均值时，由于电源内电流的方向是从+极到−极，所以对"电源端子电压"和"电源内电流"的积进行运算，得出的是负的功率。此时，在有图形显示的标签名上右击鼠标，就会显示参数的编辑画面（图4.6）。在画面的文本前面加上"−（负）"号，编辑"−V（IN）∗I（V1）"，就能把输入电源的功率图当作"正值"处理。

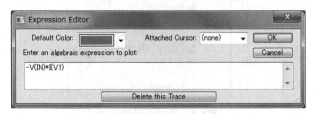

图4.6　编辑时在输入电源功率前加上"−（负）"号

在逻辑仿真实验等情况下，如果只用一张图显示多个有"Low"或"High"重复信号的追踪，图形就会相互重合，导致难以读取信号变化。这里举二输入的AND电路为例（图4.7关于逻辑仿真实验请参照第9章）。

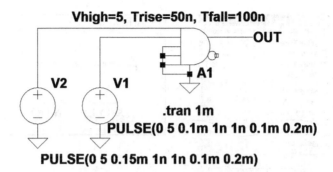

Vhigh=5, Trise=50n, Tfall=100n

OUT

V2　　V1　　A1

.tran 1m

PULSE(0 5 0.1m 1n 1n 0.1m 0.2m)

PULSE(0 5 0.15m 1n 1n 0.1m 0.2m)

图4.7　AND的仿真实验例

也有追加 "Plot Pane"（ 4.8节参照），显示各自逻辑信号的方法（图4.8左），或者经过运算，加上某一值，像逻辑分析器那样显示（图4.8右）。这个例子是各自的信号加上0.5V、6V，11.5V，垂直方向移动。

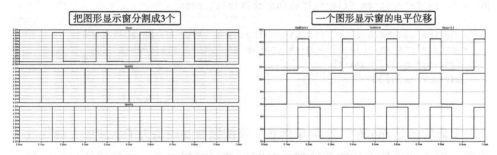

图4.8　图4.7的仿真结果

4.4　用户定义函数

在波形显示窗中，可以事先定义好常用的常数和函数，然后根据需要加以利用。编辑用户定义文件，首先要激活波形显示窗，接着双击菜单栏的 "Plot Settings"，然后单击 "Edit Plot Defs File"。如果是默认建立的情况，那么用户定义文件的保存路径就是：C:\ProgramFiles\LTC\LTspiceIV\Plot.defs。扩展名是 "*.defs"，不过由于内容上是一般的文本文件，所以也可以事先在文本编辑器中进行编辑。

以下面的定义文件的编辑和保存为例进行说明。保存时，单击编辑窗口右上方的 "×"标记，就会打开一个询问是否保存的询问框，点击 "是"（图4.9）。

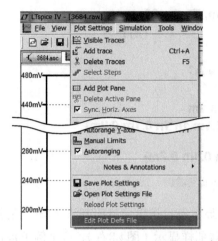

图4.9 编辑Plot Ddfs File

例
```
* File: C:\Program Files\LTC\LTspiceIV\plot.defs
*
* Define parameters and functions that you which to be able to use in
* data plots in this file with .param and .func statements.
.func myfunc(x) {x*x*x}
.param abc=3.333
*
```

上面所示是.func的一个简单例题。该例题与其说是为了从波形上确认电子电路，倒不如说是确认数学处理。对图形进行探测之后，在显示信号的标签上鼠标右击，使用定义了的函数和参数进行编辑。图4.10所示，是使用"节点A"对abc进行加法运算的图形和myfunc（x的3次幂）。标签的写法是"{myfunc（V（a））}"。图中所示的维度是V^3，不过对不同维度的参数进行加法或减法运算也是可以的。

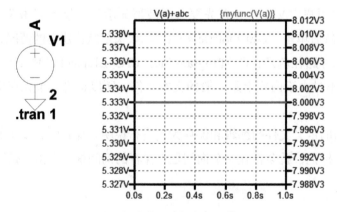

图4.10 波形显示窗中的运算

4.5　数轴的控制

4.5.1　x轴的变量设定

把除时间和频率之外的参数在x轴上进行分配。

在LTspice中，通常，执行仿真之后显示图形时，若是".tran解析"，那么横轴（x）表示时间，纵轴表示电压或电流等；".ac解析"时，x轴表示频率，纵轴表示Gain（增益）或相位。

至此，即使是刚刚接触LTspice的人也能一下子理解。然而，在电子电路的解析过程中，把时间（t或ωt）当作参数，有时要研究2点电压的相关性，以及电源超负荷时的电流控制的情况（横轴是电流，纵轴是电压）。以用Lissajou[1]图来显示这种解析（图形的显示方法）为例题进行解说。

1. Lissajou图的显示

准备两个正弦波输出电源，并写入电路图（图4.11）。每个电源的振幅都是1（V）。

使V1和V2的频率比是整数。此时的频率比若过小则图形就过于简单，而过大则图形过于复杂。这里，与其说是电子电路的解析，不如让其作为图形更易懂，令V1=6Hz，V2=5Hz。若V1和V2的初始相位错开90°，那么就会形成典型的Lissajou图，所以也要设定初始相位的项。另外，为了使图形流畅，还加入".options plotwinsize=0"。各自在每个电源的输出节点中添加标签。在这种状态下，首先执行".tran解析"。设置仿真实验的Stop Time为1s。这是5（Hz）和6（Hz）同时恢复初始状态的时间点。

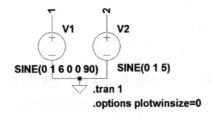

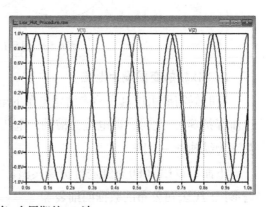

图4.11　准备2个周期的SIN波

1）在电气或电子工学方面的参考书中Lissajou也写做"Lisaajou"，这里按照最近的惯用写法写做"Lissajou"。

使用电压探针显示V1和V2的图形。把光标移动到x轴标记刻度的区域，光标变成了尺子的形状。此时单击鼠标，打开"Horizontal Axis"对话框（图4.12）。在开始阶段，由于刚刚执行了.tran，所以"Quantity Plotted"的参数名变成了time。此处，自己输入想要显示为x轴的参数名。在此例题中，由于是节点名为"2"的电压，所以输入"V（2）"。另外，由于y轴再显示一个节点的电压就行了，所以取消显示先前的图形中的"V2"，重新显示"V1"（图4.13）。

结果，波形显示窗口显示出Lissajou图。改变2个正弦波电源的频率或V（1）的初始相位，可以观察到各种图形变化。

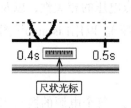
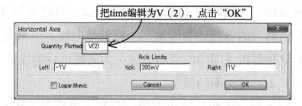

图4.12　数轴名称的编辑

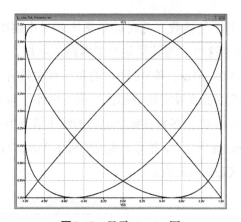

图4.13　显示Lissajou图

2. 将x轴的变量设为电流

有时候需要用仿真实验弄清楚电源的电流保护是怎样进行的（如下垂特性和过流保护等）。此时，以电流为横轴，电压或负载的消耗功率、电源部分的消耗功率为纵轴画一个图。

下面，以LT3080为例进行仿真实验。首先，简单地介绍一下LT3080（详情请参照LTC公司公布的数据明细表）。

图4.14所示是LT3080的模块图和实际应用例。基本的动作和3端口稳压器类似，不过基准电压是用外置电阻设定的。使电流从经过高精度调整的内置恒电流

源（10μA）流到外置电阻，就可以形成高精度的基准电压。因此，要使输出电压降低到0V也是有可能的。

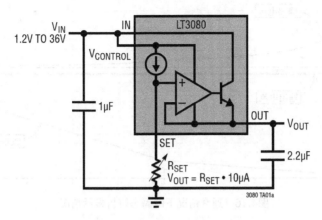

图4.14 LT3080的实际运用例

下面对描绘下垂特性图的顺序进行解说。

可以从LTspice的采样数据（在examples下面的jigs文件下）中打开采样电路图，也可以在LTC公司的网站里搜索"3080"，在LTC3080的简介中点击"软件和仿真实验"的链接"LT3080 Demo Circuit"下载采样电路图。改变电路图，如图4.15所示，负载连接到Bsource（在电路图中，名称换为BR）的电阻。由于Bsource不能使用PWL，所以准备PWL的电压源，并把该控制电压（节点名：CONT）的倒数看作电阻，BR的函数写做"R=1/V（CONT）"。

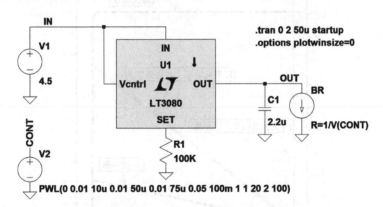

图4.15 在LT3080中，使负载变化的同时进行仿真实验

在此条件下，运行仿真实验，CONT电压、输出电流、输出电压之间的关系如图4.16所示。考虑到对于负载变化的反应，要给予足够的时间让负载变化。

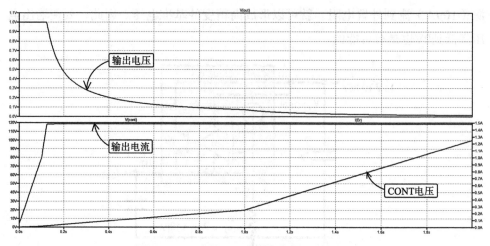

图4.16 通常情况下的瞬态解析显示情况

此时，像在上面的Lissajou例题讲过那样，把光标移到图形的横轴的刻度的位置，光标变成尺子形状时左击鼠标。横轴的属性编辑对话框里的"Quantity Plotted"的参数名由"time"变成了"I（BR）"。用电压探针点击OUT，就显示出输出电压的下垂特性。按住 [Alt] 键，用鼠标点击IC（是一个温度计的图标），能显示IC的损耗功率。至于其他的参数，在图形区域内右击鼠标，在"Add Trace to Plot"对话框中写入式子，就可以显示在图形中[1]。

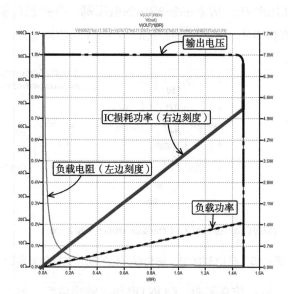

图4.17 横轴为负载电流的各参数

4.5.2 群延迟图形显示

群延迟（tg）的定义是tg=−dφ/df（即相对于频率的相位变化的负数），不过这只是在研究QAM等通信领域才有意义。在一般的增益电路和逻辑电路等电路中，单纯的延迟时间这一参数才是要研究的对象。下面将对如何用图形表示单纯的延迟时间的频率依赖性进行解说。

在.AC解析中想以频率为横轴显示群延迟数据时，操作如下。以使用了LT1001的非反相放大器（增益设置=2）为例。

首先，进行一般的AC解析。追加新的波形显示窗口，在"Add Trace"的输入行中输入"Tg（V（OUT））"。此处，Tg是显示群延迟（Group Delay）的命令。如果要显示相位，就要输入"Ph（<节点电压（或电流）名>）"。通常在AC解析中，同时显示增益和相位（Bode Chart），增益用实线表示，相位用虚线表示。如果用Ph（…）显示，那么相位也能用实线显示，不过纵轴的值只能表示±180°的范围。

接着，显示Tg（V（OUT）），刻度用Linear显示。纵轴的刻度单位是"Hz^{-1}"。由于面积就是"时间（s）"，所以没有什么大的问题，想要在图形上更明显地显示时间时，可以在参数名上进行"*1Hz*1sec"演算，令单位为"秒"即可（图4.18）。

📁▶Group–Delay_1001.asc

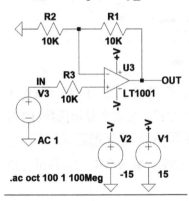 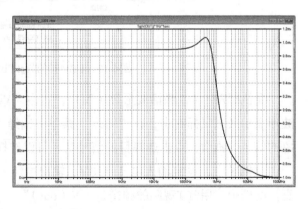

图4.18 群延迟的仿真事例

从图形中可以读出，频率为1kHz时，Tg=377ns。将这个数据用1kHz的SIN波进行瞬态解析，证实从输入到输出的时间的确是377ns。在进行此种实验时，输入信号想用方波进行研究，但是一旦使用上升沿和下降沿很陡急的方形波，运算放大器的压摆率的影响就会导致实际测量得到不正确结果。另外，方波有着高频率成分，从这一点也可以解释它对于特定的延迟解析而言不能给出正确的结果。

4.5.3　快速傅里叶变换（FFT）显示

从.TRAN解析的结果中，可以使用FFT进行频谱显示。FFT所用的数据是保存在"＊RAM"的全部点数，而不是波形显示的部分波形数据的FFT。显示开关电源的稳态时的频谱时，是否设立tran命令的"steady"选项以及保存仿真结果的起始点都必须事先指定。

以降压型开关电源LT3480（36V耐压，2A非同步整流，单片DC/AD转换器）的jigs文件夹中的采样电路为例（图4.19）。执行FFT时，最好设定".OPTIONS plotwinsize＝0"。

▶FFT−T_LT3480.asc

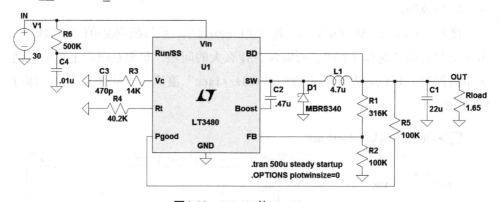

图4.19　LT3480的Test Fixture

要执行FFT时，激活波形显示窗口，点击"View"菜单中的"FFT"，或者在波形显示区域鼠标右击，在"View"菜单中选择"FFT"。接着会显示选择FFT对象的信号的画面，点击选择目的信号名。可以选择多个信号名（图4.20）。

此例题中，设定输入电压＝30V、输出电压＝3.3V、输出电流＝2A而进行仿真。此例中，用FFT观测的频谱是"V（out）"。

首先，设置"steady"选项并执行仿真，根据仿真结果执行FFT，图形如图4.21左侧所示。图中可见从设定的开关频率（约800kHz，−54dB）到5次高谐波的峰值。以平均输出电压约3.29V，基于开关的输出纹波约6mV进行计算，那么相对于DC的AC成分是1.8×10^{-3}，换算成dB约54.8dB。读图可知是−54.5dB，通过dB换算就可以读取纹波成分的比率。

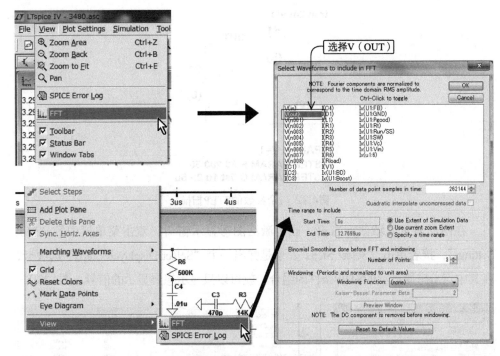

图4.20 频谱显示的顺序

另外，不设置"steady"选项，使用从输入电源开始动作到500μs时间段内的仿真结果的所有领域的FFT结果如图4.21右侧所示。如此一来，一旦所有的仿真结果都被保存，那么输出电压缓慢增加部分的开关频率也会变化，从而妨碍稳态的开关频率及其谐波成分的解析。

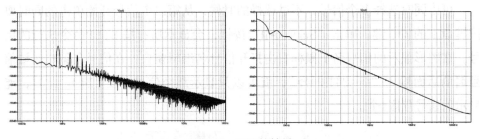

图4.21 FFT的结果

4.5.4 执行STEP时的跟踪选择

使用STEP命令显示多个图形的情况下，想要只显示特定STEP条件的图形时，按以下顺序进行操作。例题使用简单的RC积分电路，用STEP改变R和C值的大小（图4.22）。

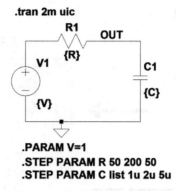

.tran 2m uic

.PARAM V=1
.STEP PARAM R 50 200 50
.STEP PARAM C list 1u 2u 5u

图4.22 2个参数的STEP扫描

在图形显示区域鼠标右击。或者激活图形显示窗口，双击菜单栏中的"Plot Settings"，接着单击"Select Steps"。于是弹出一个"Select Displayed Steps"选项卡，在其中点击想要显示的STEP条件的组合，就可以只显示想要显示的信号（图4.23）。

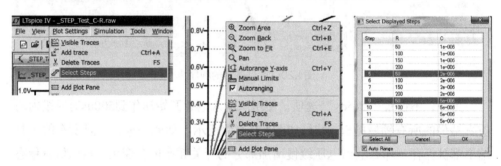

图4.23 执行STEP之后的跟踪选择

可以同时选择多个信号，不过选择的时候，从第二个信号开始单击的同时要按键盘上的 Ctrl 键。单击"Select All"按钮，会显示所有按.STEP命令执行的信号。在图形显示的信号名上鼠标右击打开信号名编辑窗口，在信号名编辑区域信号名的后面输入"@<STEP号>"，就可以只显示那个信号（图4.24）。此时，能显示的信号仅限1个。

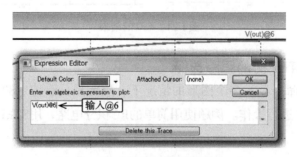

图4.24 第6个执行的信号的跟踪显示

4.5.5 显示数据压缩的影响

1. 显示数据文件

每次执行仿真，仿真结果都会依次保存在用于输出结果的文件里。

若电路图文件是aaaa.asc，那么输出文件名就是aaaa.raw，并和电路图文件保存在同一个文件夹（保存目录）内。

如果在对LTspice的控制面板的设置中，没有在Operation的Tab中设定LTspice结束之后自动删除*.raw文件，那么不必再进行仿真就可以对这个输出文件进行再利用。

2. 例题

例题使用的是在振幅为10mV的正弦波信号源基础上重叠直流电压时的电压波形图。使重叠的电流以0.2 step在0～1V之间变化。此时，电路图和仿真结果如图4.25所示。

▶Data_Compression.asc

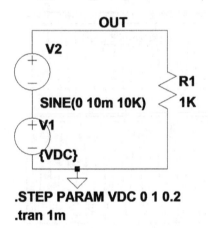

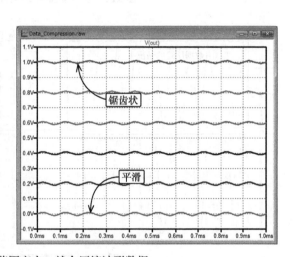

图4.25 动态范围变大，就会压缩波形数据

从图形整体来看，好像什么问题都没有，但是将图形最下面（重叠电压=0V）和最上面（重叠电压=1V）的图形进行对比，就会发现重叠电压=0V时的波形显示为正弦波，而重叠电压=1V时的波形变为三角波。这不是仿真计算的误差，而是由于在形成输出文件阶段中会压缩波形数据的原因。

3. 数据压缩的设置和解除

要想保存仿真结果而又不压缩数据，就要改变控制面板的设置。在菜单栏（或锤子图标）中打开控制面板，取消勾选 "Enable 1st Order Compression" 和 "Enable 2nd Order Compression" 两个选项（图4.26）。再次执行仿真，重叠电压为1V时显示的波形正如期望地那样是正弦波，如图4.27所示。由于LTspice关闭之后这个设置就不再保存，所以下次进行仿真时还要再次改变设置。

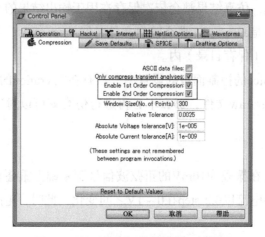

图4.26 关于数据压缩的控制面板设置

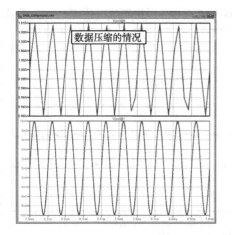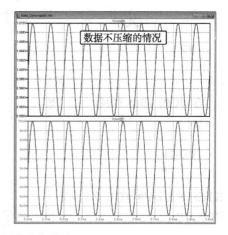

图4.27 有无数据压缩之间的差

然而，每次执行同一个电路图时都要进行设置就太麻烦了，而且想要把电路图发送给别人进行没有数据压缩的波形评价时还要改变控制面板的设置也太繁琐了，所以我们可以事先进行不压缩电路图中的输出数据的设定。在电路图窗口的激活状态下，打开Spice目录的编辑对话框，输入".options plotwinsize=0"并保存在电路图中。进行了.options设置之后，保存数据就不会被压缩了。

但是，随着电路中元件数量和节点数目的增多，输出数据数目增大，就电源仿真等来说，如果不压缩保存的话，输出数据有时会达到几十MB之大。必须要考虑到HDD的空间的问题。就这里所示的例题而言，压缩保存的数据大小是

22K，而不进行压缩直接保存的话数据就约有172K，是原来的8倍之多。

　　这里所说的，顶多就是保存仿真结果时进行的压缩，而不是影响仿真本身的计算精度的压缩。

4.6　快速存储文件格式（Fast Access File Format）

　　仿真结果文件用扩展名"*.RAW"保存。

　　文件的构成是：文件的开头部分写入标题信息，接着按照各个时间点写入仿真的时间参数和各个节点的电压、元件电流，再接着按照各个时间点写入一个个数据组合。如果没有用".SAVE"命令指定保存电压节点名和电流名，那么就会保存电路图中所有的电压和电流（支电路的节点除外）。也就是说，通常情况下的数据保存形式是一个关于时间的点数=n的数据列，如下所示：

```
例  (t1),V(N001-t1),V(N002-t1)……V(Nxxx-t1),I(xx1-t1),I(xx2-t1)……I(xxx-t1),
    (t2),V(N001-t2),V(N002-t2)……V(Nxxx-t2),I(xx1-t2),I(xx2-t2)……I(xxx-t2),
    (t3),V(N001-t3),V(N002-t3)……V(Nxxx- t3),I(xx1- t3),I(xx2- t3)……I(xxx- t3),
    ……
    (tn),V(N001- tn),V(N002- tn)……V(Nxxx- tn),I(xx1- tn),I(xx2- tn)……I(xxx-tn),
```

　　根据这串数据在描绘图形时，设探测的电压节点是V(N002)，那么就会根据这串数据列一边在原数据中挑出以下的数据一边描绘图形。

```
例  (t1), V(N002-t1), (t2), V(N002-t2),(t3),V(N002-t3) …… (tn), V(N002- tn)
```

　　对执行仿真之后的数据进行再配置，如下进行重新排序，就可以按照时间数列连续读出，如可以连续读出V(N002)的数据。由此，可以缩短在描绘图形的时间。

```
例  (t1),(t2),(t3)……(tn),
    V(N001-t1), V(N001-t2), V(N001-t3),  ……V(N001-tn),
    V(N002-t1), V(N002-t2), V(N002-t3),  ……V(N002-tn),
    V(N003-t1), V(N003-t2), V(N003-t3),  ……V(N003-tn),
    ……
    V(N00n-tn), V(N00n-tn), V(N00n-tn),  ……V(N00n-tn)
```

　　小规模电路仿真时间很短的情况下，并且HDD的存取速率很快，CPU的性能也足够好，那么这种数据再配置的优点也许不会很多。如果是多电源的仿真等大规模电路的话，那么转换成"快速存取文件格式"会大大缩短时间。这种文件转换只限于"实参数"才有效。也就是说，不适用于具有能显示频率特性的相位信息（复数数据）的数据。换句话说，在.AC解析（频率响应解析）中不能进行这种文件格式的转换。

这种文件格式转换的方法有两种。这两种方法都是等仿真结束之后再进行转换，不过其中一种是"手动"操作的方法，另一种是事先在电路图中设置".OPTIONS"并等仿真结束后再自动进行转换的方法。

1. 手动进行文件格式转换

仿真结束之后，激活波形显示窗口，双击菜单栏中的"File"，单击"Convert to Fast Access"按钮。文件格式转换的时间，很大程度上取决于原来仿真结果的文件的大小。

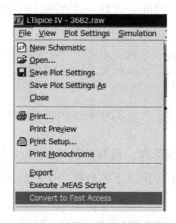

图4.28 转换为快速存储文件

2. 利用.OPTIONS进行设置

在电路图中以SPICE目录的形式输入以下命令：

例 `.OPTIONS fastaccess`

一旦仿真结束，LTspice窗口右下角的状态显示区域会出现"Converting…"信息，表示正处于转换中。

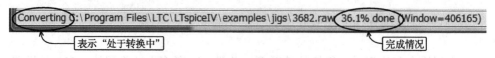

图4.29 文件转换中的显示内容

4.7 读取图形和运算命令

4.7.1 .MEASURE命令

严格来说，.MEASURE命令不是SPICE的执行命令。也就是说，它是灵活运用SPICE解析（或仿真）之后的结果数据的一个命令。因此，即使把这个命令作为SPICE目录存在电路图中，也不会对仿真的执行产生任何的影响。换句话说，这个命令不能使被计算的参数作为新的数值反映在仿真中。

执行仿真之后，为了确认仿真结果，要从图形中读取电压波形、电流波形、频率响应特性等信息。通常在大多数情况下，用一种在图形上放上光标读取数值的简便的方法就可以了。但是，这种方法简便是简便，读取的数值只是一个大概估计的只能确认大致方向的值。然而，有时为了精确读取谐振频率和脉冲的变化，或者为了确认放大器的输入输出延迟时间，需要根据仿真结果的数值进行直接测量或计算，或者进行信号之间的运算，对仿真结果进行仔细探讨。求开关电源的效率是这种用途的典型例子。

在LTspice中进行开关电源的仿真时，通常利用"稳定状态下的自动检出"就可以简单地求出效率（参照第1章）。然而，在以成组方式工作等情况下，会出现有些电路无法正确识别稳定状态下的自动检出。在这种情况下，使用.MEASURE命令计算输入输出功率并根据输入输出功率之比求效率的方法很便利。

.MEASURE命令作为SPICE目录存在电路图中。

①测量横轴上特定点的电压、电流等。数学式计算

语法
```
.MEAS[SURE]  [AC|DC|OP|TRAN|TF|NOISE]  <变量名>
[<FIND|DERIV|PARAM>  <式子或值>]
[WHEN  <式子或值>  |  AT = <值>]
[TD = <值>]  [<RISE|FALL|CROSS> = [<计数1>|LAST]]
```

②测量横轴上一个特定区间的电压或电流的平均值、RMS等

语法
```
.MEAS[SURE]  [AC|DC|OP|TRAN|TF|NOISE]  <变量名>
[<AVG|MAX|MIN|PP|RMS|INTEG>  <式子或值>]
[TRIG  <信号名1>  [[VAL] = ]<条件式1>]  [TD = <值>]
[<RISE|FALL|CROSS> = <计数1>]
[TARG  <信号名2>  [[VAL] = ]<条件式2>]  [TD = <值>]
[<RISE|FALL|CROSS> = <计数2>]
```

如上面的语法所示，.MEASURE的省略形式可以写成".MEAS"。另外，关

于根据哪个仿真数据进行计算，由于变成了"AC/DC/OP/TRAN/TF/NOISE"，所以这些也可以省略。

下面通过例题分别对语法进行说明。不管是在哪种测量（计算）中，.MEASURE的计算都是在仿真全部结束并且图形数据被保存之后执行的。因此，测量的结果不是取决于仿真中的计算精度，而是取决于已经保存的数据的精度。

为了提高精度而在.tran解析的情况下缩小仿真步数的时间轴的最大幅，会导致仿真时间极端增大。当然，应该保持保存数据的纵轴的读取精度不下降，最好是不进行数据压缩，事先把".OPTIONS plotwinsize=0"作为SPICE目录写入并保存在电路图中。

另外，利用较大的相近值相互之差的情况，为了保持计算精度，要设置".OPTIONS numdgt=15"，进行双精度计算[1]。

1. 在仿真结束之后追加执行.MEASURE的方法

要在仿真结束之后根据仿真数据追加执行新的.MEASURE，按以下步骤操作：

（1）用文本编辑器（如记事本等）编辑一个表述.MEASURE命令的文本文件。

（2）文本文件的扩展名用".meas"，保存在保存着电路图文件（*.asc）的文件夹里。

（3）点击菜单栏的"Execute .MEAS Script"。

（4）选择脚本文件再次执行仿真。

2. .MEASURE的使用例

那么，在实际中.MEASURE是怎么被运用的呢？这里举出如下几个例题。

（1）在.tran解析中求电压或电流等的瞬时值（FIND）。这里以只需要一个电阻器就能设置输出电压的线性稳压器"LT3080"为例题，利用".MEASURE"测量输出电压的瞬时值等。

LT3080具有根据内置的高精度电流源（10μA）和外置的电阻决定3端子稳压器的基准电压的结构。也就是说，输出电压可以降至0V。另外，输入电压的绝对最大额定值是40V，并带有即使输出短路也有下垂特性的保护电路。写入.MEASURE命令的电路图如图4.30所示。

---

1) 作为历史背景，在之前的SPICE中，一度把numdgt用于设置输出数据的有效数字，在LTspice中使这个值超过6就可以进行双精度计算。形式上多使用15。

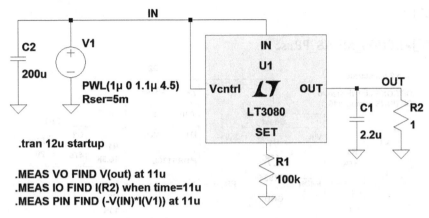

```
▶3080_MEAS-1.asc
```

图4.30 .MEAS的应用例（1）

.MEASURE之后即写入用户定义的任意参数名。不过，不能使用LTspice内部使用的函数等保留词。用户定义的表示输入输出功率的参数名想要用"P1"和"P0"，但是由于"P1"是表示圆周率的保留词，所以此时不能使用。此例中，要测定的是时间为11μs时的节点"OUT"的电压，也就是"V(out)"、通过R2的电流"I(R2)"和输入电压"–V(IN)∗I(V1)"。输入电压之所以要加上负号"–"，是因为V1电源中的电流流向和实际的电流流向相反。

例
```
.MEAS VO FIND V(out) at 11u
.MEAS IO FIND I(R2) when time=11u
.MEAS PIN FIND (-V(IN)*I(V1)) at 11u
```

把利用MEASURE命令（spice目录）测定得出的结果在错误日志中进行确认，结果如下所示：

例
```
vo: v(out)=0.99948 at 1.1e-005           ……11μs时的输出电压是0.99948V
io: i(r2)=0.99948 at 1.1e-005            ……11μs时的负载电流是0.99948A
pin: (-v(in)*i(v1))=4.68664 at 1.1e-005  ……11μs时的输入功率是4.68664W
```

（2）在.tran解析中某区间的电压或电流的AVG（平均值）、MAX（最大值）、MIN（最小值）、RMS（均方根）、PP（振幅）。附带求效率。以利用.MEASURE计算使用了LT1934的降压型开关电源的效率为例题。找出DC平均值不会发生太大变化的范围。这次的测定范围定为仿真执行之后的2.4~2.5ms之间。

例题的电路图使用的是LTspice例题中的电路图，改变其仿真时间，并增写了.MEASURE目录和用于减少由于数据压缩而引起的误差的.OPTIONS目录（图4.31）。

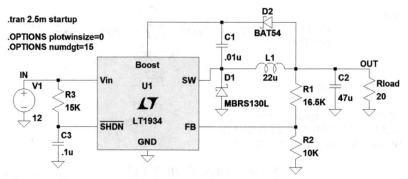

▶LT1934_MEAS_PP.asc

图4.31 .MEAS的应用例（2）

有时使用第1章所述的 ".tran" 的 "steady" 选项不能自动计算效率。这种事情出现在LTC电源中为了在低电流时效率也不会降低而进行特别处理的 "突发模式" 工作的情况下。那是因为，虽然从电路使用者来说以突发模式工作似乎就是足够稳定地控制着的稳定状态，但是在开关连续几次开/关之后，接着重复把开关切换到关的状态，线圈电流随之断断续续地流动，这个电流的变化不是通常的 "steady" 选项能检验出来的。

此时，使用了 ".MEASURE" 的 "效率计算" 就能发挥大作用了。另外，还要测定此区间内的输出电压的峰峰值。.MEASURE的spice 目录如下所示：

例
```
.MEAS Pout AVG V(OUT)*I(Rload) from 1m to 1.5m
.MEAS Pin AVG V(IN)*I(V1) from 1m to 1.5m
.MEAS eff PARAM -Pout/Pin
.OPTIONS plotwinsize=0
.OPTIONS numdgt=15
```

执行仿真，把使用MEASURE命令测定得出的结果在错误日志中进行确认，结果显示如下：

```
例  ripple: PP(v(out))=0.0481036 FROM 0.0024 TO 0.0025          ……Ripple
    pout: AVG(v(out)*i(rload))=0.548101 FROM 0.002 TO 0.0025    ……输出功率的平均
    pin: AVG(v(in)*i(v1))=-0.632405 FROM 0.002 TO 0.0025        ……输入功率的平均
    eff: -pout/pin=0.866692                                     ……输入功率的平均
```

（3）在.tran解析中求电压或电流等的在区间内的积分值（INTEG）。以求正弦函数的积分值为例题。

▶Integ_MEAS.asc

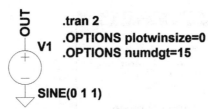

.MEAS area INTEG V(OUT) from 1 to 1.5
.MEAS calc PARAM 1/PI

图4.32 .MEAS的实际用例（3）

在此例题中，要计算SIN函数的半个周期的积分值。不过，SIN的1个周期被设为1s（频率＝1Hz），所以实际的值如下所示：

$$\frac{1}{2\pi}\int_0^\pi \sin x = \frac{1}{\pi} = 0.318309886$$

执行仿真，把使用.MEASURE命令（SPICE指令）测定得出的结果在错误日志中进行确认，结果显示如下：

```
例  area: INTEG(v(out))=0.318294 FROM 1 TO 1.5
    <使用SIN函数积分仿真中的数值>
    calc: 1/pi=0.31831
    <内部常数：使用π计算的值>
```

（4）在.tran解析中求电压或电流等的某个瞬间的变化率（微分系数）（即DERIV）。以在运算放大器中输入矩形波时的输出信号的压摆率为例进行说明。关于.MEAS的SPICE指令写法如下：

```
例  .MEAS slew_rate DERIV V(out) when V(out)=0 TD=180u RISE=1
```

求仿真开始180μs之后的第一次上升的V（out）=0中的微分系数。把测定得到的结果在错误日志中进行确认，结果显示如下：

例 `slew_rate: D(v(out))=8.77523e+006 at 0.000200154`

　　也就是说，此时的压摆率是8.78V/μs。根据.TRAN解析图读出的值如图4.33所示。虽然是大概值，但是和求出的结果数据很一致。

📁▶Slew_MEAS.asc

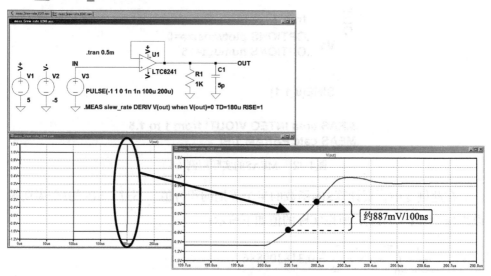

图4.33　.MEAS的应用例（4）

　　（5）.AC解析。用.MEAS进行AC解析的命令如图4.34所示。电路是一个使用了一个晶体管的交流放大器。电路图中有一大串".MEAS"命令，如下所示：

● 第一行：参数名=outmax。AC解析中的输出电压的最大值（输出增益）。

● 第二行：把$\sqrt{2}$代入常数mimus3。

● 第三行和第四行：最大值（outmax）的$\sqrt{2}$分之1的点的上升到下降之间的区间。

● 第五行：参数名=Level_1：300kHz时的输出增益。

● 第六行：参数名=Level_1：3000kHz时的输出增益。

● 第七行：参数名=Slope_Ratio：从300kHz到3MHz之间的增益的衰减率。

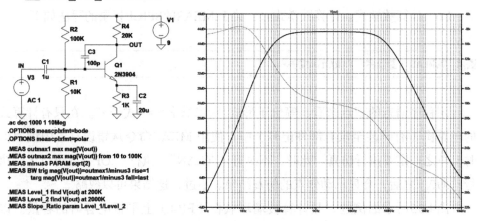

▶AC_1Tr_MEAS.asc

```
.ac dec 1000 1 10Meg
.OPTIONS meascplxfmt=bode
.OPTIONS meascplxfmt=polar
.MEAS outmax1 max mag(v(out))
.MEAS outmax2 max mag(v(out)) from 10 to 100K
.MEAS minus3 PARAM sqrt(2)
.MEAS BW trig mag(V(out))=outmax1/minus3 rise=1
+    targ mag(V(out))=outmax1/minus3 fall=last

.MEAS Level_1 find V(out) at 200K
.MEAS Level_2 find V(out) at 2000K
.MEAS Slope_Ratio param Level_1/Level_2
```

图4.34 .MEAS的应用例（5）

通过 ".OPTIONS meascplxfmt=···" 指定.MEAS计算中使用的数值是用bode（dB和相位）表示还是用polar（极坐标：绝对值和相位）表示。这些由一连串的.MEAS命令测定得到的结果根据错误日志，显示如下：

用polar表示的情况

例
```
outmax1: MAX(mag(v(out)))=(145.818,0°) FROM 1 TO 1e+007
outmax2: MAX(mag(v(out)))=(145.818,0°) FROM 10 TO 100000
minus3: sqrt(2)=(1.41421,0°)
bw=81930.5 FROM 73.2813 TO 82003.8
level_1: v(out)=(55.2898,111.301°) at 200000
level_2: v(out)=(6.05486,82.6346°) at 2e+006
slope_ratio: level_1/level_2=(9.13147,28.666°)
```

用bode表示的情况

例
```
outmax1: MAX(mag(v(out)))=(43.2762dB,0°) FROM 1 TO 1e+007
outmax2: MAX(mag(v(out)))=(43.2762dB,0°) FROM 10 TO 100000
minus3: sqrt(2)=(3.0103dB,0°)
bw=81930.5 FROM 73.2813 TO 82003.8
level_1: v(out)=(34.8529dB,111.301°) at 200000
level_2: v(out)=(15.6421dB,82.6346°) at 2e+006
slope_ratio: level_1/level_2=(19.2108dB,28.666°)
```

增益的最大值在用polar表示的情况下是145.818倍，用bode表示的情况下是43.2762dB（即是用dB形式表示的145.818倍）。$\sqrt{2}$的值在用bode表示的情况下用dB表示是3.0103。到-3dB的频率带宽这两种表示的结果都是一样的。从200kHz到2MHz的频率变为10倍之间的衰减率（参数名=Slope_Ratio）在用polar表示的情况下是9.13147倍，用bode表示的情况下是19.2108dB（即是用dB形式表示的

145.818倍）。

（6）计算数学式。计算数学式时，关于.MEAS的SPICE目录的写法如下：

语法 | **.MEAS <变量名> PARAM <式子>**

用程序语言的观点来看，等价于形式"<参数名>=<式子>"。在只有计算式的电路图（有时甚至没有部件记号）中，使用.MEAS命令从错误日志中读取值时，总之一定要执行仿真。此时，不执行".TRAN"，执行".OP"就可以了。执行".OP"之后，会显示动作点的仿真结果。不过，这结果可以忽略。

图4.35所示的例题，是计算玻璃环氧板（FR4）上平板电容器的容量。以param.开头的那行规定了各个变量名的常数。前3行计算长方形平行板的长度（10mm）、宽度（4mm）、面积＝长×宽，接着下面的行表示基板的厚度（1.6mm）。

常数Eo表示真空电容率（$\varepsilon_0 = 8.85418782 \times 10^{-12}$F/m），参数Er表示玻璃环氧板的一般相对电容率。Ea是Eo和Er的乘积，相当于这种材质的电容率。

另外，计算式".paramCapa=(Ea*area)/gap"是决定电路图中电容器的值的部分。如果这样的话，那么即使计算结果储存在仿真器内部也不能作为值被读取。因此，使用.MEAS，通过".MEAS Cape_PARAMCapa"，就能把Capa的值转送到Capa_，Cape的值就能在错误日志中被读取。确认再次进行计算时使用的参数和结果，如果在PCB导体的尺寸为长10mm，宽4mm，基板厚度1.6mm的条件下，导体在PCB两面都发挥着电容器的作用，那么其容量就约为1pF。

▶CAPA_MEAS.asc

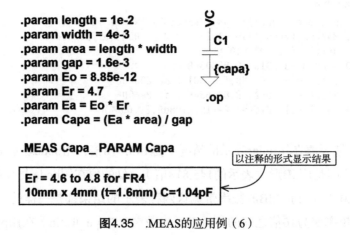

```
.param length = 1e-2
.param width = 4e-3
.param area = length * width
.param gap = 1.6e-3
.param Eo = 8.85e-12
.param Er = 4.7
.param Ea = Eo * Er
.param Capa = (Ea * area) / gap

.MEAS Capa_ PARAM Capa
```

以注释的形式显示结果

```
Er = 4.6 to 4.8 for FR4
10mm x 4mm (t=1.6mm) C=1.04pF
```

图4.35 .MEAS的应用例（6）

3. 联立方程式中的应用实例

下面的例子和电路没有直接的联系，是求2个联立方程式的解时应用了 ".MEASURE" 命令的例子。如果只是像下面所示那样的一次方程式联立的话，用算数的方法算得更快，但是在复杂的函数联立的情况下，".MEASURE" 命令作为工具，除了求解，还可以用于确认在定义域内是否存在解。

例如在下面的联立方程式中，利用VB（行为模型电源），并用 ".MEAS" 来求出这两个式子的交点。

$$Y=3X-9 \text{和} Y=-2X+10$$

联立求解的步骤如下：

$$3X-9=-2X+10$$

$$5X=19$$

$$X=3.8$$

把上面的步骤用图4.36的电路图形表示，从−20V到+20V之间用PWL电源扫描相当于X轴的电源。在电路图中加入 ".MEAS X0 FIND V（X1）WHEN V（Y1）=V（Y2）" 命令目录，并执行仿真。也就是说，求V（Y1）=V（Y2）时的V（X1）。经过错误日志的确认，求出结果是 "V（X1）=3.8 at 23.8"。也就是说，当t=23.8时，两个式子的值在X=3.8时相等。

▶1stOrder_MEAS.asc

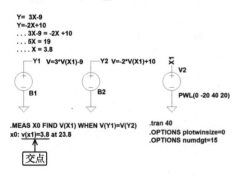

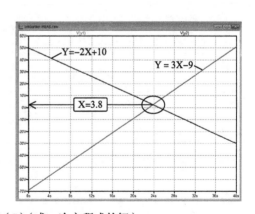

图4.36 .MEAS的应用例（7）（求一次方程式的解）

第5章 控制面板

使用LTspice，并把各种必要的参数设置综合起来的就是控制面板。尽管这些参数在第一次使用时设置之后就几乎不再变更，但是事先了解怎样的参数和仿真实验相关，对于缩短仿真实验时间等方面做到随机应变是不可或缺的一点。

5.1 控制面板概要

鼠标单击工具栏中的锤子图标，就能打开控制面板。控制面板有以下9个项目，每个项目各有不同的参数设置。

各项目之下，都有"[∗] Setting remembered between program invocations"但书。这是因为，在各设置项目中，带有∗号的设置项目即使LTspice关闭之后再启动，由于之前的设置已经保存，也无需再设置。不带∗号的项目设置不能保存，必要时需再设置复选框和数值。每次都要设置造成不便的情况下，可使用电路图中的".options"进行选择设置。

单击"Reset to Default Values"键，项目的设置值就会恢复到LTspice推荐的初期设置状态。

5.2 各面板的设置

5.2.1 Operation

1. Default Window Tile Pattern [∗]

电路图绘制区和波形表示区分割表示时，设置系统默认的分割方向。在选项中，选择"Horz"的时候，电路图和波形呈长方形上下层叠；选择"Vert"时，则竖立并排。

2. Marching Waveforms

仿真实验中，测定节点或元件的电压、电流时，波形和仿真试验同步。测试若出现偏差则仿真试验并不始终使用波形表示，若不需要使用波形的CPU时

图5.1 Operation标签的设定

间时，则可实质性地缩短仿真试验的时间。把".OPTIONS nomarch"作为可选择性设备加入电路图时，复选框虽有勾选，仿真试验也并不始终使用波形表示。即，波形不出现。

3. Generate Expanded Listing［＊］

输出仿真试验后"SPICE Error Log"文件里含有子电路展开的网表。

4. Save all open files on start of simulation［＊］

若此选择项设置为"yes"，则保存LTspice窗口中已经打开的文件，之后执行仿真试验。改变采样电路的值和参数的情况下或此选择项设置为"yes"时，改变的值会覆盖原文件。这一点要注意。

5. Automatically Delete…files［＊］（4个项目）

请参照第1章"快速入门指南"的说明。

6. RAM of Fast Access Conversion［＊］

单击"File"菜单中"Convert to Fast Access"或".OPTIONS fastaccess"，设置用于变换文件的PC内的RAM的分配比率。分配比率的默认值是40%，无需更改。

7. Directory of Temporary Files［＊］

指定LTspice中暂时需要的文件目录（文件夹）的路径。保留默认值即可。

5.2.2　Hacks

这个标签在LTC公司内部软件开发使用过，现在几乎都过时了。通常这些选项的设置都和以前一样。运行Sync Release之后，单击"Reset Default Values"键，可以设置目前推荐的状态。以下，对这两点进行阐述。

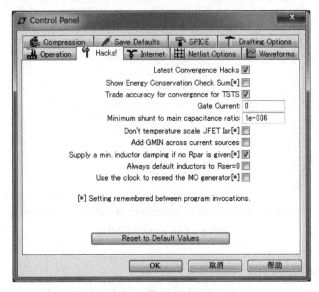

图5.2 Hacks标签设定

1. Supply a min. Inductor if no Rpar is given[*]

若电感器（线圈）没有设置阻尼电阻，则给线圈并联最低限度的阻尼电阻（电阻值大的电阻）。加上阻尼电阻，仿真试验中的收敛就可以保持不发散。

2. Always default inductors Rser=0

所有电感器的Rser设为"0"。各个电感器的Rser分别使用时，设其值Rser=0。

3. Use the clock to reseed the MC invocations.

在MC函数中，产生随机种子要使用到PC的时钟。若没有进行勾选，随机种子就是LTspice启动时的任意数值。反复进行同样的仿真试验，由于随机种子没有变化，所以每次都会得出一样的计算结果。想要使随机种子时时变化，就要进行勾选。LTspice再次启动时，都要重新设置。

5.2.3 Internet

这个标签是从LTspice进入LTC公司的网站时的基本设置，按系统默认设置即可。

图5.3 Internet标签的设定

5.2.4 Netlist Options

要对"Convert 'μ' to 'u'"进行勾选。在第1章里也提到过。

图5.4 Netlist option标签的设定

能消除电路图上的"μ"的乱码。但是,在US版Windows OS中制作保存的电路图,就目前而言,元件的值的乱码虽然可以消除,但注释栏的"μ"不可以消除。"Reverse comp. order"以前是一种能按配置后的顺序的倒序给元件编号的功能,但现在已经不起作用了。

"Semiconductor Models" 对话框中，二者都要进行勾选，确保使用默认的元件和函数库。只有在已经备有独自的模型和函数库时才可以免去勾选。

5.2.5 Waveforms

1. Plot data with thick lines［*］

波形表示区的图形线条使用粗线表示。

2. Use radian measure in waveform expressions［*］

角度的单位规定为 "rad.（弧度）"。通常情况下为 "°（度）"。

3. Replace "Ohm" with capital Greek omega［*］

电阻单位使用大写的希腊字母 "Ω" 表示。

4. Font［*］

对于电路图中使用的文字字体有 "System" 和 "Arial" 两种选择。

5. Font point size［*］

只有在文字字体选择 "Arial" 的时候，才能设置文字源的大小。

6. Color Scheme［*］

能弹出电路图、波形、网表各自区域颜色设定的标签。

7. Open Plot Defs

预先对波形表示区域里表示的波形设定用户定义的函数等，也可设定操作变量名的函数、常数等。

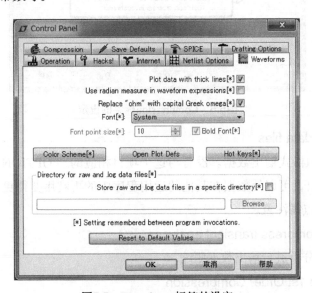

图5.5 Waveforms标签的设定

8. Hot keys [*]

能弹出热键设置画面。

9. Directory for Temporary Files [*]

若勾选 "Store .raw and .log data files in a specific directory [*]"，则数据文件（.raw 和.log）会被保存在其下方的方框的指定文件夹（路径）。勾选这个复选框，单击 "Browse" 键，在文件夹一览表中选择指定文件夹。

5.2.6　Compression

这个标签的项目，如设置项目下面的附属说明（括号内的内容）那样，每次启动LTspice都会恢复初期设置。在电路图中，使用 ".OPTIONS" 设置参数，就能忽略这些项目执行仿真试验。

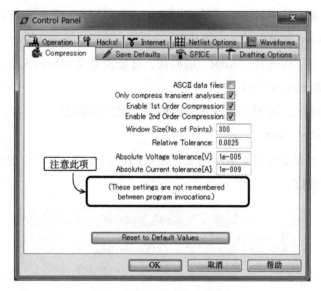

图5.6　Compression标签的设定

1. ASCII data files

使用ASCII格式输出数据。没有与这个项目相应的 ".OPTION" 设置。使用ASCII格式输出，可以使数据在其他的运用程序中的再利用变得更简便，但文件会变大，这一点需注意。

2. Only compress transient analyses

只对瞬态分析进行输出数据压缩。

3. Enable 1st Order Compression

将1次的压缩有效化。

4. Enable 2nd Order Compression

将2次的压缩有效化。

5. Window Size（No. of Points）

设置将数个点压缩为一个。数值大的情况下压缩的程度也高。即数值小的情况下压缩低，仿真的结果更接近实际。由于这种压缩是对仿真之后的输出结果进行的，所以并不是粗略计算仿真结果。

设置范围为1~2000，和".OPTIONS"的"plotwinsize="中设置的数值对应。若设置".OPTIONS plotwinsize=0"，则即使已有上述三个压缩设置，输出数据也不会被压缩（参照第4章）。默认值为300。

6. Relative Tolerance

指数据压缩前后的相对误差，与".OPTIONS plotreltol="对应。

7. Absolute Voltage tolerance［V］

指压缩算法允许范围内的电压值的绝对误差，与".OPTIONS plotvnltol="对应。

8. Absolute Current tolerance［I］

指压缩算法允许范围内的电流值的误差，与".OPTIONS plotabsitol="对应。

若"Relative Tolerance""Absolute Voltage tolerance［V］""Absolute Current tolerance［I］"变大，则随着压缩后的允许误差的增大，表示的图形变成扭曲的波形。此时，数据量减少。

5.2.7 Save Defaults

这个设置项目用于没有用".save"命令明确指定保存数据的时候。

图5.7 Save Defaults标签的设定

1. Save Device Current ［＊］

保存元件的电流。

2. Save Subcircuit Node Voltage ［＊］

保存子电路内部节点电压。

3. Save Subcircuit Device Current ［＊］

保存子电路内部元件的电流。

4. Don't save lb（ ）.le（ ）.lg（ ）.or lx（ ）［＊］

不保存晶体管的基极电流、发射极电流、FET的源极电流、栅极电流，即不
保存子电路各节点的电流。

5. Save Internal Device Voltage

仅限于LTC公司内部使用，一般用户不能使用。

5.2.8　SPICE

1. Default Integration Method

从3个积分方法中选择默认的积分方法。

2. Default DC solve strategy

解析直流动作点时，勾选是否采用2个选项。通常情况下，两个都没有必要
勾选。

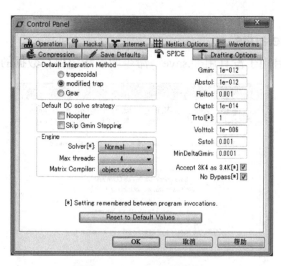

图5.8　SPICE标签的设定

3. Engine

（1）Solver［＊］：仿真试验时的方程式有"Normal"和"Alternate"两种解

法。在一定仿真电路条件下，会出现仿真错误或是收敛计算费时，这时，改变这个Solver有时可以解决问题。Normal和Alternate在语句解析方法上有所不同，Alternate要花得仿真时间是Normal通常情况下的2倍，但内部的计算精度比后者高1000倍。没有".OPTIONS"指令会在电路图上写明使用哪种Solver。Solver的选择必须在进行网表的语句解析前决定，这是因为这2种Solver进行的语句解析是不同的。选择"Alternate"时，电路图的右下角会出现下图所示图示。

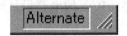

而选择"Normal"时不会出现这种图标。

（2）Max threds：根据使用的PC的CPU能力（指核数），可以自动检出最大线程。根据最大线程对仿真试验进行并行计算。若比自动检出的值还小，则并行计算数减少，仿真试验的时间延长。最大线程不能大于自动检出值。和Intel I7-980x（6核）相应的可以使用的最大线程是12。当然，对于8核的CPU，能够用于16线程的并行计算。

（3）Matrix Compiler：这个选项按"object code"默认设置即可。

4. 右侧从［Gmin］到［MinDeltaGmin］的8个项目

由于和".OPTIONS"同名的参数意思一样，所以请参照".OPTIONS"的各项目。要补充一点的是，即此标签中的"Vntol"在".OPTIONS"中的参数名是"vnttol"。即使在此有设置值，而在".OPTIONS"电路图被设置的情况下，仍以".OPTIONS"中的参数设置优先。

5. Trtol［＊］

几乎大部分的SPICE都是默认值为7，不过，LTspice采用的默认值是1。尤其是使用SMPS微型模型的仿真试验中，把Trtol的值设置为1，可以使仿真试验更加接近现实。对于离散晶体管级的仿真试验而言，Trtol值要比1大才好。这样，虽然多少牺牲了精确度，但是能获得2倍以上的计算速度。

6. Accept 3K4 as 3.4［＊］

用3K4代替3.4，使小数点的表示成为可能。4K99表示4.99K。通常，SPICE不支持这种表示方法，但LTspice为了更多地满足人们的要求，因而添加了这种功能。

7. No Bypass［＊］

对某一元件求值时，即使对于即将开始的仿真试验的参数值进行某些变更，只要操作点没有太大的变更，执行Bypass就可以再利用之前的V–I曲线，从而缩短元件的求值时间。单击该按钮，若没有执行Bypass，则一有必要，就对元件的V–I曲线进行再评价。

这个按钮可以根据电路图中表述的SPICE指令".OPTION"进行控制。勾选此按钮，相当于".OPTIONS baypass＝0"，没有勾选时相当于".OPTIONS baypass＝1"。

在评价集成电路（IC）内部的晶体管尺寸时，有时会利用Bypass，但是，进行通常的分立部件或集成电路（IC）的电路设计时，往往先勾选"NoBypass"选项。

5.2.9 Drafting Options

Drafting Options的功能是进行与电路图输入相关的设置。

图5.9 Drafting Options标签的设置

1. Allow direct component pin shorts［*］

以把线穿过元件（似羊肉串）的方式布线，此时，可以使元件的接口出现短路（见右图）。默认状态下，由于没有勾选此项，按图所示方式布线，一旦布线完成，元件自然不再短路。

2. Automatically scroll the view

在电路图中用鼠标拖动某一对象时，若要将其拉出电路图范围，则电路图会自动滚动。

3. Mark text justification anchor points

表示元件名称或元件的值，如右图所示。在指令的文字串等的锚点上标记"白色的圆圈"。通常文字串太过繁杂而不标记。但想调整文字串的位置使其分布紧凑时，这种方法还是很有效的。

4. Mark unconnected pins

标记未连接端子。

5. Show schematic grid points

第一次打开电路图绘制框时，默认显示用点表示的网格线。但是，同时按下"Ctrl"键和"G"键，由于可以切换表示或不表示网格线，因此不管是哪种设置实用上没有太大的区别。

6. Orthogonalsnap wires

随着布线的位置移动变化，布线在拐角形成直角。需补充说明的是，用Drag（热键 F8 ）连同布线移动时，会有布线倾斜的情况。

7. Ortho dragmode [*]

拖拽时，只能水平或垂直方向移动。

8. Cut angeled wires during drags

拖拽倾斜的线时，和布线接触处会出现弯曲（图5.10左侧）。取消勾选后，斜线平行移动，接线继续弯曲并最终折断（图5.10右侧）。

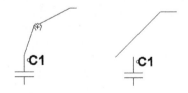

图5.10 Cut angle wires

9. Un-do history size

用于指定撤销的步骤数。程序上，只要内存许可，可以撤销到无限多步骤，实际上默认为500次就足够了。

10. Draft with thick lines

用粗线条描绘布线。

11. Show Title Block

此功能仅限于LTC公司使用。

12. Reverse Mouse Wheel Scroll

使用鼠标滑轮进行放大/缩小或反向。

13. Font Properties

（1）Font Size［＊］：设置电路图字体大小。

（2）Bold Font［＊］：文字加粗。

（3）Sans Serif［＊］：设置字体为Sans Serif。若没勾选此项，则字体为System。

14. Color Scheme［＊］

在电路图、波形表示、网表的窗口中，弹出配色设置窗口。

15. Hot Keys［＊］

弹出热键设置画面。

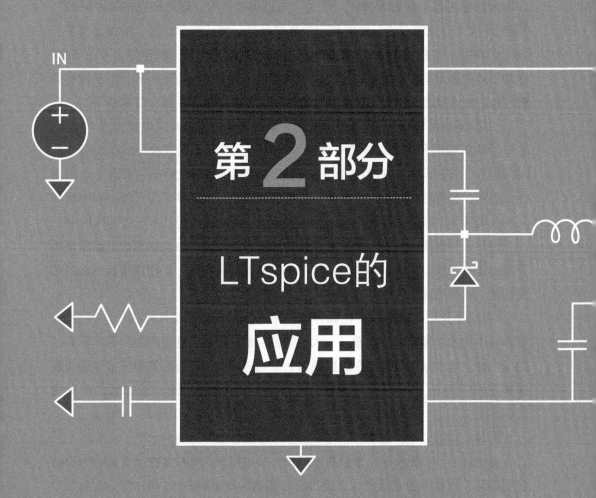

IN

第2部分

LTspice的

应用

说到学习电子电路，数学式子出现的次数很多，对于数学不好的读者而言，这部分的学习似乎伴随着痛苦。于是，最近那些认为"理论和现实是不同的"、"即使不能充分理解理论只要能利用仿真试验进行确认就没问题"的设计者多了起来。确实，理论是对现实现象的简单化的理解概括，是一种模型。虽说如此，这却不是脱离现实的模型。理论虽说和现实世界多多少少有所不同，但是没有理解理论的根本概念，不管如何重复仿真试验，也可能停滞不前，没有结果。

在第6章到第8章中，通过理解电路要素的基本行为和开关电源的基本操作，着眼于认识理论和仿真试验的一致性。有时，只依靠仿真试验一点点改变参数（即执行".STEP"指令进行扫描），或通过MC随机数讨论数差，有利于电路设计。然而，没有对理论透彻的理解而进行仿真试验，最终结果有可能是似乎操作正确，而实际上电路的参数组合达到最大极限，即将陷入极其不稳定的条件中。

另外，一边评价机械实物一边比较仿真试验结果时，也能在理论上推断这些差是由什么现象引起的，同时，追加仿真电路元件和参数，还能使仿真试验的精度的进一步提高成为可能。

"虽然不是很熟悉电路理论和计算，单靠仿真试验还是可以的"这种想法，就和高中和大学考试时，靠着过去大量做题积累的经验，死记问题和固定答案的做法一样。电子电路是建立在少数规律和原则基础上的，有必要牢牢记住这些规律和原则。但是，并不是要记住关于各种各样的电路构成和电路常数的所有的知识。

然而，在记忆不够明晰时，仿真试验常常能够唤醒正确的记忆。

总而言之，首先要牢牢掌握基本理论，接着以理论为根据在仿真试验中进行证明确认，在实际的基板形成之后再进行正确的评价和分析。第2部分就是为了帮助大家形成这样的意识而执笔的。

第❻章 简单的电路实例

对于已经能够使用SPICE仿真器随心所欲地进行电路设计的读者而言，也许现在没必要再进行解说，但是由于这是仿真设计的基础，所以暂且回到最基础的地方进行复习。事先理解电路的基本构成要素——电阻、电容器、线圈，对于理解仿真电路（特别是开关电源）的动作原理方面是非常重要的。另外，掌握晶体管（双极型晶体管以及FET）的基本特性也很重要。本章将以由这些基本原理组合而成的简单的电路为例，通过用LTspice进行仿真实验来确认电路动作。

本章中，表示电压、电流的符号分别是"V"、"I"，直流、交流或瞬时值的电压、电流也通用。学过电路的读者可能习惯上用小写的"v"、"i"表示交流信号的电压、电流，这里不特别强调以正弦波为基础的交流信号，而是表示特定条件下的电压的瞬时值或电流的瞬时值，所以不分字母的大小写。

6.1 R、C、L的V-I特性

6.1.1 电阻

电阻两端的电压和流过该电阻的电流成比例，即：

$$V_R(V) = R(\Omega) \cdot I_R(A)$$

也即电阻两端的电压V_R和流过该电阻的电流I_R成比例，比例常数为R。例如，一个10Ω的电阻通过0.2A的电流，那么电阻两端的电压为2V，这就是欧姆定律。

此处R仅限于是一个比例常数，上式是一个关于I_R的函数，如果电压值V_R因电流的方向而变，那么就不能称之为欧姆定律。也即是说，表示欧姆定律的V-I特性图是以电压为横轴，以电流为纵轴，斜率为R的经过原点的直线（图6.1）。

6.1.2 电容器

电容器两端的电压和到此时为止所积蓄的电量成正比例，和电容成反比例。由于电量等于电流的时间积分，所以

$$V_C(V) = \frac{1}{C(E)} \int I_C(A)\, dt$$

例如，以一定的电流持续充电，电压会以一次函数上升；一定的电流向反方向流动（即放电），电容器两端的电压会以一次函数下降。下面将以100μF的电

▶Test_R_V-I.asc

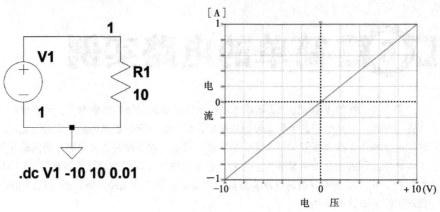

.dc V1 -10 10 0.01

图6.1 电阻的V–I特性

容器为例，仿真1mA电流进行充放电的具体情况（图6.2）。

另外，电流和电压之间相互成因果关系。例如，在上式的两边各自按时间进行微分并乘以C，那么

$$C\,(F)\,\frac{dV_c\,(V)}{dt} = I_c\,(A)$$

电容器两端所加的电压一旦随时间变化，就会有电流通过，电流大小为电压变化量和电容的乘积。例如，电源电路启动时，完全没有电荷（即电压为0）的电容器（如平滑电容器等）瞬时加上了电压，单位时间的电压变化变大，就会有大电流通过。

▶Test_C-i-dt.asc

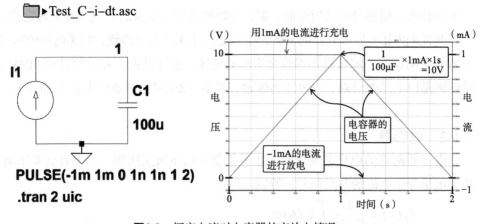

PULSE(-1m 1m 0 1n 1n 1 2)
.tran 2 uic

图6.2 恒定电流对电容器的充放电情况

6.1.3 电感器（线圈）

电感器两端的电压和单位时间通过电感器的电流的变化量成正比，和电感器的电感值也成正比，即

$$V_L(V) = L(H)\frac{dI_L(A)}{dt}$$

例如，如果电流以一定变化率（即一次函数的速率）持续通过，那么电压值也是一个定值（图6.3）。改变电流流向，同样让电流以一次函数的速率通过，那么电感器两端的电压符号也会变化。再举一个例子，若电流随时间的变化情况是正弦波，那么电感器两端的电压就是余弦波（图6.4）。

▶Test_L_di-dt.asc

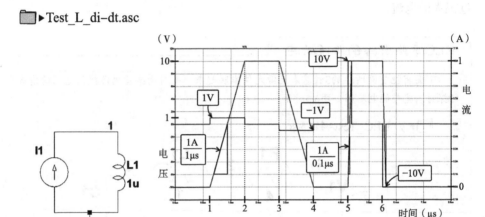

PWL(0 0 1u 0 2u 1 3u 1 4u 0 5u 0 5.1u 1 6u 1 6.1u 0)

.tran 8u

图6.3 恒定电流通过时线圈的电压

▶Test_L_di-dt_SIN.asc

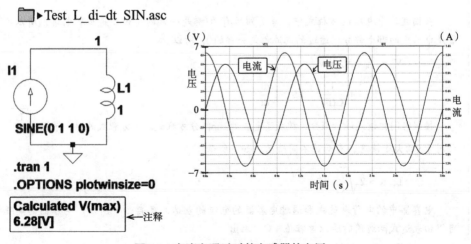

.tran 1

.OPTIONS plotwinsize=0

Calculated V(max)
6.28[V] ◄─注释

图6.4 交流电通过时的电感器的电压

不要忘了，电流和电压之间的因果关系是相互成立的，也就是说反过来两者之间的因果关系也是成立的。若电感器两端加上SIN波的电压，那么就会有-COS波的电流流动。

上式两边按时间进行积分，并除以L，那么

$$\left(\frac{1}{L\,(H)}\right)\int V_L\,(V)\,dt = I_L\,(A)$$

例如，电感器两端持续加上一定的电压，那么电流就会呈一次函数增加，其比例常数是L的倒数。在实际电路中，施加电压的电源内部电阻极小时，或者电感器的直流电阻成分（DCR）很小而使L值也很小时，电感器所在的电路就会流过很大的电流。

RLC串联电路的阶跃响应

下面将把前面所述的3种基本无源元件串联起来，并对由某些电源提供电压的情况进行探讨。完整的电路图如图6.5所示。

📁▶V_RLC_Test-411.asc

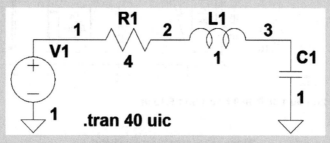

图6.5　探讨RLC串联电路的阶跃响应

在描述这个电路的方程式中，考虑到所有的I都是一样的（由于是串联电路，所以不管是电路中的哪个部分，通过的电流都是一样的），所以

$$V_i = V_R + V_C + V_L$$

$$= R \cdot I + \frac{1}{C\,(F)}\int I\,dt + L\frac{dI}{dt}$$

按照时间把该式进行微分，就成了电流的2阶微分方程式。求方程式的解，根据 $\sqrt{\dfrac{L}{C}}$ 相对于R的大小情况，有两种不同情况，如下所示：

1. $R > 2\sqrt{\dfrac{L}{C}}$ 时

电容器中的电荷表达式和通过电容器的电流的表达式各自如下所示。电容器的电压可以由表达式两边同时除以电容值（C）求出。

$$q = CV_i \left[1 - e^{-\alpha t} \left(\cosh \gamma t + \frac{\alpha}{\gamma} \sinh \gamma t \right) \right]$$

$$i = CV_i \frac{\alpha^2 - \gamma^2}{\gamma} e^{-\alpha t} \sinh \gamma t$$

$$= \frac{V_i}{\sqrt{\left(\frac{R}{2} \right)^2 - \frac{L}{C}}} e^{-\alpha t} \sinh \gamma t$$

其中，

$$\alpha = \frac{R}{2L} \qquad \gamma = \sqrt{\left(\frac{R}{2L} \right)^2 - \frac{1}{LC}}$$

R=3Ω、L=1H、C=1F时，仿真结果如图6.6所示。

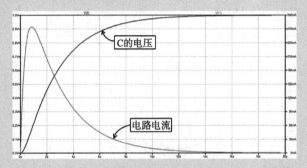

图6.6　RLC串联电路的阶跃响应（1）（阻尼电阻足够时）

2. $R < 2\sqrt{\dfrac{L}{C}}$ 时

电容器中的电荷表达式和通过电容器的电流的表达式各自如下所示。电容器的电压可以由表达式两边同时除以电容值（ C ）求出。

$$q = CV_i \left[1 - \frac{e^{-\alpha t}}{\sqrt{1 - \frac{L}{C} \left(\frac{R}{2} \right)^2}} \sin(\beta t + \theta) \right]$$

$$i = CV_i \frac{\alpha^2 + \beta^2}{\beta} e^{-\alpha t} \sinh \beta t$$

$$= \frac{V_i}{\sqrt{\frac{L}{C} - \left(\frac{R}{2} \right)^2}} e^{-\alpha t} \sinh \beta t$$

其中，

$$\alpha = \frac{R}{2L} \qquad \beta = \sqrt{\frac{1}{LC} - \left(\frac{R}{2L} \right)^2}$$

R=0.5Ω、L=1H、C=1F时，仿真结果如图6.7所示。

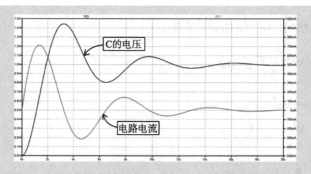

图6.7 RLC串联电路的阶跃响应（2）（阻尼电阻不足时）

在C=1F、L=1H且R小到可以忽略时，令输入电压呈梯形变化，则在0.159Hz处共振（图6.8）。例题中，R=0.01Ω。

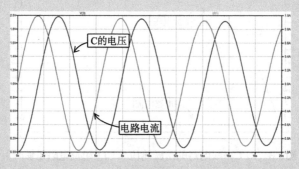

图6.8 RLC串联电路的阶跃响应（3）（几乎没有阻尼电阻时）

6.2 C、L的交流特性

6.2.1 C（电容）的频率特性和RC滤波器

1. 无源低通滤波器

若电容器的电容为"C"，那么一定频率f的电抗X_c就是

$$X_c = \frac{1}{2\pi fC} = \frac{1}{\omega C} \quad 其中 \omega = 2\pi f$$

利用这种频率依赖性的应用电路一般是和电阻组成滤波器。用这种能允许特定频率范围的信号通过的滤波器能让多少频率（截止频率）以上（或以下的）频率的信号通过，即所谓的"频率衰减率"和截止频率附近的相位特性，令人瞩目。

这里，利用电容器本身的频率依赖性（频率特性），并和电阻器组合起来，形成一个具有让特定领域的频率带顺利通过的频率特性的电路。下面将通过仿真实验和图像对这种思路进行说明。

首先，电容器通过交流信号I_C时，两端的电压V_C为

$$V_C = X_C \times I_C$$

此式在形式上和电阻中通过电流时的欧姆定律一样。

下面分别用仿真实验对交流电信号通过时的R和C的频率依赖性进行确认（图6.9）。

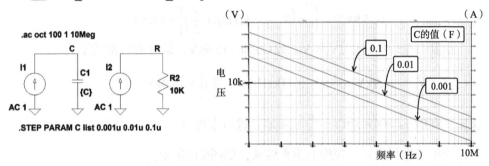

▶AC_Current–R–XC_sweep.asc

图6.9　电容器和电阻器的频率特性

此仿真例题使用的是交流电源，分别用图表示出电容器和电阻器两端产生的电压。图中横轴用对数表示从1Hz到10MHz之间的频率，纵轴也是用对数表示电压。关于电容器，分别对电容为0.001μF、0.01μF、0.1μF三种情况进行仿真实验。

由于1A的交流信号通过10kΩ，所以由欧姆定律可知电阻的电压是10kV。同样，由$V_C = X_C \times I_C = \dfrac{1A}{2\pi fC}$可知，频率（f）越高，$V_C$就越小。由图可知，由于纵轴和横轴都是用对数表示，所以频率前进一位电压就会后退一位，会变小。

另外，电阻器和电容器两端的电压分别除以电流值，R和X_C本身可以用图像表示，由于这里的仿真实验中电流值是1A，所以直接把电压值的单位换为"Ω"就是其电阻值。电阻器的电阻值不管是直流还是交流都不受频率的影响，而电容器的电抗（电阻值）依赖于频率，这一点不单单是从数学式就是看仿真结果也可以知道。

然而，X_C中电流I_C流过时的V_C不能简单地像欧姆定律中的那样看成是绝对值，要注意交流信号的时间变化。换句话说，6.1节在涉及电容器的V–I特性时讲到V_C，即

$$V_c\,(V) = \frac{1}{C\,(E)} \int I_c\,(A)\,dt$$

把 $I_c = 1\,(A) \cdot \sin \omega t$（其中 $\omega = 2\pi f$）代入上式，在把 $C=0.01(\mu F)$，$f=1(kHz)$代入，即

$$V_c\,(V) = \frac{1}{0.01\,(\mu F)} \cdot 1\,(A) \int \sin(2 \cdot \pi \cdot 1k\,(Hz)\,t)\,dt$$

$$= \frac{1}{0.01\,(\mu F)} \cdot \left(\frac{1\,(A)}{2 \cdot \pi \cdot 1k}\right) \cdot [-\cos(2 \cdot \pi \cdot 1k(Hz)t)] + Const$$

$$= 15.9k\,(V) \cdot [-\cos(2 \cdot \pi \cdot 1k\,(Hz)\,t]) + Const$$

$$= 15.9k(V) \cdot \left[\sin\left(2 \cdot \pi \cdot 1k(Hz)t + \frac{\pi}{2}\right)\right] + Const$$

接着，令t=0，此时V=0V，故 Const=15.9kV，最终的V_C的式子为

$$V_c = 15.9kV \cdot \left[\sin(2 \cdot \pi \cdot 1k\,(Hz)\,t - \frac{\pi}{2})\right] + 15.9kV$$

这里，利用 $-\cos x = \sin x - \frac{\pi}{2}$ 的关系式进行变形。

为便于进行确认，现附上仿真结果，如图6.10所示。

▶Test_C–i–dt_SIN.asc

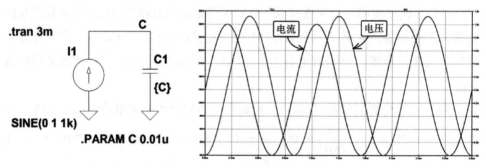

图6.10 电容器有交流电通过时的电压

I_C从0开始，以 $1\,(A) \cdot [\sin(2 \cdot \pi \cdot 1(kHz))]$ 流动，V_C的图像则是一个以0为起点，以15.9kV为中心的SIN波，其范围在 ± 15.9kV之间。这里要注意一点，V_C的相位相对于I_C有 $\frac{\pi}{2}$（90°）的延迟，这一点计算式也有所体现。换句话说，以加在电容器上的电压V_C为中心，流过电容器的电流的相位相对于电压快了$\frac{\pi}{2}$（90°）。把图6.10重新处理，只显示V_C，并删除刻度线（网格线）令相位图的虚线更加清楚，此时也可以看到图像以输入的I1为基准，其相位值为-90°。

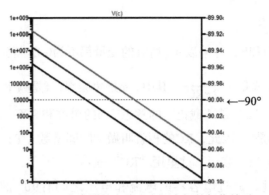

图6.11　电容器的电流和电压之间的相位关系

　　下面，令电阻器和电容器串联，由电压源提供交流信号，通过仿真试验来确认此时这两个元件的接点电压相对于频率会如何变化（图6.12）。

▶AC_RC_LowPass_Ou01.asc

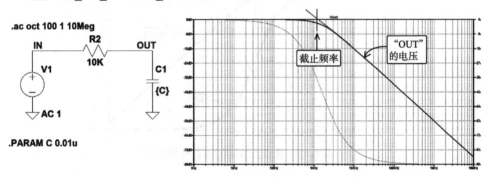

图6.12　R串联电路的频率特性

　　此次仿真实验中，电容固定为0.01μF。频率越低时，X_C越大，节点"OUT"的电压与V（IN）几乎相等。频率越高，X_C相反地越小，节点"OUT"的电压以频率每增大10倍就减少为电压的十分之一的速率减小。当R和X_C的绝对值相等时，此时的频率就定义为"截止频率"。

　　回想一下之前使用交流电信号源探讨频率特性的例题。10kΩ的电阻器如果有1A的电流通过，那么电阻器两端就会产生1kV的电压。令V_c等于这个电压，$V_c = \dfrac{1A}{2\pi fC}$ 变形为 $f = \dfrac{1A}{2\pi CV_c}$，将C = 0.01μF、$V_c$=10kV代入原式，得出 f=1592Hz（≈1.59kHz）。f=1592Hz即是R=10kΩ、C=0.01μF时的截止频率。

　　这里再次写出使用的条件，由于有V_c和V_R的绝对值相等这一条件，所以利用ω = 2πf，又因为$V_c = \dfrac{I}{\omega C}$，$V_R=I\cdot R$，所以

$$\frac{I}{\omega C} = I \cdot R$$

等式两边同时除以I和R，并乘以ω（所有的变量都不为0），得到

$$\omega_c = \frac{1}{RC} \text{或} f_c = \frac{1}{2\pi RC} \text{（其中，ω是角频率，f是频率）}$$

此处中的下标字母"c"是"截止"的意思。ω的单位和频率一样（时间的倒数：s^{-1}），故RC的单位是s。因此，RC的积就叫做"时间常数（Time Constant）"。一般时间常数用记号"τ"表示，这里用"RC"表示。

前面已经说过，通过电容器的电流和电压之间有90°的相位差。电阻器中电流和电压之间没有相位差，所以电容器和电阻器串联时，连接点（节点"OUT"）的电压的相位随频率而变化。其变化情况通过仿真实验的增益和相位特性图（伯德图[1]）进行确认（图6.13）。

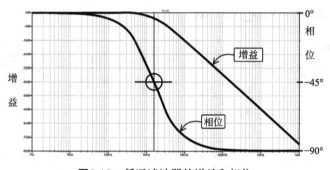

图6.13 低通滤波器的增益和相位

前面已经算过，截止频率是1.59kHz。读取刻度，此时相位为-45°，增益约为-3dB。相位特性是高于截止频率时逐渐接近-90°。

下面再次用数学的方式通过矢量图进行确认（图6.14）。前面已经说过，V_c的相位相对于I_c有$\frac{\pi}{2}$（90°）的延迟。I_c和通过电阻器的电流相等，并且通过电阻器的电流和电阻器的电压没有相位差，所以和电阻器两端的电压相比，电容器的电压在X_c小时（即频率高时）相位有90°的延迟。另外，要记住：通过该串联电路的电流不管在哪里都是相等的。这里规定电流方向的正方向（电流矢量）和该元件两端电压的上下关系一致，若以由低向高为矢量的正方向，那么和流过该电流的元件的电压下降的矢量方向一致。换句话说，交流信号源的电压和电流的相位相同。

1）Bode Chart，叫做"伯德图"或"波特图"，是以频率为横轴表示传递系统和反馈系统的增益及相位的图像，用于判断反馈系统等系统是否稳定（请参照第11章11.3节）。

接着，画出图6.14的串联电路各部分的电压、电流矢量。至于以哪个矢量为基准，取决于当时要研究的课题。

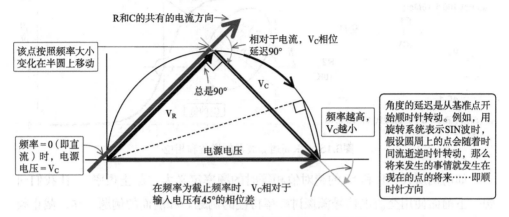

R和C的共有的电流方向→

相对于电流，V_C相位延迟90°

该点按照频率大小变化在半圆上移动

总是90°

V_C

V_R

频率越高，V_C越小

频率=0（即直流）时，电源电压＝V_C

电源电压

角度的延迟是从基准点开始顺时针转动。例如，用旋转系统表示SIN波时，假设圆周上的点会随着时间流逝逆时针转动，那么将来发生的事情就发生在现在的点的将来……即顺时针方向

在频率为截止频率时，V_C相对于输入电压有45°的相位差

图6.14 RC低通滤波器的电压、电流矢量

上图中所示，V_R和V_C的大小（绝对值）相等。即这一点表示截止频率。半圆左端的点表示频率为0，即此时电源是DC（直流），由于频率为0时电容器的电抗无限大，所以相当于电源电压直接输送给电容器。相对于电源电压没有了相位差。频率高时，X_C接近0，故V_C的端子电压近似于GND。

此时，电路电流比电源电压的相位前进了45°。电容器两端电压若以电源电压的相位为基准，则延迟了45°。由图可知该矢量图是一个底角为45°的等边直角三角形，故若令电源电压的振幅为1的话，那么V_C和V_R的值是$\frac{\sqrt{2}}{2} = 0.707$，换算为分贝约为–3.01dB。"这一点中截止频率的增益–3dB"的结论就是从上面推导出来的。

就这样，用无源元件电阻器和电容器就可以构成了阻拦高频率的滤波器，这种滤波器被称为"无源低通滤波器"。

2. 无源高通滤波器

下面，把电容器和电阻器串联（调换前面例题中的连接顺序），通过仿真实验来确认电压源输送交流信号时这两个元件连接点的电压相对于频率会发生怎样的变化（图6.15）。

和前面的例题一样，本次仿真实验也是分电容为0.001μF、0.01μF和0.1μF共3种情况进行。频率高时，X_C就小，节点"OUT"的电压几乎与V_1的信号源电压相等。即频率高时，传递增益是1倍（0dB）。频率低时，X_C相反地逐步增大，节点"OUT"的电压以频率每降低到十分之一电压也减少到十分之一的速率减少。

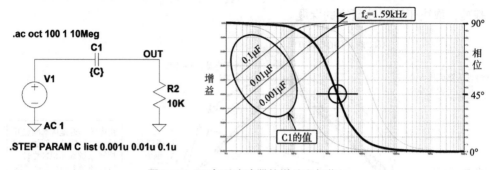

图6.15　CR高通滤波器的增益和相位

如前例所述，R 和 X_C 的绝对值相等时的频率定义为"截止频率"。让我们回想一下前面使用交流电信号源探讨频率特性的例题。和前面的例题一样，截止频率的值完全一样，即 f=1592（Hz）（约1.59kHz）。

和前面的例题一样，考虑各部分的电压和电流矢量。组成元件是串联，V_R 和 V_C 矢量的顺序不影响合成结果，所以按原来的顺序就行。不过，前面的例题的关注点在于电容器电压相对于电源电压的相位，这次的关注点在于电阻器的电压相位。

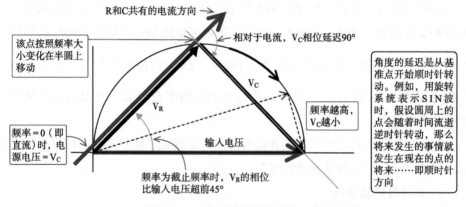

图6.16　RC高通滤波器的电压、电流矢量

由图可知，频率最低时（即在半圆的左端），电容器的电抗大，电阻器两端的电压很小（几乎为0），相位是+90°。频率最高时（即在半圆的右端），电容器的电抗小，电阻器两端的电压小，输出电压和电源电压几乎相等，此时以输入电源为基准相位为0。

如此，用无源元件电阻器和电容器就组成了能阻挡低频率信号的滤波器，这种滤波器被称为"无源高通滤波器"。

3. 相对于交流电的滤波器

到此，把R和C串联起来组成低通滤波器和高通滤波器，并通过仿真实验进行确认。那么，R和C并联时又有怎么样的频率响应特性呢？下面将把R和C并联，并测定交流电源的频率，研究并联情况下的电压。这是一个组合了OP放大器的低通滤波器的电路，这种电路原理用于反馈电路。

基本电路图和仿真结果如图6.17所示。

▶AC_RC–Pal_sweep.asc

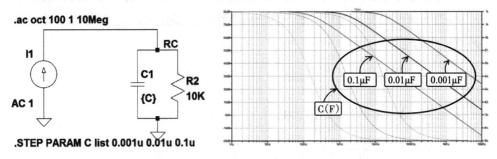

图6.17　RC并联电路的增益和相位

这个电路的频率响应特性图和RC串联组成的无源低通滤波器的完全一样。电路组成上的不同只在于它的信号源是电流源，而且R和C是并联。图6.18所示是C＝0.01μF时的情况。在增益图中看通过电阻器和电容器的电流可以知道，在低频区域是电阻器的电流占主导地位，在高频区域是电容器的电流占主导。另外，不管是在哪个频率，电阻器和电容器的电流都存在相位差，以电阻器的电流为基准，电容器的电流相位超前90°。

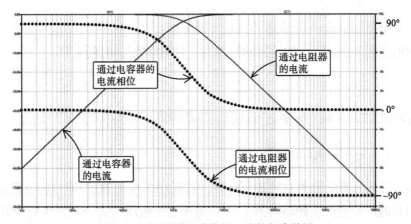

图6.18　RC并联电路中的电流的频率特性

因此，在组合这些具有频率依赖性的元件和电阻器并研究各种现象时，不但要注意各部分的电压，还要关注通过元件的电流的频率特性。

6.2.2 L（电感）的频率特性和RL滤波器

以"L"表示电感大小，那么某频率的电抗X_L为

$$X_L = 2\pi fL = \omega L（其中，\omega = 2\pi f）$$

和使用电容器的电路一样，把R和X_L的绝对值相等时的频率定义为"截止频率"。

回想下前面用交流电信号源研究频率特性的例题。前面已经涉及，电感器L两端产生的电压V_L为

$$V_L = L\frac{di}{dt}$$

若电流i=A sin(ωt)，此时V_L为

$$V_L = L\frac{dA\sin(\omega t)}{dt}$$

$$= LA\omega\cos(\omega t)$$

若同样的电流通过电阻器R，则电阻器两端的电压V_R为

$$V_R = A\sin(\omega t)R$$

由于在截止频率时$|V_L| = V_R$，故$L \cdot A \cdot \omega = A \cdot R$（利用三角函数中sin x的绝对值和cos x的绝对值相等定理），因此，利用$\omega_c = \frac{R}{L}$或$\omega_c = 2\pi f_c$，则关系式

$$f_c = \frac{1}{2\pi}\left(\frac{R}{L}\right)$$

成立，其中下标字母"c"表示"截止（频率）"。

和RC串联时一样，ω的倒数同样称为"时间常数"，时间常数

$$\tau = \frac{L}{R}$$

下面和RC滤波器的截止频率进行比较。两者的截止频率的表达式分别为

$$f_c = \frac{1}{2\pi RC}和f_c = \frac{R}{2\pi L}$$

接着，代入实际数据对V_L进行计算。若有1A的电流通过10kΩ的电阻器，那么电阻器的两端会产生10kV电压。令V_L等于这个电压，式子$V_L = 1A \cdot 2\pi fL$变形得到$f = \frac{V_L}{1A}(2\pi L)$，将L=1H、$V_L$=10kV代入，得出

f=1592Hz（约为1.59kHz）

1.59kHz即是R=10kΩ且L=1H时的截止频率。另外改变L的值（包括例题所示的值）进行仿真实验，仿真结果如图6.19所示。

▶AC_Current-R-XL_sweep.asc

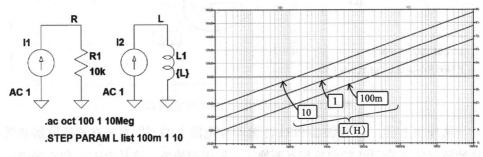

图6.19　R和L的AC特性

令电感值依次为100mH、1H、10H。这3个电感值和电压值10kV交叉时的对应的频率依次是159Hz、1.59kHz、15.9Hz。

要使截止频率保持不变而电感值变小，即必须同时使电阻值变小。而RC滤波器要使截止频率保持不变，一旦C变小则只要使R变大即可。

另外，通过组成L和R串联电路，就可以和RC串联电路一样组成滤波器。下面先举一个由RL串联电路组成的低通滤波器的例子（图6.20），再举一个由RL串联电路组成的高通滤波器的例子（图6.21）。

▶AC_L-R_sweep.asc

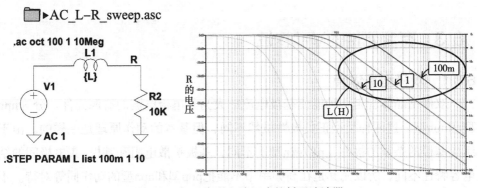

图6.20　由LR串联电路组成的低通滤波器

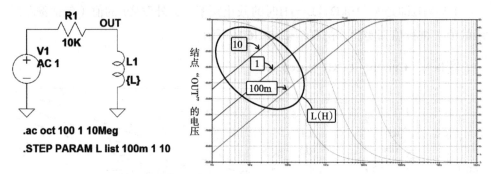

图6.21 由RL串联电路组成的高通滤波器

从外表上看，RC滤波器和RL滤波器在电路上的不同在于高通滤波器和低通滤波器分别是C和L的位置相互调换了。原因很简单，这是由于X_C和X_L的表达式中的"ωC"和"ωL"是互为倒数引起的。关于电容器已经加深了对RC滤波器的理解，关于RL滤波器由于X_C和X_L的关系可以类推得到，所以这里不再进行讨论。

然而，考虑到是音声带域里的滤波器，以例题中的截止频率=1.59kHz为例，RL的组合就分别为"1kΩ和100mH"、"100Ω和10mH"、"1Ω和100μH"。实际上在选择电路的组成元件时，以方便操作的电阻值为前提选择电感值，却发现必须选择比想象的更大的电感值才行。就这一点来说，RC滤波器就可以选择适合的电阻值和电容，这也是RC滤波器的应用产品远多于RL滤波器的重要原因。

6.3 有源元件的V–I特性

6.3.1 双极型晶体管

双极型晶体管是一种能使基极电流放大为集电极电流的有源元件。分为npn型和npn型，这两种类型正负极性虽然不同，但基本的动作原理是一样的。由于组成基极的杂质的极性（p型或n型）不同，基极扩散电阻和基极–集电极间的结电容特性不同，所以尤其是在高频率中不能把pnp型和npn型的动作同等对待。不过，在音声带域内的频率中倒可以看成是动作性质类似的两种类型。

仿真实验中，使用实际设计中使用的晶体管进行评价时，最好使用SPICE模型或子电路使用厂家提供的模型。关于外部模型的使用方法，请参照第10章。

2N2219A是典型的npn型双极型晶体管，下面以2N2219A的静态特性为例（图6.22）进行介绍。

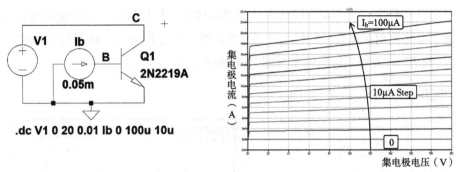

▶2N2219_V-I.asc

.dc V1 0 20 0.01 lb 0 100u 10u

图6.22 2A2219的I_b-V_c特性

上图是让基极电流从0到100μA依次增加10μA，每次对应的集电极电流的V-I特性图。该图以集电极电压V_{CE}为横轴，集电极电压（此例中，由于连接着GND，故为0V）以发射极电压为基准，以集电极电流I_C为纵轴。

从图中可知，在V_{CE} = 10V，基极电流I_B = 10μA的点中，I_C将近20mA。由此可知，此点的电流放大率$\dfrac{I_C}{V_{CE}}$约为200倍。直流电流的放大率一般表示为"h_{FE}"。由图可知，h_{FE}会因V_{CE}和I_B等因素而变化。当然，虽然不能从上图看出来，h_{FE}也具有温度依赖特性。

开关电源使用半导体开关，利用其I_B为0时不会有集电极电流而I_B增大时大量电流会从集电极流向发射极的特性。当然，由于V_{CE}不能为0，此时的V_{CE}除以I_C得到的值即为该双极型晶体管的等价ON电阻。

6.3.2 场效应晶体管（FET）

场效应晶体管（Field Effect Transistor：FET）分为n沟道和p沟道两种，虽然其正负极性不同，但是基本的动作原理是一样的。另外，按照产生场效应的沟道的形成方式可分为耗尽型和增强型，还可以进一步分为栅极和"背栅（back gate）"之间不是绝缘层而是由pn结连接起来的结型FET等。广泛使用于开关电源的FET开关还有VD-MOS（Vertical Double Diffused MOS）结构的场效应管。

广泛应用于以CPU为代表的逻辑电路的FET是增强型的，是一种n型和p型互补的CMOS（Complementally MOS）结构。增强型场效应管是一种导电率因栅极电压而变化，从而使漏极-源极电流变化的有源元件。增强型场效应管分为n型和p型两种，其正负极性不同，但基本的动作原理是一样的。不过，会因为形成沟道的杂质的极性（p型或n型：沟道的极性和源极、漏极一致，所以这个区域即

"背栅"也叫基底,是极性刚好与之相反的半导体)而有不同的特性。

仿真实验中,使用实际设计中使用的晶体管进行评价时,最好使用SPICE模型或子电路使用厂家提供的模型。关于外部模型的使用方法,请参照第10章。

n沟道FET方面,以Si5902DC的静态特性为例(图6.23)。

📁▶Si5902DC_FET_V–I.asc

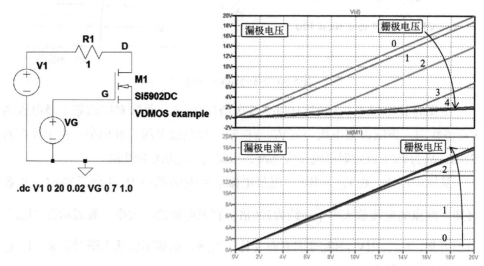

图6.23 Si5902DC的V_G-V_D及V_G-I_D特性

上图所示,是栅极电压从0开始依次递增1V直到7V时的漏极电流的V–I特性。为了确认ON电阻,在漏极和电源之间加入1Ω的电阻。图6.23右下所示,以源极电压(此例中,由于连接着GND,故为0V)为基准,漏极电压V_{DS}为横轴,漏极电流I_D为纵轴。V_{DS}在0~2V之间时没有漏极电流。到漏极电流开始流动为止,栅极电压约为2V,而一般的VDMOS型的增强型FET却低于1V。

如图6.23右上所示,同样以V_{DS}为横轴,而漏极电流I_D为纵轴。由图可知,在$V_{DS}=20V$、栅极电压$V_{GS}=7V$的点中,$I_D=18A$,即此点的放大率(直流传输特性"$\frac{I_D}{V_G}$")约为2.6S[1]。直流传输特性一般记为"g_m"。由图可知,g_m因V_{DS}和V_{GS}等因素而变。当然,尽管上图没有体现,g_m也具有温度依赖特性。

增强型和VDMOS在开关电源中被作为半导体开关使用,利用的是其相对于源极的栅极电压V_{GS}为0时没有漏极电流而V_{GS}增大时大量的电流从漏极流到源极的特性。当然,V_{DS}不能为0,所以此时V_{DS}除以I_D即为该FET的等价ON电阻。此例

---

1) S是Ω的倒数的单位,读作"siemens"。

中，由图可知，V_{GS}为7V时，$V_D=1.8V$，$I_D=18A$，故可通过计算得到电阻为$0.1\,\Omega$。

6.4 晶体管交流放大器

6.4.1 1段晶体管交流放大器

作为简单的仿真电路，以由1个晶体管组成的音声带域的放大器（图6.24）为例。下面使用LTspice数据库里晶体管的模型参数，对灵活运用SPICE确定该仿真电路常数的顺序进行说明。当然，也有在晶体管的静特性图中画DC和AC负荷直线来确定参数的方法，不过这里将教一种灵活运用的方法，顺便复习一下之前探讨过的仿真器的用法。

1段晶体管放大器的直流放大率近似表达为

$$\frac{R_C：集电极电阻}{R_E：发射极电阻}$$

下面以使用了2N2219A的1段晶体管的直流放大电流为例，进行仿真试验。该晶体管基极电流对于集电极电流的V–I静特性在前面已经说明过了。

这里将使用".TF"，首先来探讨传输特性即直流放大率是怎样依赖于基极电压（图6.24）。

▶1_Tr_Amp_TF_step–RB1.asc

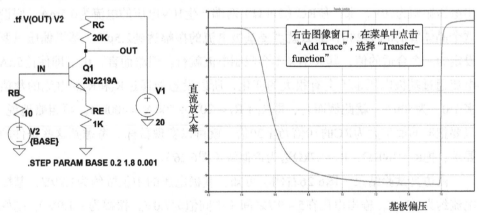

图6.24 N2219A的直流放大率

可知，在电源电压为20V的条件下，基极电压在$1.3V\pm0.1V$范围内，图像在TF$=-19$上下稳定。即可以推测：若基极电压固定为1.3V，使小振幅交流信号重叠时，放大率将会稳定。在此基础上，使输入电源为SIN波（1kHz，振

幅=300mV），基极电压从0.8V到1.4V依次增加0.1V，把此时的输出电压的变化
情况用瞬态分析进行仿真试验（图6.25）。

📁▶1_Tr_Amp_TRAN_step–B.asc

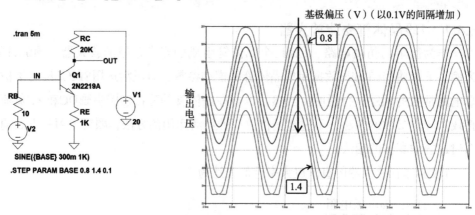

图6.25 基极偏压变化情况下的输出电压变化

由图可知，输出电压没有发生歪曲的区域，是在输出处于1～14V之间，即
输出信号的中心值接近这些值的平均值7V时的基极电压，最能够看得出输入动
态范围。图中所示的信号，最上面的波形是基极电压为0.8V时的，接着往下数第
5条和第6条，即基极电压为1.2V和1.3V时，动态范围最大。

为使基极电压为1.2V，使用R_3和R_2对基极偏压进行设定。此时，首先设定输
出电压振幅为10V，那么使RC（20kΩ）两端产生10V电压的电流为0.5mA。假设
这个晶体管的h_{FE}为200，那么就需要基极电流的振幅达到2.5μA。基极偏压只要
设定为一个合适的值，其大小又不会限制电流就行。粗略而言，由于即使让5μA
电流通过基极电压也不会有很大的变化，所以设想能通过R_3和R_2的电流的数值
多个0，为50μA。就此例而言，即$R_3 + R_2 = 20V \div 50μA = 400kΩ$。再粗略地说，
只要把R_3的值扩大为RC的10倍乃至30倍，就可以实现目标。考虑到这些条件的
要求，把R_3=360kΩ，R_3=27kΩ选为近似解（图6.26）。

由仿真试验结果（图6.26右侧）可知，基极电压的中位数约为1.29V，基极
电流约为4.3μA，输出电压在5～9V之间（中间值为7.0V，振幅为±1.9V），刚好
接近一开始的目的值。再看交流小信号的电压增益，是（输出振幅=±1.9V）÷
（输入振幅=±100mV）=19倍。

📁▶1_Tr_Amp_TRAN_step-RB2.asc

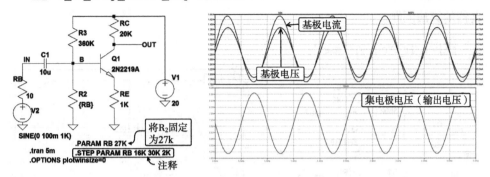

图6.26 输入为AC结合的1段放大器

这个电路中，和集电极电流大小大致相等的电流通过发射极（h_{FE}为200，那么基极电流就可以忽略），集电极和发射极电位反相位变化（电流一旦变大，发射极电压增大，集电极电压减少），使电容器和发射极电阻并联，Short由发射极的交流信号引起的变动部分，使集电极侧没有交流成分的负反馈，最终能提高交流信号的增益。例如，如图6.27所示，发射极和GND之间连接220μF的电容器，用刚才的电压增益计算（其中，原来的输入振幅是±10mV），得出输出振幅是±3.23V，所以小信号电压的放大率是323倍。

📁▶1_Tr_Amp_TRAN_ECC.asc

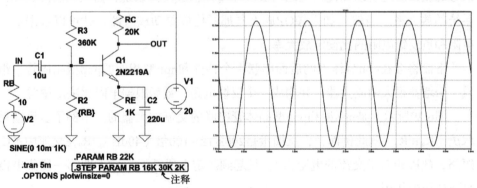

图6.27 1段放大器的TRAN解析

在这样的条件下，进行AC解析（图6.28）。在200~100kHz区间内达到最大增益，在刚才的TRAN解析中使用的1kHz处用光标读取数值为52.7dB。换句话说，也就是约为431倍。AC解析、TRAN解析存在着增益的差，这是因为AC解析、TRAN解析和DC解析使用的参数并不完全一样。即使在Op.Amp的AC解析中，在Open-Loop-Gain解析过程中由反馈电阻引起的DC偏压和AC特性也不一定由同样的参数组成，这样的模型有很多（参照第8章）。这种现象是模型的问题，并非仿真器的算法问题。

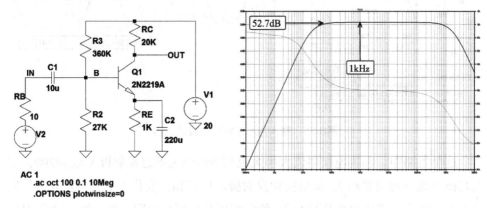

▶1_Tr_Amp_AC.asc

图6.28　1段放大器的AC解析

6.4.2　2段晶体管交流放大器

前面，使用1段npn型晶体管组成交流放大器，并进行了仿真试验。在该电路中，为了使交流放大器的增益变化，必须在输入中安装了变阻器，还要控制输入信号的振幅。之所以如此，是因为放大器整体构成反馈系统，而又无法决定反馈系统的放大率。当然，如果像OP放大器那样构成差动放大器，就可以根据输入电阻和负反馈电阻的比设定放大率。

下面将会在npn晶体管的后面串联一个特性和npn型相似的pnp型晶体管，组成一个增益很大的放大器，并构成一个反馈电路，最后根据电阻比决定增益。

图6.29所示，是npn型和pnp型晶体管串联的交流放大器的一个例子。反馈量取决于R_9和R_8。就此例而言，反馈量是200k/1k＝100倍（40dB）。R_2在交流中被C_1短路，故R_2相对于交流的电阻为0，只起到决定下段基极偏压，即第一段集电极直流电压的作用。

2段晶体管串联时必须格外注意：第2段的基极偏压必须是一个能保证使用的pnp晶体管的动态范围有效的电压。偏压点会根据反馈量而变，所以不能很方便地使用OP放大器设定增益，不过这时使用仿真实验即能很好解决。输入信号用的是1kHz的SIN波，振幅是±50mV。

TRAN解析结果如图6.30所示。最上面的是OUT2的输出信号波形。通常，该输出会连接着在必要的交流信号带域中不会衰减的电容器，以阻挡直流成分通过。在仿真试验中，为了通过确认直流电压电平确认输出电压是否有些被消除了，所以直接探测集电极电压。由最上面的输出集电极电压图像可知，振幅约为4.9，增益是98倍，原来预想的是100倍，基本实现预想。

📁▶2_Tr_Amp_TRAN.asc

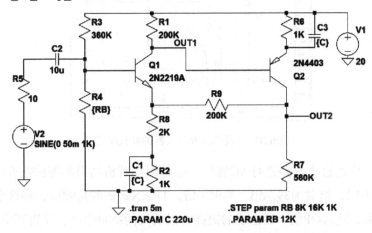

图6.29 2段晶体管放大器例

图6.30中间的那个图表示第2段的基极偏压，最下面的图是相对于电源电压的第2段的基极电压和基极电流。通过确认这些图像，可以知道动作点是否在允许范围内。

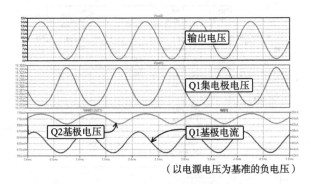

（以电源电压为基准的负电压）

图6.30 2段晶体管放大器各部分的波形

输出信号的畸变达到何种程度，用FFT功能表示。使用FFT进行计算时，使用的数据是在记录了仿真结果的时间区域内的数据，关于信号的大小的信息使用的是显示数据，为不压缩数据所以写上"".OPTIONS plotwinsize=0""SPICE目录。从结果（见图6.31）可知，相对于1kHz的主要信号，光标读取的2次高谐波约为-52dB。即在这样的输入条件下,2次谐波畸变是0.25%,3次谐波畸变是-64dB

（0.063%），这两个畸变都足够小。

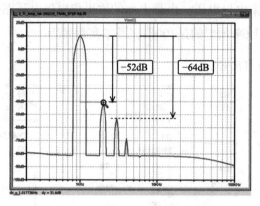

图6.31　2段晶体管放大器的高频畸变

下面，使用这个电路进行AC解析，电路图和解析结果如图6.32所示。由图可知，1kHz时，增益为39.7dB，即96.6倍。TRAN解析的是98倍，和这个数据很接近。近来，随着OP放大器性能的提高，以及IC的批量生产，使得其价格低廉，就连功能简单的单端型晶体管放大器的使用频率也越来越少了。不过，只要在简单的电路中使用一个晶体管就能使信号的相位颠倒，所以要考虑的是如何因才适用，要灵活运用。

▶2_Tr_Amp_Ac.asc

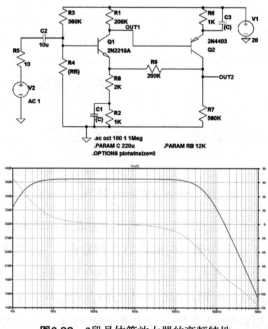

图6.32　2段晶体管放大器的高频特性

6.5 CMOS逻辑电路

一般用于逻辑电路的CMOS电路的结构分为NOT、NAND和NOR三种。n沟道和p沟道型FET使用LTspice中组装的标准元件，而不用实际IC设计中能用的参数。因此，要注意一点，即从仿真结果得到的电压转换速率和传输延迟时间等数据和实际电路中反映的不同。这些数据的意义只是在于理解这些基本的逻辑电路是在怎么样的概念下成立的这一方面，而由于是最基本的电路，所以通过做仿真试验并用图像进行确认。

6.5.1 NOT

NOT电路的典型电路图如图6.33所示。

▶CMOS_NOT.asc

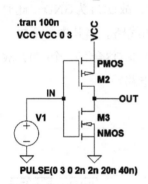
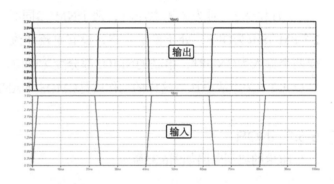

图6.33 CMOS NOT电路

在电路输入中要注意的是FET的栅极（G）。p型和n型FET都是距离栅极输出线近的是源极（S），距离较远的是漏极（D）。p沟道的源极被加以比漏极更高的电压，当栅极的电压比源极电压更低时沟道就会ON。

输入V（IN）为电源电压时，PMOS就会OFF而NMOS会ON，故输出电压V（OUT）和GND相等。另一方面，输入V（IN）为GND时，PMOS就会ON而NMOS会OFF，故输出电压V（OUT）和电源电压相等。这样的动作就是所谓的CMOS转换器（又称NOT电路或反转电路）。

6.5.2 NAND

NAND的典型电路如图6.34所示。

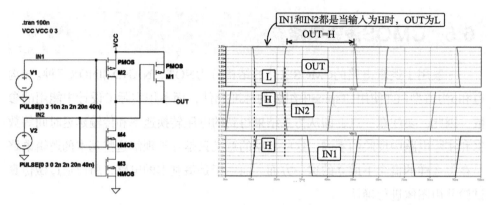

图6.34 COMS NAND电路

NMOS以及PMOS的动作原理和NOT电路的思路是完全相同的。在NAND电路中，NMOS串联（按照源极－漏极电流的流向串联），PMOS并联，总体组成一个2组的PMOS-NMOS的NOT电路结构。

IN1和IN2同时为电源电压时，两个NMOS同时ON，故OUT为GND；此时2个PMOS都为OFF，处于稳定状态，没有电流能流动的线路。当其中一个输入或两个输入为GND时，串联的NMOS部分变为OFF，而PMOS会有一个ON，故V（OUT）为电源电压。这样的动作就是CMOS-NAND电路。

6.5.3 NOR

NOR的典型电路如图6.35所示。

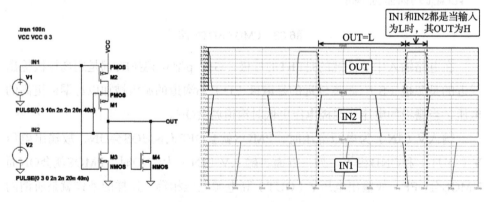

图6.35 CMOS NOR电路

在NOR电路中，PMOS串联，NMOS并联，组成一个2组的PMOS-NMOS的NOT电路结构。这种结构，刚好是调换了NAND电路中的PMOS和NMOS的位置。

　　IN1和IN2的输入都是GND时，串联的PMOS部分都为ON，NMOS都为OFF，故V（OUT）为电源电压。IN1和IN2其中一个或两个为电源电压时，NMOS的其中一方为ON，故OUT为GND。此时由于两个PMOS都是OFF，处于稳定状态，故没有电流流动的线路。这样的动作就是CMOS–NOR电路。

第❼章 开关电源拓扑结构

拓扑结构是在数学拓扑学领域的用语。因此，对多面体和一般的立体（根据情况，有时也包括未归纳在三维空间的几何体）的边和面互成怎样的位置关系这一问题的讨论，就可以称为"拓扑学问题的讨论"。

考虑如何在电子电路中组合开关电源的各个电路要素、使之构成电源这一问题时，常选择使用"拓扑学"来解决。比如，把研究如何制造出比输入电压还要高的电压以形成输出电压叫做"升压拓扑学"。自然，如果是输出电压低于输入电压的情况时，则称之为"降压拓扑学"。

本章通过仿真实验检测电感器中流动的电流及其两端的电压，以拓扑学的思考方法分析了意义重要的节点电压与电流，与此同时，也分析了其各自在拓扑学的特征和观点。简单地说，本章不是单从理论方面缜密地解析拓扑学，而是意图通过仿真实验，对已经被世人广泛使用的拓扑学及其动作进行详细的理解。希望读者能够分析电路中各部位的电压与电流，真实地体验其整体的状态。

7.1　降压转换器

在开关电源拓扑结构里最基本的就是"降压拓扑结构"。用线性稳压器[1]的话，输入输出的电压差与输出电流的乘积等于稳压器自身的损失（图7.1）。

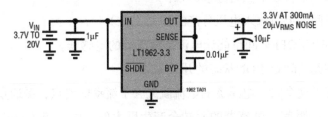

图7.1　线性稳压器的例图

另一方面，使用开关电源时，虽然开关（也包含当作被动开关使用的二极管）会有损耗，但通过极力降低开关在ON时的电阻，即可以让损耗降低，从而不会影响功率传输的效率。

1）所谓的3端子稳压器。其中，有一些稳压器即使缩小输入与输出电压的差（假设缩小到0.3V以下），在获取额定电流时仍能正确控制输出电压，把这种类型叫做LDD（Low Drop Out）稳压器。最近也存在把所有的3端子稳压器都叫做LDD的现象，这种3端子稳压器甚至包含了输入与输出电压必须是1V才能起控制作用的种类。

　　降压电源拓扑结构的基本构想是，按时间将输入电压分割，平均化后获得输出电压。比如，假设输入电压是12V，把它置于时间轴上，使其0.25秒处于ON状态，0.75秒处于OFF状态，这样进行平均化的话，便能让12V的四分之一即3V输出。另外，假设输入电流可以无限输入的话，在获取3V·2A的输出时，如果效率为100%，输入电流即为0.5A。现实世界里不存在效率是100%这一说，因此，假设效率为90%，输出就是6W，则输入功率应该是6÷0.9=6.67（W），如果是12V的输入电压的话，则输入电流就应该是5.56A。

　　那么，降压拓扑结构理想的模型就成为了图7.2那样。

▶Buck_Ideal_Current_1.asc

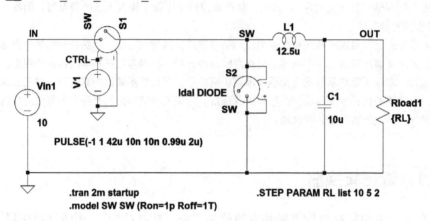

图7.2　降压转换器的拓扑结构

动作的基本是将以下三者连接起来：

（1）在时间轴上将输入电压分割的开关（S1）。

（2）在SW1于OFF期间也能让电流持续流动的电感器。

（3）只在此期间处于ON状态的开关（S2）。

　　如果没有了这个S2，电感器的电流就失去了流动的终点，磁通量会急剧变化成为零，在这一瞬间，电感器的两端会产生巨大的反电动势（back-EMF）（后述）。S2在实际的电路中可以使用二极管代换。在二极管的代替使用过程中，二极管会像惯性飞轮那样因为惯性使电流持续流动，出于这一印象，这种二极管叫做"续流二极管"；又因为它有捕获连续电流的特性，也被称作"catch diode" [1]。

─────────────

1）这些名词写作flywheel diode、catch diode。另外，还有一种情况是依靠流动使电流通过，所以也有"自由飞轮二极管（free wheel diode）"这种说法。开关在ON状态时，电流回流到输入电源的阴极；在开关处于OFF状态时，电感器的电流为了达到持续流动的目的，会于S2处转换电流，基于这一点，也被叫作"导向二极管（steering diode）"

因为输入电压与负载电流的变动，输出电压也会发生变化，为了避免这种变动过大，实际的开关电源由各种功能的电路组成，这种电路可以监视输出电压，进行反馈控制，或者可以限制开关电流，使开关电流不超过开关元件的额定值等，但仿真电路只是解说了这些原理并没有使用这些电路。相比于弄清拓扑结构的动作原理这一目的来说，这些控制电路无关紧要，于此省略。

因为没有反馈控制电路，如果不考虑输出电压产生固定变化的启动区间（在脉动产生一定的反复变化之时）的动作，虽然能在一定程度上比较好地设定出电感器和电容的值，但还是以防万一，在此设置好从经验上来看比较恰当的值。

来尝试实际地仿真这一电路构成。

▶Buck_Ideal_Current_DC–param.asc

在这一仿真实验里一边用".PARAM DC＝…（小于1的数值）"来改变S1的占空比（与脉冲周期相对的闭合时间的比率）一边进行仿真。另外，有时用".PARAM RL＝…（电阻值）"来更改负载电阻，有时用"STEPPARAN RL List 10 5 2"来改变部分负载电阻，使仿真实验得以集中进行。

首先，让输入电压为12V，DC＝0.5，设定负载电阻为3Ω进行实验。

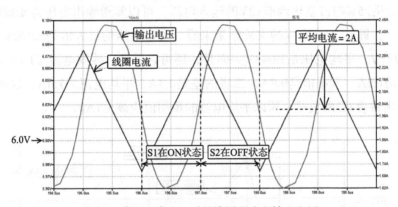

图7.3 占空比为50%时的线圈电流和输入电压

因为用百分之五十的占空比来调取12V的输入电压，可以预算出输出电压会变成输入的一半，即6V。从实际的实验结果来看，输出电压的最大值是6.096V，最小值是5.960V，平均电压是6.029V。而且，还可以看到，线圈电流（I（L1））的最大值是2.3A，最小值是1.7A，二者的差是0.6A，平均电流为2.0A。也就是说，6V的输出带着3Ω的负载，所以平均电流的预期值应该是6A。

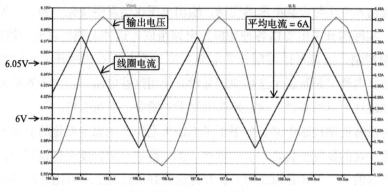

图7.4　让占空比为50%、负载电流变成6A

分析这两个实验的结果，可以发现即使负载电流发生变化，输出电压也没有改变。应该注意到即使没有安装具有固定输出电压的反馈控制电路，输出电压也没有变化。

这里，把占空比变成25%，让负载电阻分别为3Ω与1Ω，又进行了同样的仿真实验。即，改写成".PARAM DC=0.25"，用".PARAM RL=3"和".PARAM RL=1"来进行仿真。

因为用25%的占空比调取12V的输入电压，可以知道输出电压将变成输入的四分之一，即3V。从实际的实验结果来看，输出电压的最大值是3.090V，最小值是2.981V，平均电压是3.043V。而且，还可以看到，线圈电流（I（L1））的最大值是1.2A，最小值是0.8A，二者的差是0.4A，平均电流为1.0A。也就是说，3V的输出带着3Ω的负载，所以平均电流的预期值应该是1A。

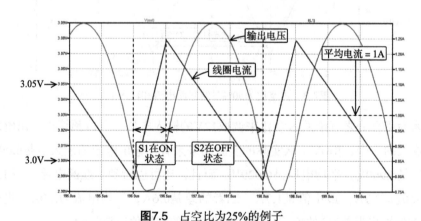

图7.5　占空比为25%的例子

用同一电路构成，如果让负载电阻为1Ω，则输出电压的最大值就是3.086V，最小值为2.982V，平均电压为3.041V。而且，还可以看到，线圈电流（I（L1））

的最大值是3.27A，最小值是2.82A，二者的差是3.0A，平均电流为3.0A。确实可以发现这一事实：即使负载电流改变，输出电压依然是3V这一预期值。

在这里，详细看一下S1的控制信号、处于稳定状态下的线圈电流（I（L1））和输出电压的变化，以及S2的电流和输出电容器（平滑电容器）的电流变化。（图7.6）

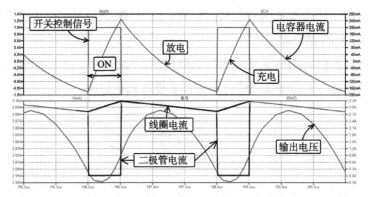

图7.6 占空比为25%时各部分的波形

S1在ON状态时，线圈电流会呈直线增加。断开S1的话，线圈电流会呈直线减少，与此同时，SW2（理想化的二极管的作用）里电流流动。此时的S2的电流的强度与线圈电流是相同的。另外，滤波电容器里的电流值处于"正"时是"充电"，在"负"时是"放电"。

线圈两端产生的电压等于电感值与电流的时间变化量（电流的时间微分值）的乘积，这一点已经在第6章介绍过。反向推算的话，SW1在ON期间，线圈两端所产生的电压就是输入电压与输出电压（大致可以理解成平均电压）的差。这时，就是12-9＝9V。而且，因为线圈的数值是10μH，假设$\frac{dI}{dt}$ = 0.9A/μs，可以证实这一关系是成立的。S1的周期是2μs，设定了其25%为闭合时间，则电流上升区间的时间为2μs × 0.25＝0.5μs。另外，已经证实了刚才的电流的最大值与最小值的差是0.45，由此可以得到这一计算：

$$\frac{dI}{dt} = \frac{0.45A}{0.5\mu s} = 0.9A/\mu s$$

另一方面，S1 OFF时，线圈的输出侧的电压是3V，而输入侧上，因为通过闭合S2而连接到GND，电压成了0V，所以这一区间里的线圈的两端的电压是3V。而且，因为OFF时间是1.5μs，可以这样计算：

$$\frac{dI}{dt} = \frac{0.45A}{1.5\mu s} = 0.3A/\mu s$$

　　另外,如果确定输出滤波电容器的充电与放电电流处于稳定状态的话,可以发现并不是S1在ON状态时就是充电,OFF状态时就是放电。输出电压里带有纹波,因此,输出电压的瞬时值比平均电压还要高的时候,电容器会充电,如果低于平均电压的话,电容器则会放电,这一过程会反复进行。这个是理所应当的。

　　同本章在最开始所叙述的那样,这里省略了理论的说明,只是以实验的方式列举了两个例子(占空比为50%与25%的情况),但是,我认为集中理解了降压开关电源这一动作的概要。

　　用仿真实验使电感值发生变化的结果用图7.7来表示。这个电路图也用图7.8表示。可以发现,平均电流与输出电流都不受电感值影响。

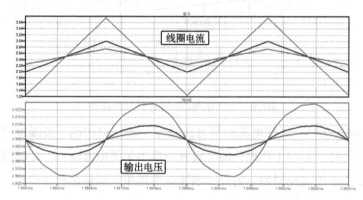

图7.7　即使L的值发生变化,输出电压的平均值不变

▶Buck_Ideal_L-step.asc

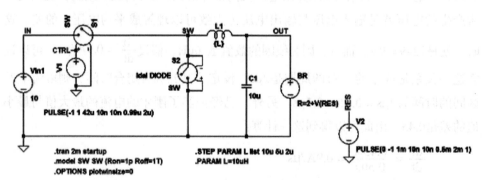

图7.8　使L的值发生变化的电路

　　另外,用仿真实验使负载电流缓慢变化的电路和仿真结果用图7.9来表示。正如所见,线圈的平均电流大约在2.5A到5A之间,每隔0.5ms单调递增,但输出电压的变化却只有0.1V的幅度。在这个例子里,负载电流的变化一旦变得迅速起

来，因为没有限制输出电压让其发生负反馈的电路，输出电压将以5V为起点大约在其上下1.3V间变动。但这并不影响输出电压迅速地恢复到稳定状态（图7.10及图7.11）。

也就是说，假设在不会发生急剧的负载变动的电源电路中，线圈电流能不间断流动的话，输出与输入电压之比将由开关的占空比来决定。当然，如果输入电压变化了的话，按照这一比率，输出电压也会发生变化。

▶Buck_Ideal_slope–Response.asc

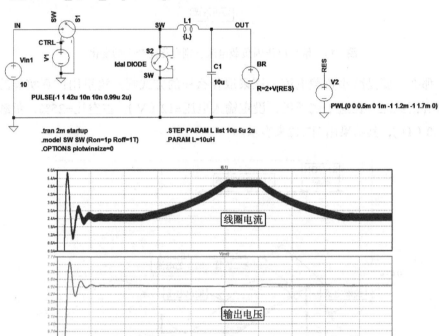

图7.9 让负载缓慢变化之时的输出变化

▶Buck_Ideal_Step–Response

图7.10 理想降压拓扑结构的负载响应

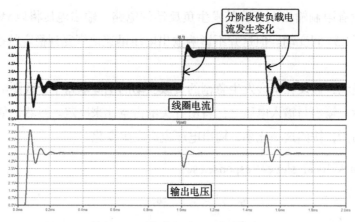

图7.11 输出电压因负载电流急剧变化而产生的变化

那么，要是减小负载电流，该采取什么样的方式呢？这里用仿真实验的方式来弄清此点。在这个例子里，设定输入电压=12（V），占空比=25%，负载电阻=30（Ω），其结果用图7.12来表示。

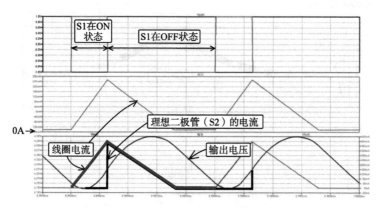

图7.12 不连续模式中各部分的波形

S1在ON区间时，所产生的电流变化等于电感值除以输入电压与输出电压的差，这一点与上述之例相同。但是，如果SW1断开了的话，如以上所列举的例子那样，线圈电流会慢慢减少，最后在某一时刻将无法流动。S1在OFF状态，理想二极管会形成反射偏压，线圈电流也无法流动，因此，这时负载里流动的电流只能是来自于输出电容器的放电电流而已。输入电压是12V，占空比是25%时，输出电压的预期值理应像以上所述那样为4V，但实际上却变成了4.25V、约130mA。这是因为，从输出电容器开始放电，在得出输出电压的预期值之前，只要下一个S1 ON，输出电压就能变得比预期值高了。极端地说，在没有安装反馈控制的电路中，不论用无负载条件怎么使S1的占空比发生变化，都不能改变"输出电压=输入电压"这个稳定状态。

这种开关电路被叫作"不连续模式",它可以让感应电流变成0。感应电流的意思是电流不连续流动。实际的Buck转换器的轻负载也会出现不连续模式。这时,通过反馈控制电路来缩小占空比可以保持输出电压数值不变,让电压成为规定的数值。

综上来看:

（1）输出与输入电压之比由占空比决定:

$$V（OUT）=V（IN）×（闭合时间+断开时间）$$

（在连续模式的条件下,不受输出电流影响）

（2）线圈电流的最大值与最小值相加后的平均数是负载电流。

（3）不连续模式下,为了达到规定的电压,必须使用反馈控制。

7.2　Boost（升压）转换器

如果忽然截断电感器中流动的电流,受反电动势影响,这时会产生很高的电压,但要是没有负载电路的话,就可以让此时的电感器电流持续流动得到高于输入电压的输出电压。所以,升压电源仿真实验的基本构想是反复截断或释放感应电流,使其保持某种稳定状态。

图7.13是典型的升压（Boost）转换器的拓扑结构示意图。试从仿真结果各部分的波形来观察这一电路的动作。

▶Boost_Ideal_Current_1.asc

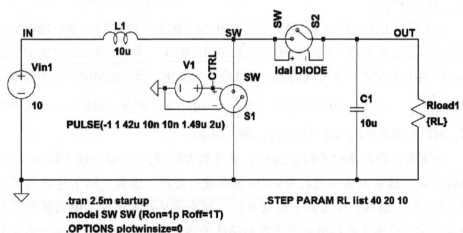

图7.13　升压转换器的拓扑结构

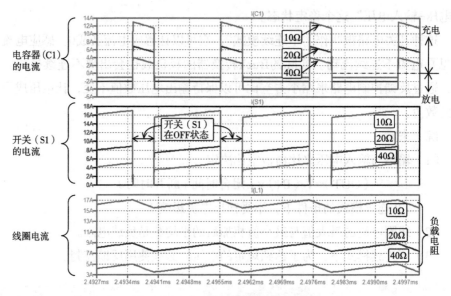

图7.14 升压转换器各部分的波形

S1在OFF期间，电路中流动的电流的流经路线是：从输入的电源（Vin1）流出，流过电感器和理想二极管（S2）流入负载电阻，回到开始的电源处。在直流状态下来看，S1在OFF状态时可以经过一定时间的稳定条件是：电容器（C1）与负载电阻并联，且和负载电阻两端的电压相同（一定数值）。另外，如果L1处于理想的条件中，那么电压不会直流式下降，因此，负载电阻两端的电压应该变得与Vin1相同。即，L1两端的电压相等，$L\dfrac{di}{dt}=0$。因为L≠0，所以没有电流变化（负载电阻除以电源电压而得到的电流数值一定，且应该在流动中，因此这是理所应当的结论。）

这时使S1 ON，于是L1右侧（节点名为SW）的电压变成了0。这时的电感器两端的电压变成了Vin1（这个例子中是10V）。所以，用电感值（这个例子中是10μH）除以这个电压而得到的电流值就会发生变化。即，此例中，线圈会增加电流$\dfrac{10V}{10μH}=1A/μs$。从仿真结果来看，观察电感器电流呈波浪状上升的范围的话，可以发现是在1.5μs间增加1.5V，即为1A/μs。

接下来，再次使S1 OFF。这时，节点名为SW的电压就变成了输出电压。也就是说，这是因为节点名为SW的电压通过理想二极管（S2）连接到了输出（OUT）。这时，电感器中流动着的电流将遵从连续不变（磁通量不发生急剧变化）准则（连续电流失去流动路线的现象用"反电动势"这一学说来解释）。

于是，电感器两端的电压变为从输入电压引出的输出电压，考虑到稳定状态，在处于结束OFF状态的区间之时，即开始下一次的ON时，在变为线圈电流之前，数值应该是减少的。另外，输出的平均电压（有些许纹波的平均值）只会被当作是输出电压。

S1在多次重复的周期中依靠不停地ON与OFF，应该可以实现稳定状态，因此，这个例子中，设定周期是2μs，处于ON状态的占空比是75%，即ON＝1.75μs，OFF＝0.25μs，试进行仿真。

再一次查看电感器电流。假设S1是OFF状态，

$$（输入电压–输出电压）= L \frac{di}{dt}（OFF时电流的斜率：负）$$

如果使S1 ON，则输入电压= $L \frac{di}{dt}$（ON时电流的斜率：正）。通过一定的重复操作使电感器电流在最大值到与小值间起起伏伏地变化。电流之所以呈一次函数进行变化是因为左边的电压是定值，换言之，是因为电流的变化量是一定的（忽视输出电压的纹波）。

这时，ON时间与OFF时间的比是电流变化量斜率的绝对值的倒数。即，如该例所示，如果ON时间与OFF时间是3∶1，则ON时间的斜率与OFF时间的斜率的比是1∶3，前后数字相反。

在OFF时，这个例子中的电感器增加–3A/μsR的电流。即，10μH的电感器两端产生的电压将使电感器增加10μH·（–3A/μs）=–30V的电流。这个负值是以节点SW为标准测得的电感器的电压，所以输入电压要求SW处的电压必须引起电感器电压下降，因此，在这个例子中就变成了10V–(–30V)=40V，这个电压是作为输出的稳定状态下的电压。

这里需要注意的是：与负载电流的大小无关，只要电感器电流还在连续流动（途中只要不变成0），它的变化的斜率就相同，输出电压的平均值也是一样的。

这样，电感器的电流能否不间断流动就由输入电压与输出电压的差与S1的ON时间和OFF时间的比来决定。输出电压等于由此产生的电压差加上输入电压。用公式来表示的话，就变成了

$$V(OUT)=V(IN) + V(IN) \times \left(\frac{ON时间}{OFF时间} \right) = V(IN) \times \left(1 + \frac{ON时间}{OFF时间} \right)$$

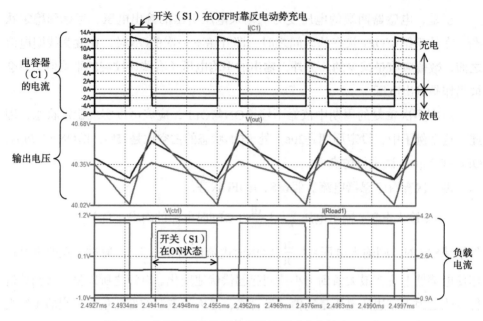

图7.15 升压拓扑结构的各部分波形（占空比＝75%）

试通过仿真实验，再举一例来弄清这个问题。这次，把占空比变为50%来进行仿真。用"PULSE（－1 1 42u 10n 0.99u 2u）"改写S1的控制脉冲电源。占空比为50%时，输出电压的预期值是输入电压的2倍。从仿真结果来看，可以得知，不论负载电阻是10，20，40Ω中的哪一个，这一预期值大约相当于20.12V。

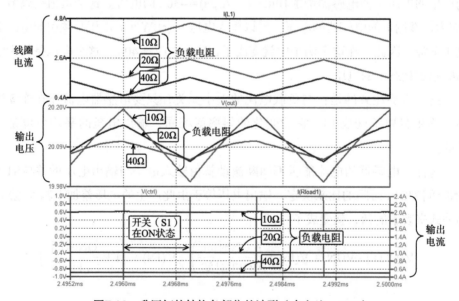

图7.16 升压拓扑结构各部位的波形（占空比＝50%）

7.2.1 同步整流

在以上所介绍过的理想化的Buck及Boost转换器中使用理想二极管，可以在遇到正向偏压时，不出现功率损耗而使电流流动。在实际的电路中利用二极管来替代这一部分。但是，二极管在遇到正向偏压时，使电流流动的同时还会受到ON电阻影响，会产生功率损耗。为了尽量减小功率损耗，一般使用正向电压降低的肖特基二极管。

在开关元件OFF时，通过在该二极管所在部分使用半导体开关来降低它的功率损耗，这时这个半导体开关会像处于ON状态那样电阻很小。这是一种与开关同步ON/OFF的方式，被称为"同步整流"。

使非同步整流方式与同步整流方式模型化的话，则如图7.17所示那样。

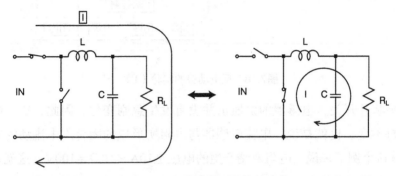

图7.17 两个开关同时切换

7.2.2 反电动势

在对反激式转换器进行说明之前，先来通过仿真实验弄清反电动势这一概念。为了不中断电感器电流，在Buck转换器上装入了续流二极管。如果没有这个续流二极管，就无法具体说明会发生什么，所以，在这里进行简单的说明。图7.18中，在直流电源（10V）上接入了电感器和开关，使电感器电流可以断开或流动，又接入了与电感器并联的电阻。

一边看仿真结果（图7.18）一边来探讨这一电路在稳定状态的动作。开关S2要是ON的话，电感器中电流就开始流动，与此同时，电阻中的电流也开始流动。电阻中流动的电流等于$10\Omega \div 10V=1A$。这个仿真实验中电流是从电阻的下面流到上面（从节点SW2到IN），以此流向为阳极，则仿真结果就是–1A。另外，电感器中流动的电流如第6章所示，是$\dfrac{V}{L} = \dfrac{10V}{10\mu H} = 1A/\mu s$，呈直线（一次函数）变化。那么，当开关ON10μs之后，线圈电流变成了10V。

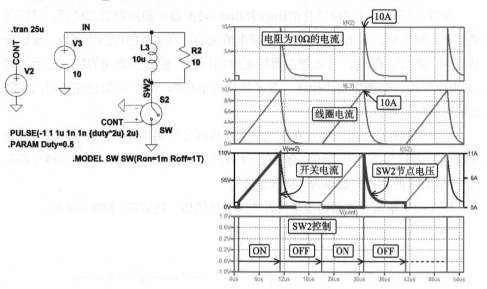

图7.18　反电动势的实验（1）

如果断开开关，电感器的磁通量并没有发生急剧变化，因此，这一电流会暂且保持不变。也就是说，电流电感器与电阻所形成的闭合圈中流动的电流是10V。就这个例子来说，电阻两端产生的电压是10A×10Ω=100V。这就是电感器的反电动势。因为电流是从电阻下面流向上面的，节点SW2的电压比IN处的要高。因此，以GND为基准的SW2处的电压就等于这一瞬间的IN的电压与电阻两端电压之和（这里是110V）。然后，这一闭合圈中流动的电流按照时间常数$\dfrac{L}{R}$，减小到0。

另有一例，反映了当电阻不与电感器并联，而是与开关并联的情况（图7.19）。这种情况中，在开关ON之前，理想化的电感器中的直流电阻是0，所以电阻中流动的电流是$\dfrac{10V}{10\Omega}=1A$。且开关OFF，这一电流仍在电感器中流动，没有电流上的变化，即$L\dfrac{di}{dt}=0$，所以电感器两端不产生电压。

接下来，如果ON开关，电感器两端就会增加10V的电压，用L除以这一电压将产生电流变化。与前一个例子所示情况相同，电感器电流呈1A/μs变化，在10μs后变成10A，加上最开始阳极处流动的1A，就成了11A（图7.19）。

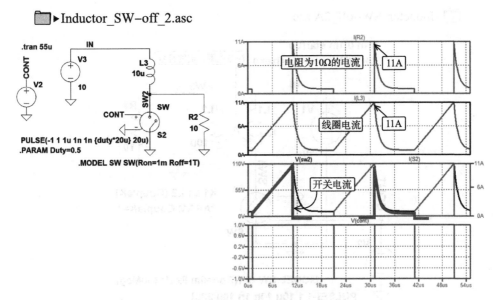

图7.19 反电动势的实验（2）

在这一瞬间，OFF开关的话，就能暂时维持该电流值不变，使它流过电阻，则电阻里产生的电压就是 $11A \times 10\Omega = 110V$。之后，电压或是电流就将同之前的例子相同，按时间常数 $\dfrac{L}{R}$ 减少，电感器电流值会慢慢接近电阻除以电流电压所得之值，而节点SW2的电压值则慢慢接近电源电压值。

不论电阻与哪一边连接，电感器中电流急剧变化之时都会产生反电动势。开关在OFF时，电感器电流流经电路的电阻过大的话，电感器的开关处产生的电压也会极力增强，所以，在构建实际的电路时不能不注意这一点。

与该时间常数 $\dfrac{L}{R}$ 相比，到下一次ON开关时的时间很短，这样，电流就会相互重叠，在稳定状态下最小电流将无法为0。如果这个电阻值很大，那么反电动势也会变成无限大的电压。

那么，把这些电感器分成两个绕组，将其中一个（称之为一次线圈）连接到电源和开关，另一个（称之为二次线圈）连接到负载电阻（图7.20）。在这个电路中，设定绕组的比为1：1。这时，将一次线圈的接头连接到开关一侧，二次线圈的接头连接到GND。该电路的仿真结果用图7.21来表示。试与最开始的例子相对比。

▶Inductor_SW-off_2A.asc

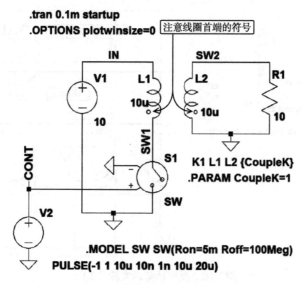

图7.20 把电感器分为两个线圈

▶Inductor_SW-off_2A.asc

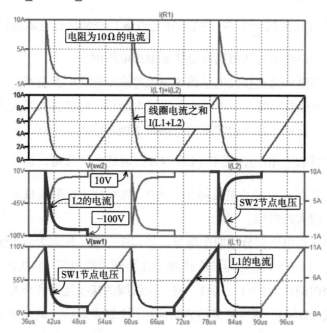

图7.21 把电感器分为两个线圈时各部位的波形

电阻中流动的电流的数值在开关OFF的瞬间变成了10A，按时间常数$\dfrac{L}{R}$随着时间朝0减小，如果开关ON的话，电流就为成为定值–1A。另外，试将L1和L2的电流之和与图7.21中电感器电流值对比。从双方的仿真结果来看，电流都是在开关ON时按1A/μs呈一次函数上升到了10A，而开关OFF的话，按时间常数$\frac{L}{R}$朝0减小。这样一比较，可以得知，即使分成了一次线圈与二次线圈，也与最初那个线圈的动作过程相同。

以GND为基准观察二次线圈的电压，发现开关在ON时，其为10V，且数值一定，但开关如果OFF的话，二次线圈中产生的电压值与一次线圈的反电动势值相同，即为100V；且，因为电压较高的一侧与GND相接，节点SW2处电压变成了–100V。

把GND连接到该电路的SW2处，将现在GND所在之处命名为节点SW2A来进行仿真实验。另外也改变了电路图上二次线圈的首端方向，将GND画在了电路图上的下方（图7.22）。

▶ Inductor_SW–off_2B.asc

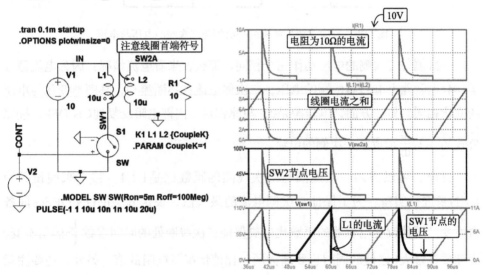

图7.22 使二次线圈的极性相反

可以发现SW2A处的电压从负值变成了正值，且按电路常数在–10V与+100V范围中变化。在这个电路构造中设定合适的ON/OFF时间，在电压为负数时接入可以避免电流逆流的整流器，依靠输出电压的平均化，可以得到比输入电压数值还要高的正数输出电压。这个原理就是反激式拓扑结构的原型。

这时再来确认一次线圈与二次线圈两端的电压与电流情况。在SW1节点处接入探针测量，原来所见的一次线圈处电压增加了10V。不在一次线圈两端电压的首端作标记，测量端子间电压。但二次线圈没有首端标记的地方是GND，所以作为例外，测量的是SW2节点。这些结果如图7.23所示。

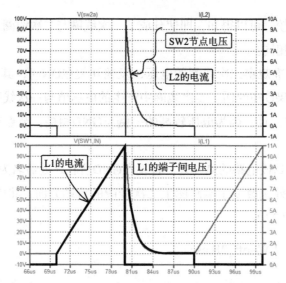

图7.23　反激式拓扑结构的一次侧与二次侧的电压与电流

　　一次侧与二次侧的电压动作完全相同。那么，来看电流情况：因为电流值等于10Ω电阻除上电感器两端的电压，二次侧电流在不断流动，其图形变化与电压的变化相同。另一方面，电压源是0，与此相对，内部电阻反复地ON/OFF，按照公式$V_L = L\dfrac{di}{dt}$形成了一次侧的电流。

　　目前，可以得知一次线圈与二次线圈的匝数比是1∶1，接下来假设其为1∶N来进行实验。为了保证一次侧电流的最大值，设定开关的ON/OFF时间各自不变。即使改变电感器的匝数比也要保证二次线圈处的时间常数$\dfrac{L}{R}$固定不变，因此要在增大L之值的同时也要增大同一比值情况下电阻的值。另外，还要注意的是电感的变化与匝数比的2的乘方成比例。

　　首先来仿真1∶2和1∶3的情况。二次线圈的电感值与10μs成比例，前者扩大2^2倍变成40μH，后者扩大2^3倍变成了90μH。同时，负载电阻也变成了40Ω与90Ω。除了这些改变之处其他的都相同，因此，省略了它们电路图，只呈现仿真实验的结果。

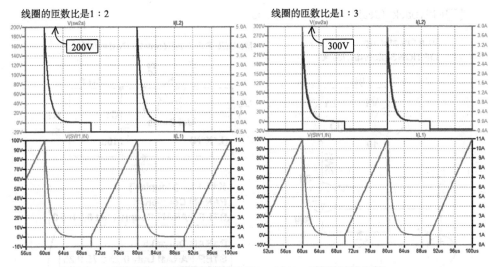

图7.24 在线圈的匝数比是1∶2与1∶3情况时的比较

　　一次侧的电压与电流的变化与匝数比为1∶1时的情况基本相同，但二次侧电压则分别变成了200V与300V。也就是说，发现，二次侧的电压变成了一次侧电压的匝数比的倍数。

　　通过仿真实验可以发现：突然断开电感器中流动的电流时，电感器负载很小时会产生电压很高的反电动势，且使该电感器中的二次线圈发生磁耦合，从而产生更高的电压。

　　通过使用这样的电感器装置可以产生数十kV乃至于数百kV电压。这一原理被应用到了汽车引擎的气缸内部进行电气发电的部位，被叫作"点火线圈"。并且，这个产生高压的变压器结构本身也被称为"特斯拉线圈"。

7.3 反激式转换器

　　前面讲解了"反电动势"，这里在此基础上，通过仿真实验来弄清楚反激式转换器的动作过程。与上述的电源拓扑结构相同，为了避免出现一次侧与二次侧的电流之和为0的情况（不出现不连续模式），要正确地设置开关的ON/OFF时间和电感值。在对反电动势进行说明时把一个电路分出了两个电感器，在该电路的二次线圈中接入整流器（在该例中使用的是理想二极管），并接入可以使输出电压滤波的电容器（图7.25）。

▶Flyback_Ideal_1-N_D-STEP.asc

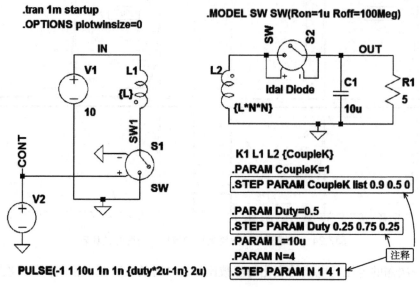

图7.25 反激式拓扑结构

　　这一拓扑结构的特征是：二次线圈处的GND必须与一次侧相一致。因为不论在哪一部位，都能调取出施加给负载的电压，所以这一拓扑结构从很久以前就作为绝缘电源的基本电路而被广泛利用。为了控制输出电压让它变成一定的数值，必须使用反馈系统，但反馈系统在构成绝缘电源的时候，必须在一次侧与二次侧处绝缘。一般来说，制作电压反馈通行的方法是在光电耦合器和变压器中安装三次绕组。然而最近LTC制造的LT3573（2008年11月发行）系列的反激式转换器，没有在绝缘电流中使用三次绕组和光电耦合器也能起控制作用。

　　设定图7.25电路图的开关与Boost转换器电路中开关的ON/OFF周期（2μs）相同。电路图中设有指令，这种指令以两个电感器的耦合系数、开关的占空比和匝数比等为参数，可以扫描得到。把必须的部分作为SPICE Directive，把与之相竞争的系统作为注释，各种各样的实验性质的仿真都能顺利进行。

　　首先，设定变压器的耦合系数（K1：参数变量名＝Couplek）是1，设定一次、二次的匝数比是1：1来进行操作。且，占空比还是0.5。仿真实验的结果如图7.26所示。

　　输出电压的平均值是10V，负载电阻是5Ω，所以负载电流平均值是2A。但是电感器电流的一次与二次之和的数值在3.5A与4.5A之间呈波浪形变化。另外，可以发现这一电路使用的是理想化的反激式转换器，输入功率的平均值与输出功率的平均值（忽略一些所选的平均区间产生的误差）都是20W，效率为100%。电感器电流的总和的平均值是4A，但只要电感器里没有直流电阻（DCR），就不会消耗功率。还可以发现，开关处于ON期间时一次线圈储备能量，当开关OFF时，该能量会在负载侧释放出去。

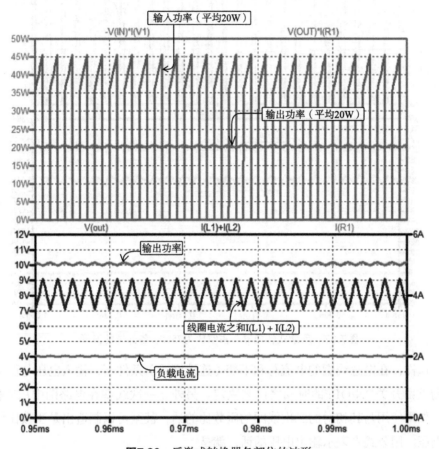

图7.26 反激式转换器各部位的波形

接下来，设定占空比为75%，再次进行仿真。仿真实验的结果如图7.27所示。输出电压的平均值是30V。而且，虽然图上没有显示，如果让占空比变成25%的话，输出电压平均是3.3V。

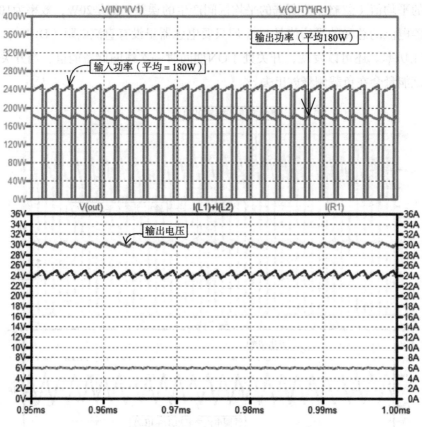

图7.27 反激式转换器（占空比为75%）各部位的波形

这样，在电感线圈的电流总和不变（连续模式）条件下，输入电压与输出电压的差由开关ON/OFF的时间之比来决定。另外，一次线圈在电路图中用N来表示，如果使用与其相对的二次线圈的匝数比的话，甚至可以制造出是匝数比倍数的电压。用公式来表示输出电压的话，就是

$$V(OUT) = V(IN) \times \left(\frac{ON时间}{OFF时间} \right) \times N$$

与7.2节的Boost转换器所不同的是，由于输出电压中输入电源的电压没有升高，反激式转换器可以制造出比输入电压或高或低的电压。虽然输入电压不会增强，但"升压"还是其动作的基本形态。

当然在实际的电路中，有开关的ON或是OFF时间的制约，也有开关端子耐压

$\left[输入电压 \times \left(\frac{ON时间}{OFF时间} \right) \right]$ 制约，不可能产生从0V到无限大的输出电压。

在仿真实验中，通过编辑在这个仿真电路中安装的Spice Directive和多次改

变N的值和Duty（0到1之间），可以看到开关耐压与输出电压的变化。

而且，在实际的电路中，变压器的耦合系数在变成了理想条件下的1时，会产生漏磁通所带来的电磁感应。这一电磁感应会产生反电动势，也会在开关端子处产生很高的电压。为了减弱该反电动势，要制造出使电感电流持续流通的通道，或是利用电容器和电阻相串联的泄放电路来吸收它的能量。把这种电路（图7.28）叫做"缓冲电路"或是"吸收电路"。为了让它们不超过开关元件的耐压值，有必要考虑实际的电路上的对策。

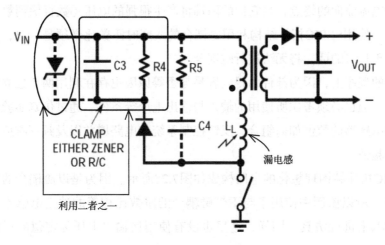

图7.28 缓冲电路

7.4 SEPIC 转换器

已经在前面介绍过了的反激式转换器可以相对于输入电压设定输出电压的高低。可以同时设定输入电压与输出电压的方法在稍后介绍。简要地说，一种是在H桥型的升压或降压电路中装入四个同步开关，另一种是只用一个开关元件，利用升压或降压拓扑结构，让SEPIC 转换器与反激式转换器并联。后者使用更为广泛，但是，SEPIC 转换器无法使用绝缘电源。

SEPIC拓扑结构有两种类型，一种使用与一次线圈和二次线圈磁耦合的变压器，另一种由各个电感器相互独立的元件构成。在磁耦合的情况时，匝数比只有是1：1，SEPIC的构造才成立。这是因为，只有匝数比是1：1且耦合系数是1时，二次线圈才能产生与一次线圈的反电动势相同的电压，一次侧的电感器端子间的电压得以让开关端子间电压发生变化引起输入电压的升高。也就是说，开关端子处输入电压被升高，但二次侧的电感器端子电压没有升高，所以反激式电容器两端的电压总是等于输入电压。当然，虽然该电容器两端电压的瞬时值随着开关的ON/OFF而变化，但电压差是与输入电源电压相等的。

换言之，如果磁耦合十分强大的话（耦合系数接近1的话），即使没有飞跨电容器，SEPIC拓扑结构也将执行与反激式转换器一样的动作。

如果匝数比不同，且磁耦合系数近似于1，飞跨电容器二次侧产生的电压是一次侧电感器处电压的匝数比的倍数，开关在ON/OFF间切换时飞跨电容器两端的电压会剧烈变化，在那个瞬间，强大的电流呈尖峰状流动，一次侧或二次侧的线圈成为电流流向的终点，且它们的两端将产生很强的电压（数百伏到数千伏）。

因此，使用SEPIC拓扑结构利用磁耦合的线圈时匝数比必须是1：1，如果匝数比不等于1：1的话，将无法进行磁耦合。

实际的程序上，因为部件的得到容易与否等原因也存在利用两个独立的电感器的情况，但也必须考虑所使用的输入与输出电压等条件，通过仿真实验对这时所使用的电感器的数值如何组合、反馈控制系统的电路增益以及频率响应特征进行充足地验证。

SEPIC拓扑结构理想化的电路构成如图7.28所示。因为是以磁耦合的指令作评价参考，所以该例中使用了与不带磁耦合的匝数比相等的独立电感器，使占空比为50%来进行仿真。同样，这里也没有使用使输出电压为定值的反馈控制电路。

▶SEPIC_Ideal_Duty50.asc

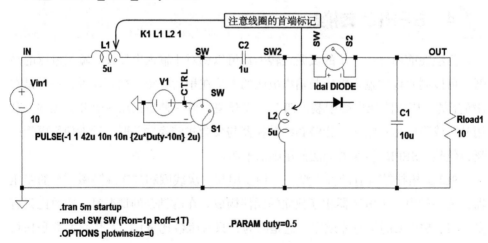

图7.29　SEPIC拓扑构造

来一边观察该仿真结果一边对此进行研究。虽然电路图中电感器里画有代表首端标志的点，但还是以写有耦合系数的SPICE Directive "K1 L1 L2 1" 作为评论参数。

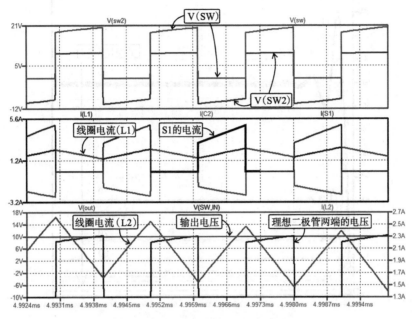

图7.30　SEPIC 拓扑结构各部位的波形

　　飞跨电容器（C2）中流动的电流从这个电路图的左侧（节点名IN）流向右侧（节点名SW），把这个电流方向作为正极。S1在ON时，L1的电流的值按2A/μs从0增加到2A。同时，L2的电流从GND流向节点SW2按2A/μs不断变大。在这一期间，理想二极管S2形成反向偏压，电流不再流动，L2的电流通过C2流到了S1。因此，这一期间S1的电流按两种电流的总和4A/μs流动。

　　S1OFF后，L1中流动的电流在先前保持不变的地方开始发生变化。在S1从ON到OFF之间，C2的电流跟L1一样都在流动，同时L2的电流在先前保持不变的地方开始发生变化。即，L2的两端产生的电压里有 $L(\frac{di}{dt}) = 5\mu H \times (-2A/\mu s) = -10A$ 产生在GND侧。换句话说，SW2的节点电压与GND相对，变成了+10V。这样的话，理想二极管（S2）变为正向偏压，S2中电流流动。这个电流的大小是C2的电流与L2的电流之和。SW2的电压被输出的负载所消耗，与此同时，又被C1滤波。经过了这些过程，该例中的输出电压就变成了10V。

　　接下来，让占空比从10%到90%每次增加10%再次进行仿真实验。仿真结果如图7.31所示。

▶SEPIC_Ideal_Duty_STEP.asc

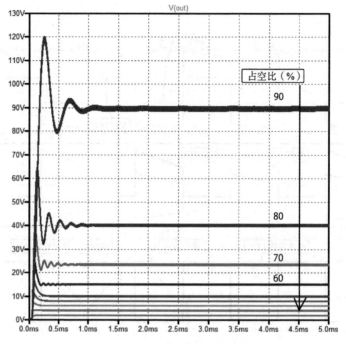

图7.31 让占空比产生变化的SEPIC拓扑结构的输出电压

输出电压由开关的ON时间与OFF时间的比决定。二次侧的电流只要还是连续模式（电流不会变成0），该动作就会变得跟反激式转换器一样，可以用公式

$$V(OUT) = V(IN) \times \left(\frac{ON时间}{OFF时间} \right)$$

来表示。另外，开关端子的电压可以用下述公式表示

$$V(S1) = V(IN) \times \left(\frac{ON时间}{1+OFF时间} \right)$$

以上是在两个电感器都没有磁耦合的状态下通过仿真对该动作再次进行的验证。

这里如果让两个线圈进行磁耦合，那么在耦合系数为1时，与反激式转换器的效果完全一致，反激式转换器就变得不再那么必要了。但是，耦合系数不满1的话，会因为漏磁通而产生电感。又因为这一电感，产生了反电动势，且在开关端子处会产生很高的电压，这一情况与在解说反激式转换器时对snubber的说明相同。但是，SEPIC拓扑结构中，飞跨电容器不仅可以保证发挥该电路的效果，还能让被缓冲器消耗的能量回到二次侧。

在反激式拓扑结构上利用变压器的匝数比，很容易得到至少十倍于输入电压的输出电压（必须注意开关端子的耐压），但是用SEPIC原理使用具有磁耦合特性的变压器时，匝数比必须是1：1，输出电压最大（因为受限于闭合时间与断开时间在电路上的制约）是输入电压的十几倍，然而，对于包括了输出电压的输入电压范围，作为一个使升压和降压电路成为可能的拓扑结构算得上十分便利。变压电路的优点就是它的便捷性。

SEPIC使用了两个不使用变压器的独立电感器，在这样的情况下，期望的是：进行的仿真实验要尽可能反映符合实际的使用条件和所使用部件的特性，以及可以正确把握对负载变化的应对等。这也是因为一次侧与二次侧没有磁耦合，所以输入与输出各种各样的变动通过飞跨电容传递，两者所构成的电路结构复杂，都包含了LC的共振电路。不仅如此，为了避免电源整体效率的降低，电感器的DCR电容的ESR等也得设定为极小的值，而究竟电路中哪一个部分的振动减小最少也成为了一个问题。需要注意的是即使通过各种方法让电路常数变得最为合适，在输出负载变化后，即使振动变得缓慢也无法得到很好的吸收。实际上，最好能够用仿真实验来对频率响应进行解析，确认反馈增益和相位裕度。

另外，利用电容器让输入侧与输出侧相结合从而能实现直流式阻断也是SEPIC拓扑学的一个特征。普通的boost转换器即使停止开关动作，负载电流也会从输入电源流出并经过电感器和整流器，由输出电压引起的整流器电压下降的电压量V_f将出现在输出侧（图7.32）。设置这个整流器让它实现同步整流，停止作业时让电感器的开关OFF，同时也OFF整流侧，这样就可以让输出也OFF，但并不是所有的IC都能达到这样的效果。

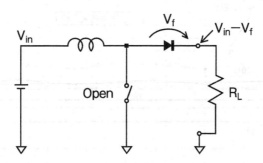

图7.32 普通的boost转换器无法使输出OFF

7.5 Cuk转换器

Cuk转换器常被用来使正数的输入电压成为负数的输出电压。典型的Cuk转换器如图7.33所示。

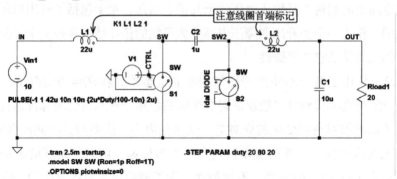

图7.33 Cuk拓扑结构

通过与SEPIC拓扑结构相比较，可以发现二者十分相似。更换SEPIC二次侧的电感器和二极管，电流的流向与原SEPIC相反。

Cuk拓扑结构的基本的构想与SEPIC相同，所以在这里不作详细的说明。每次增加20%让占空比从20%到80%发生变化，每次变化时的输出电压与电感器电流(I(L1)+I(L2))分析结果如图7.34所示。这里同样是只要(I(L1)+I(L2))是连续的（电流没有一次变成为0过），输出电压必然由

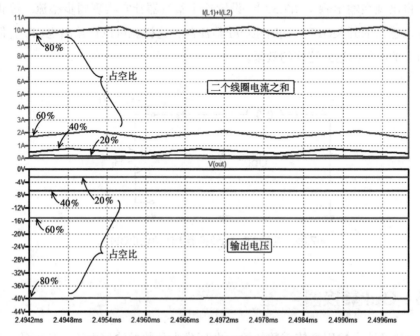

图7.34 Cuk拓扑结构中的输出电压及线圈电流之和

$$V(OUT) = -V(IN) \times \left(\frac{ON时间}{OFF时间} \right)$$

决定。

开关端子的电压与SEPIC的相同，还是

$$V(S1) = V(IN) \times \left(\frac{ON时间}{OFF时间} \right)$$

7.6 Buck–Boost（升降压）转换器

不论使用反激式转换器还是SEPIC转换器都能发挥升降压电源的功能，但二者也都必须使用变压器和两个电感器。只用一个电感器来实现升降压的方法叫作"H桥型Buck–Boost"转换器。与输出电压相比，为了让输入电压在低领域时执行升压操作在高领域时执行降压操作，最好在每一个电感器中都安装好一个开关。典型的H桥型Buck–Boost转换器可以用图7.35来表示。

▶H-Bridge_Ideal.asc

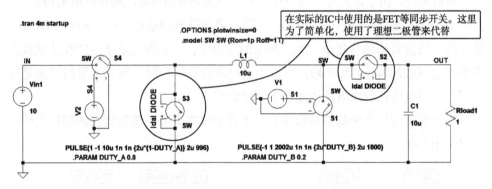

图7.35 H桥型升降压转换器拓扑结构

在这里四个开关有两个被替换成了理想二极管，采用的是非同步整流方式。实际中的IC装有输出电压的反馈电路以及采用同步整流方式的升压模式和降压模式的转换电路，内部的动作非常复杂，而这个例子中的仿真实验只停留在显示表面的概念上。

让开关S1保持OFF状态，让开关S4控制电路的话，这个电路就变成了降压拓扑结构；如果让开关S4保持ON状态，使开关S1控制电路的话，这个电路就是升压结构。与以上对拓扑结构的说明相同，由于没有可以控制输出电压的反馈电路，输出电压的动作只受占空比影响。

在4ms仿真实验中，分开设定开关控制，让前半段的2ms为降压（占空比为80%），后半段为升压（占空比为20%）。首先，来看仿真结果的整体图像（图7.36）。

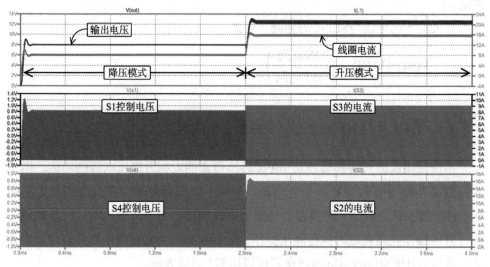

图7.36 升降压模式切换时各部分的波形

可以发现，由于设定好了占空比，所以降压侧的输出电压的预期值是10V，与此相对，输出电压是8V(10V×0.8)，在后半段的升压侧是12.5V(10×(1+0.2/0.8))，输出电压的仿真结果与此一致。实际的应用中，一般设定电感器的纹波电流值在平均电流的20%到40%之间，但由于这里没有反馈控制，所以这里的设定是通过增大平均电流让输出电压快速恢复到稳定状态。

通过降压侧与升压侧的波形来看一下稳定状态下处于稳定状态的部位是什么情况（图7.37）。

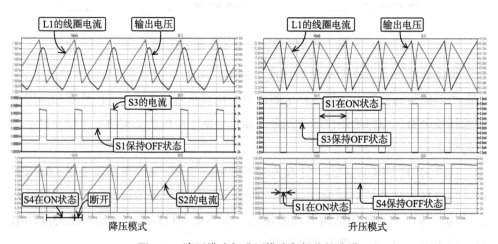

图7.37 降压模式与升压模式各部分的波形

可以发现，在降压侧开关S1的控制端子的电压是–1V，且开关S1处于OFF状态。由于开关S4的控制端子电压占空比是80%，在+1V与–1V两个数值间转换，所以它执行的是降压模式下的动作。还可以看到，因为开关S3中的电流在开关S4处于OFF之时流动最快，开关S4被当作续流二极管使用。另外，电感器和S2与负载并联，三者流动的电流是同一电流。S2在最开始时相当于升压模式下的整流器，但是在降压模式中只具有使电流通过的功能。

可以发现变成升压模式时，开关S4的控制端子电压是1V，S4处于ON状态。可以看到，由于开关S1控制端子电压占空比是80%，在+1V与–1V两数间转换，所以它执行的是升压模式下的动作。

如此这般，发现可以制作出这样的拓扑结构：使用一个电感器让降压电路与升压电路相组合。

现实中的电路中，降压模式接入了本来没有必要接入的开关（或者是理想二极管），所以这时的ON电阻就造成了一种功率损失。但是，说回到反激式转换器与SEPIC，它们要么磁耦合系数不能是1，要么电感器的DCR与电容器的ESR也存在损耗。如果输入与输出的耐压与容许的开关电流可以满足需求配置的话，要说作为实际可行的电路哪种拓扑结构更适合升压与降压的话，相对来说还是H桥型方案更为优秀。

7.7 正向转换器

正向转换器的拓扑结构用图7.38来表示。与反激式转换器相同，正向转换器也用于制作绝缘电源，但是一方面由于零部件的数量变多，另一方面也不是非正向转换器不可，现在它的使用机会越来越少。

它的变压器二次侧的极性是与反激式转换器相反的，这是二者最大的区别。因此，即使使用理想化的变压器，在一次侧开关OFF时由反电动势形成的电压也无法因为装有防止二次侧逆流的二极管让电流持续流动，因此必须在一次侧装入缓冲器，制造出可以让电流续流的通道。

该拓扑结构使用变压器，可以让电压呈二次侧的匝数比的倍数增大，让功率回到二次侧。电路图中S3所示的理想二极管是Buck转换器拓扑结构中使用过的续流二极管。也就是说，正向转换器的拓扑结构的基本部分是降压转换器。当然，根据变压器的匝数比的不同，也有可能使输出电压高于输入电压。

输出电压的公式是

$$V(OUT) = V(IN) \times \left(\frac{ON时间}{ON时间 + OFF时间} \right) \times N$$

▶Fowerd_Ideal_50.asc

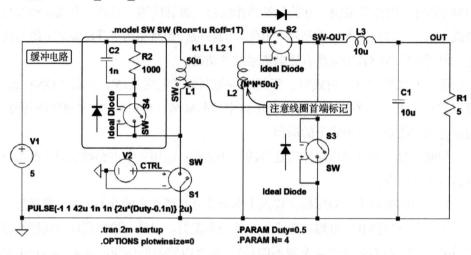

图7.38 正向转换器的拓扑结构

最近该拓扑结构已经不常使用，这里就不作其他更为详细的论证。因为编辑过了电路图中Spice directive 的N与Duty的值，可以明确各个节点与线圈电流的变化。

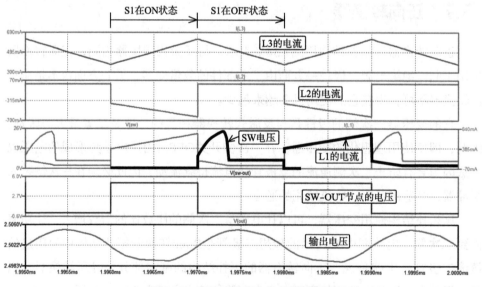

图7.39 正向转换器中各部位的波形

使用了运算放大器的电路

第8章

运算放大器广泛运用于工业领域和相关的电器产品，英文是 "Operational Amplifier"。要说能进行怎样的运算，那就是能把已经扩大几倍的输入信号进行加法或减法运算。也有一种利用运算放大器组成的对数放大器。只要把数据转换为对数，再把结果进行加法或减法运算，再进行一次指数运算，就能实现乘法或除法运算，但是这些并非运算放大器本身的基本功能。另外，运算放大器还可以近似地组成积分电路和微分电路，但是这也不是严格意义上的数学运算。因此，"运算放大器"能进行的运算只有加法和减法而已。

8.1　什么是运算放大器

运算放大器还有另一叫法"差动放大器"。差动放大器和运算放大器是不同的吗？最近，有些工程师一听到放大器就只会想到运算放大器，但是正如第6章所述，只用一个晶体管也可以使信号放大。这种只有一个晶体管的放大器是以GND为基准，在输入点输入信号的。信号的基准点是GND。

而差动输入的话是有两个输入端子的，可以把两个端子间的电压差作为输入信号。不要求其中一个输入端子一定要是GND。具有这种结构的放大器就是"差动放大器"。运算放大器必定都是这种差动输入的结构。因此，所谓"运算放大器"是关于功能的名称，"差动放大器"是关于结构的名称。

举个相似的、也是关于叫法不同的例子，如"电感器"表示功能，而"线圈"表示形状（结构）。同一样东西从不同角度命名有有不同的名称，这一现象很常见，不过重要的是理解其动作原理，没有必要极端追求名称的紧密性。

关于运算放大器的特征和典型用法，后面的小节会进行说明。

8.1.1　理想的运算放大器和现实的IC之间的差距

图8.1是运算放大器的基本符号。

运算放大器整体表示为一个三角形。有两个输入，前面有"–"号的是"反相输入"，有"+"号的是"非反相输入"。输出从三角形的顶点出来。关于反相输入和非反相输出哪个写上面没有明确规定，不过在仿真试验的模型中一般把反

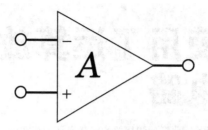

图8.1 运算放大器的基本符号

相输入写在上面，所以最近这种写法很多。

使用运算放大器的应用系统必须从实际市场上的IC中选择部件。然而，进行放大或运算之前要决定电路常数时却使用理论上得出的公式。在实际的应用系统中，根据这种计算得到的值组装电路，其结果也是在设计误差范围内和目标的设计值相同。尽管如此，在各种要求参数之中该使用哪种运算放大器呢，这必须对比着实际的IC参数的要求来进行设计。设计初学者常常不知道该选择哪种IC。实际上LTspice的库中的符号文件夹（symbol folder）"OpAmps"中记载着约360种运算放大器。

于是，有必要了解所谓理想的运算放大器是怎样的，在实际的IC中那些电路要素又受到什么样的限制。理想的运算放大器的条件如下：

（1）开环增益（open loop gain）无限大：在放大器中没有安装反馈电路的情况下，增益无限大。

（2）输入电阻无限大：即使信号源连接到输入，放大器也不会有电流流入，也没有电流流出。

（3）输出电阻为0：能从输出中取出电流，输出电压不会因为取出电流而发生变化。

（4）GBW（增益带宽积）无限大：不受放大器本身频带的限制。

（5）输入偏压为0：两个输入短路时，输出电压为0。

此外，还要求动态范围无限大、输入换算噪声为0等。利用这些理想条件可以推导出决定放大电路结构和放大率的公式。

8.1.2 利用运算放大器的典型放大电路

图8.2所示，是使用运算放大器时的基本电路结构。

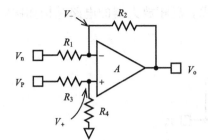

V_P: 非反相输入电压
V_n: 反相输入电压
V_o: 输出电压
V_+: 运算放大器的（+）输入电压
V_-: 运算放大器的（−）输入电压
A: 运算放大器的开环增益

图8.2 使用运算放大器的应用电路的基本结构

这种连接着电阻器的电路结构是各种应用电路的基本形式，所以从解析这个电路开始进行说明。运算放大器的数学原理从以下两点出发，即输入电压差（V_+−V_-）的Gain（A）倍出现在输出以及输入端子中没有电流流动这两点。进一步假设Gain（A）最终无限大，并对式子进行简化。

由图8.2中V_p、V_n和V_o的关系可知，关于输入电压的式子和输入端子的式子分别为：

$$V_o = A(V_+ - V_-) \tag{1}$$

$$V_+ = \frac{R_4}{R_3 + R_4} V_p \tag{2}$$

$$V_- = \frac{R_1}{R_1 + R_2} (V_o - V_n) + V_n \tag{3}$$

把式（2）和式（3）代入式（1），令等式一边为V_o进行整理：

$$V_o = A \left\{ \frac{R_4}{R_3 + R_4} V_p - \frac{R_1}{R_1 + R_2} (V_o - V_n) - V_n \right\}$$

$$\left(1 + A \frac{R_1}{R_1 + R_2} \right) V_o = A \left\{ \frac{R_4}{R_3 + R_4} V_p - \left(1 - \frac{R_1}{R_1 + R_2} \right) V_n \right\}$$

$$\left(\frac{1}{A} + \frac{R_1}{R_1 + R_2} \right) V_o = \frac{R_4}{R_3 + R_4} V_p - \left(1 - \frac{R_1}{R_1 + R_2} \right) V_n$$

$$V_o = \left(\frac{1}{\frac{1}{A} + \frac{R_1}{R_1 + R_2}} \right) \left(\frac{R_4}{R_3 + R_4} V_p - \left(1 - \frac{R_1}{R_1 + R_2} \right) V_n \right)$$

此时，令A→∞，则可以变形为

$$V_o = \frac{R_1 + R_2}{R_1} \left(\frac{R_4}{R_3 + R_4} V_p - \frac{R_2}{R_1 + R_2} V_n \right) \tag{4}$$

根据此式计算反相放大器的增益表达式。反相放大器的电路结构如图8.3所示。

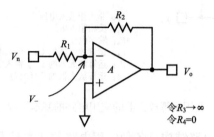

图8.3 反相放大器

在最基本的电路中，令$V_p=0$，由于R_3和R_4中没有输入电流流动，故非反相输入（即运算放大器的+输入端子）的电压等于0V。式（4）中，令$V_p=0$，整理如下：

$$V_o = \frac{R_1 + R_2}{R_1}\left(-V_n\frac{R_2}{R_1 + R_2}\right)$$

$$= -\frac{R_2}{R_1}V_n$$

此时，由于增益$=\dfrac{V_o}{V_{in}}$，若$V_{in}=V_n$，则

$$增益 = \frac{V_o}{V_{in}} = -\frac{R_2}{R_1}$$

这就是有名的反相放大器的增益的表示式。

接着，计算关于非反相放大器的式子。此时，为了使基本的电路发生变化，拆去非反相输入的分压电阻，使输入信号直接加在非反相输入（即运算放大器的+输入端子）上。另外，把V_n连接到GND，构成一个非反相放大器的电路（图8.4）。

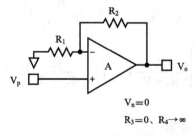

图8.4 非反相放大器

在式（4）中，若$V_n=0$，则

$$V_o = \frac{R_1 + R_2}{R_1}\left(\frac{R_4}{R_3 + R_4}V_p\right)$$

根据此电路，式（4）变形为

$$V_o = \frac{R_1 + R_2}{R_1}V_p = \left(1 + \frac{R_2}{R_1}\right)V_p$$

此时，由于增益 $= \frac{V_o}{V_{in}}$，若 $V_{in} = V_p$，则

$$增益 = \frac{V_o}{V_{in}} = \left(1 + \frac{R_2}{R_1}\right)$$

这就是有名的非反相放大器的增益的表达式。

上面的计算中使用的理想运算放大器的条件是

（1）开环增益无限大。

（2）输入电阻无限大。

（3）输出电阻为0。

默认排除了输入偏压这一条件。而关于频带，只是到目前为止的增益的计算过程中不是讨论对象，在必须考虑到自己想要使用的频带时，或者后面小节中提到的滤波器等的设计中，都是必须考虑的要素。

在非反相放大器中，输入电压 V_p 和 V_o 的关系是

$$V_o = V_p\left(1 + \frac{R_2}{R_1}\right)$$

V_- 的电压是 V_o 按一定比例分配到 R_1 和 R_2 的电压，所以整理为

$$V_- = V_o\frac{R_1}{R_1 + R_2}$$

$$= V_p\left(1 + \frac{R_2}{R_1}\right)\frac{R_1}{R_1 + R_2}$$

$$= V_p$$

即 V_- 的电压刚好等于 V_p。

因此，正处于放大动作中的运算放大器的反相输入和非反相输入有等价的同电位。这种现象被称为"虚拟短路"。事先了解动作状态中的虚拟短路这一概念对于研究理解运算放大器的动作具有重要意义。虽然这并非理想运算放大器的条件，但是从这些条件推导出的这个结论具有很深远的意义。不过，要记住，这种短路是动作状态下的"假设"。

在实际的运算放大器中，开环增益为100～120dB（10万～100万倍），在利用电阻器组成反馈电路并决定放大电路增益的情况下，考虑到误差只有$\frac{1}{A}$，这个部分在实际的IC中也几乎可以说是理想条件。另外是输入电流，放在实际的应用电路中进行讨论时，在一些条件下可以忽略不计而在另外一些条件下不能忽略，必须注意。另外，关于失调电压（Offset Voltage）也必须仔细地比较应用系统的要求参数和IC参数。有时还要在外部追加一个取消失调电压的电路。

第2小节将对会测试运算放大器的AC特性的仿真试验的注意事项以及在滤波器等应用系统的运用例进行介绍。

8.2 运算放大器的AC解析例题

8.2.1 使用运算放大器宏模型的基本仿真试验

对运算放大器的频率特性进行仿真试验，选择用Simulation Command的"AC"。以使用了LTC6244的非反相放大器为例（图8.5）。

▶LTC6244_AC_Test.asc

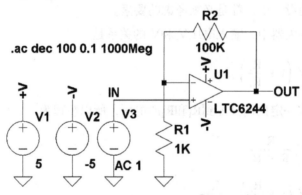

图8.5 由LTC6244组成的60dB的放大电路

以电路图中的R_1为1kΩ，反馈电阻为100kΩ，组成一个101倍（约60dB）的放大电路。在AC解析中，设定频率轴的每一个单位（十倍频）平均是100点，对0.1Hz～1GHz的频率特性（增益和位相）进行仿真试验。结果如图8.6所示。

由图可知，从低频率到600kHz附近范围为止，增益特性大致平坦，在频率高的范围内，增益大概以40dB/dec的速率衰减。10MHz有一个极点，之后继续以40dB/dec的速率衰减。由图还可知，增益特性为0dB时的频率约为12MHz。

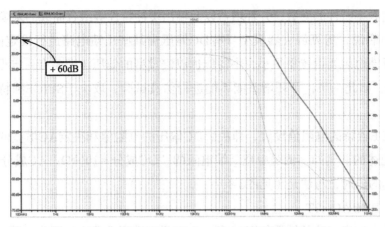

图8.6 用LTC6244放大60dB之后的频率特性

查看LTC6244的数据手册可知，在100kHz的点中负荷电阻为1kΩ的条件下，GBW（即增益带宽积）分别为35MHz（min）、50MHz（typ）。也就是说，并非规定0dB（增益=1倍）的频率，而是测定100kHz时的增益，根据增益的值计算GBW（关于运算放大器的GBW规定，每个厂家都有不同的规定方式，在阅读数据手册时要注意）。

因此，下面对开环时的运算放大器而不是反馈放大器的特性进行仿真试验。换句话说，只要拆去例题电路中的R_2，或者设定一个$\dfrac{R_2}{R_1}$值，使得运算放大器开环增益比设想的还大，再进行仿真试验就可以了。例如，设定$R_1=10\Omega$，$R_2=100M\Omega$。根据该设定值进行仿真试验，结果和预想相反，图表显示即使在低频段增益也达到−12dB（图8.7）。

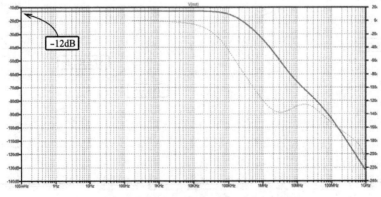

图8.7 设定放大器的反馈电阻为100MΩ的例子

这是因为，IC模型并不会记述内部电路的一切信息，而是一个由DC偏压电路、决定频率特性的参数、开环增益以及输出缓冲特性等组合而成的宏模型。

换句话说，运算放大器模型具有DC偏压由某些反馈电路进行设定的部分。因此，反馈电阻要设置得很小，小得能加以宏模型的偏压（即要有一定程度的电流流动）。如此一来，开环增益能不能进行仿真试验，取决于SPICE独特的电阻值设置。

SPICE独特的电阻值设置，即决定DC偏压的电阻值和决定AC增益的电阻值是分别记述的。例如，例题中把反馈电阻的"DC成分＝100kΩ、AC成分＝1TΩ"设置为R_2的值时，写法是（见图8.8）：

  100k AC=1T

如此，仿真试验的结果如图8.9所示。结果和数据手册中的图形一致。

▶LTC6244_AC_Open.asc

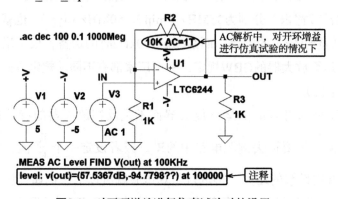

图8.8 对开环增益进行仿真试验时的设置

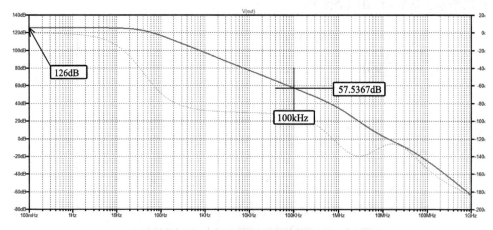

图8.9 设定AC=1T，对开环增益进行仿真试验的结果

从仿真结果中，用".MEASURE"命令读取频率为100kHz时的增益，显示

为57.5367dB，换算为倍率，约为753倍，由于GBW是753倍和100kHz的乘积，故为75MHz[1]。

如上所述，在用SPICE仿真调查开环增益时，必须注意反馈电阻的设置方法。

8.2.2 有增益的高通滤波器

关于使用RCL组成的滤波器，在第6章已经学习了理论上的内容，下面将会对它的应用实例进行介绍。

最简单的高通滤波器电路是在CR滤波器上连接着一个缓冲器（电压跟随器）（图8.10（b））。

▶HighPass_Filter_AC.asc

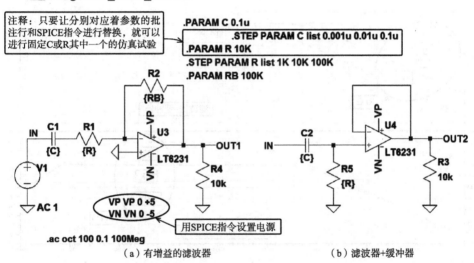

图8.10 使用了运算放大器的高通滤波器的结构

缓冲器中使用的LT6231是在单位增益下也能使用的、GBW=215MHz、电源电压范围为12.6V的运算放大器。如果只是进行AC解析的话，只要在正电源侧供电就可以了，但是考虑到有时要进行TRAN解析，为了避免差动输出时中点的失调，于是提供±5V的电源。

在电压跟随器中，通过频带的增益只有1倍（0dB）。频率增益的衰减率是−20dB/Dec.。也就是说，频率变为十分之一（十倍频），那么增益就是10倍（20dB）。使C=0.1μF并保持不变，令R为1kΩ、10kΩ、100kΩ，分别对AC特性进

---

1) 关于GBW的定义，每个厂家都不同。就LTC公司而言，GBW表示频率为100kHz时的开环增益和100kHz的乘积。因此，即使在已经进行了仿真试验的情况下，GBW也不会等于开环增益为0dB时的频率。

行仿真试验，结果如图8.11所示。

在此电路图中，滤波器的截止频率（f_c）在第6章已经讲过，是

$$f_c = \frac{1}{2\pi RC}$$

在滤波器通过频带内有增益的电路可以使用图8.10（a）所示电路。此时，由于运算放大器的反相输入和非反相输入之间处于"虚拟短路"状态，故可以看作反相输入是GND。可知形成高通滤波器，即站在信号源的角度，其截止频率取决于输入电路中的CR串联电路的时间常数。把C和R的连接点看作反相放大器的输入点，那么增益可以由 $\frac{R_2}{R_1}$ 计算得出。

该电路的仿真试验结果如图8.11所示。

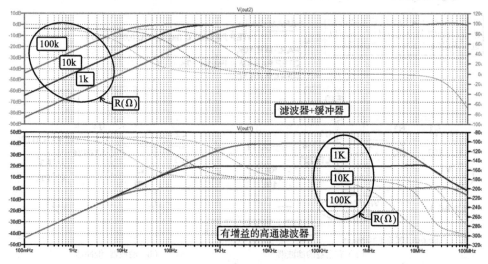

图8.11 高通滤波器的AC特性

可以得出结论：在有增益的滤波器电路中，反馈电阻固定为100kΩ，令输入电阻依次增加为原来的十倍，故在f_c发生变化的同时，增益也依次降低20dB。设置增益为40dB时，增益在2MHz附近开始向高频段的方向逐渐衰减，这是由于受到运算放大器的高频特性的影响。

8.2.3　有增益的低通滤波器

最简单的低通滤波器电路是一种RC滤波器连接着缓冲器（电压跟随器）的电路（图8.12（b））。

这里，对在进行仿真试验的音响频带附近使用的低通滤波器的用途而言，LT6231的GB积过大，不过这只是因为使用了和前节中的高通滤波器相同的元件。

▶LowPass_Filter_AC.asc

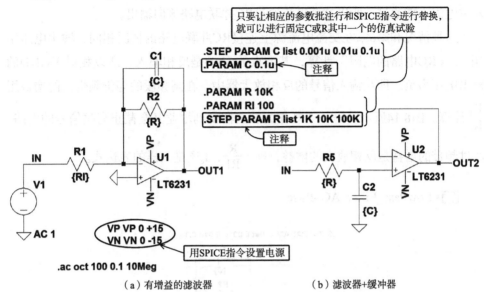

（a）有增益的滤波器　　　　　　（b）滤波器+缓冲器

图8.12 使用了运算放大器的低通滤波器的结构

在电压跟随器中，通过频带的增益不过1倍（0dB）。频率增益的衰减率是–20dB。频率变为原来的10倍（十倍频），那么增益就变为原来的十分之一（–20dB）。令R＝10kΩ、R1＝100kΩ并保持不变，使C为0.001μF、0.01μF、0.1μF，分别对AC特性进行仿真试验，仿真结果如图8.13所示。

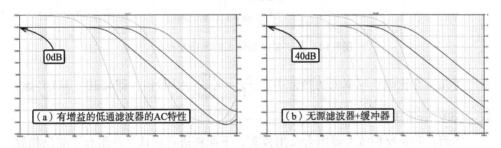

（a）有增益的低通滤波器的AC特性　　　　　（b）无源滤波器+缓冲器

图8.13 低通滤波器的AC特性

例，当C=0.1μF时，f_c为

$$f_c = \frac{1}{2\pi \cdot 10k \cdot 0.1\mu} = 159Hz$$

在此电路中，滤波器的截止频率f_c为

$$f_c = \frac{1}{2\pi RC}$$

这是把运算放大器的反相输入看成虚拟GND，因而来自信号源的电流是信

号源电压除以输入电阻（R1）所得到的值。另一方面，由于在运算放大器的输入中电流不能通过，所以这个电流通过RC并联电路流向输出。

这种情况和第6章在交流电流源上连接RC并联电路的情况相同，输出电压用"电流×RC电路的电阻"计算，基准点的GND是反相输入，所以相对于GND的输出电压为负。即在输入信号的反相放大器中，在高频段的等价频带内的增益用$\frac{R_2}{R_1}$计算。图8.14所示，是一个既作为放大器得到增益又会截止高频信号的电路。通过频带的增益是反相放大的增益，即$-\frac{R}{RI}$，f_c还是一样的表达式。

📁▶LowPass_Filter_AC-P.asc

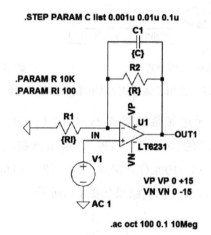

图8.14　基于非反相输入的低通滤波器

可知，在比截止频率低的频带中，$\frac{R}{RI} = \frac{10k}{100} = 100$倍，即40dB。从$f_c$开始，以$-20$dB/Dec.的速率衰减。

然而，和非反相放大器组合又怎样呢，下面将进行确认。在组合了非反相放大器的电路中，即使反馈电阻为0Ω，增益也有1倍（0dB），在通过频带的增益为$1+R/RI$，频率特性如图8.15所示。

在这个电路中，令高频侧的增益为1倍，低频侧的增益可以通过计算得出，可以形成从低频侧的f_c开始以-20dB/Dec.的速率衰减的特性。另外，相位特性在高频带又一次回到0°，这一点很有意思。

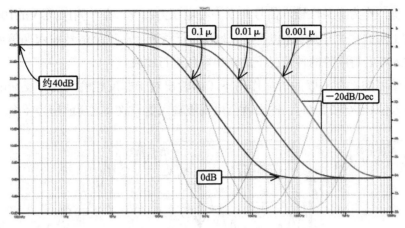

图8.15 基于非反相输入的低通滤波器的AC特性

8.2.4 使用运算放大器的施密特电路

前面已经讲过,运算放大器的作用是差动放大。如果使增益最大,那么输出电压比中心值高还是低,这取决于差动输入的电压相对于其中一个输入(如非反相输入)是高还是低。如果是轨到轨(Rail to Rail,缩略形式是R–T–R、R–R)输出的运算放大器,其功能就是作为比较器。即使输出不是轨到轨,也可以清楚地区分输出信号是高还是低。在输出电压为高或低的条件下,利用电阻从输出对非反相输入进行正反馈,电阻分压使得非反相输入的基准电压发生变化,而当输入相对于反相输入的信号由高变为低,或由低变为高时,差动的基准点就发生变化了。

这种电路是输出相对于输入发生变化之后,下次的输入的变化点也会发生改变,具有迟滞作用,构成了一个带有施密特电路的比较器(图8.16)。

▶LT1001_Shmit_Test.asc

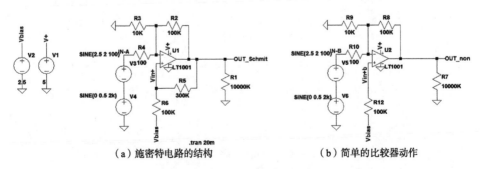

(a)施密特电路的结构　　　　(b)简单的比较器动作

图8.16 施密特电路的基本形式

　　这里，作为实验性输入信号，令中心电压为2.5V，在单侧振幅2V的100Hz的正弦波上重叠一个单侧振幅0.5V的2kHz的正弦波。对这个信号输入10倍放大电路和输入施密特电路两种情况下的输出电压进行比较。

　　看图可知，在一般的放大作用下（即输出对于非反相输入没有反馈电阻），每次输入信号达到2.5V时，输出就会出现该输入信号放大之后的信号（图8.17）。

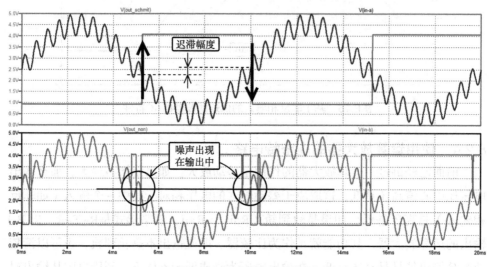

图8.17　施密特电路的作用

　　若进行施密特动作，则在前述的电路常数条件下，输入信号从高处向低处穿过2V时，输出是High状态；输入信号从低处向高处穿过3V时，输出为Low状态。由此可见，从Low转为High的输入电压、和由High转为Low电压之间，输出存在1V的迟滞现象。

　　总而言之，通过施密特作用，可以把重叠在输入电压中的噪声成分造成的输出信号中的多余变化剔除。

第9章 参考电路

　　本章将从C:\Prpgram Files\LTC\LTspiceIV\examples\Educational文件夹里选择其中几个很有意思的电路进行简单介绍。

9.1 Educational文件夹里的电路

9.1.1 RC陷波滤波器

　　首先，对陷波滤波器进行仿真试验。所谓陷波滤波器，是一种具有在一个狭窄的频带内过滤特定频率的特性电路。下面，将对只由电阻和电容器构成的例题"notch.asc"进行仿真试验（图9.1）。

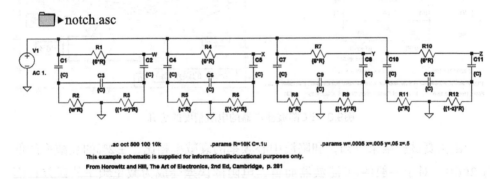

图9.1　RC陷波滤波器

　　在这个仿真试验中，R=10kΩ，C=0.1μF，并且这两个值保持不变，令连接到GND的R的比率（R_1/R_1+R_2）从0.0005开始，依次变为原来的10倍直到为0.5，观察陷波频率的变化（图9.2）。

　　这是一个输出电压Z在连接着GND的R的值分别为5kΩ时形成对称的电路。电路图以注释的形式进行表述，《The Art of Electronics（2nd Edition）》（Paul Horowitz/Winfield Hill、Cambridge University Press、1989年）的第297页也有所介绍。这种陷波滤波器的特征就是，尽管只由无源元件组成，在陷波频率中信号会急剧地衰减。但是要注意,其衰减率很大程度上取决于连接输入和输出的电阻值的精度。

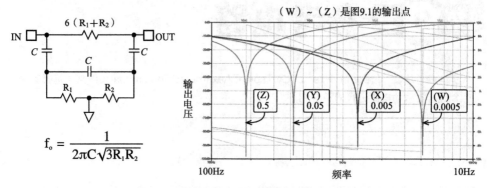

图9.2　RC陷波滤波器的计算公式和仿真结果

从例题中选择输出为X的电路,让"6*R"以0.5%的间隔在±2%之间变化,进行仿真试验(图9.3)。

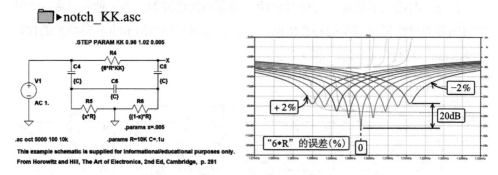

图9.3　RC陷波滤波器的电阻精度的仿真

由仿真试验结果可知,和陷波中心频率的衰减率相比,±2%的衰减率约低了20dB。对于一般的RC滤波器而言,电阻的误差会成为截止频率的误差;而这种陷波滤波器是衰减量随着中心频率的变化而发生很大的变化,所以为了使衰减量在中心频率达到最大,与其使用高精度的电阻器,不如插入用于微调整的变阻器。

9.1.2　Howland恒流电路

下面介绍一个使用了运算放大器的恒流电路。这种电路叫做Howland恒流电路",电路电流不受负荷电阻的影响,只取决于输入电压和固定的电阻值。

这里介绍一种基于反相放大器的电路和一种基于非反相放大器的电路。关于

Howland电流源有一点很重要，即它的前提是满足在"理想的运算放大器"小节中提出的所有条件。另外，实际的运算放大器的放大率在规定频带内必须达到足够大固然是理所当然的，但是输入电阻要足够小，实际上运算放大器是否能输出需要一定电荷的电流值，这些都是应用系统方面必须考虑的问题。图9.4所示是一个基于反相放大器的恒流电路。

▶Howland.asc

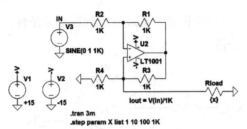

图9.4 基于反相放大器的恒流电路

这次的仿真试验中，令负荷电阻依次为1Ω、10Ω、100Ω、1kΩ，分别描绘出通过Rload的电流波形图（图9.5）。

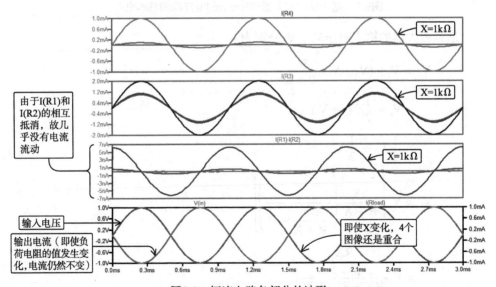

图9.5 恒流电路各部分的波形

由图可知，输入电压和输出电流的关系是相反的，输出电流与负荷电阻的值无关，是 $\dfrac{1V}{1k\Omega} = 1mA$（两侧振幅）。同时也描绘了各个电阻的电流波形，其中反相输入方面描绘了 I(R1)-I(R2) 的波形，可以看到，运算放大器的反相输入中只有少量 I_b 流动。

下面通过计算来证实第一个结论。R_1 和 R_2 的值都记为同一个电阻值 "R′"；R_3 和 R_4 都记为同一个电阻值 "R"。把恒流负荷的电阻值记为 "X"。根据结论，通过负荷电阻 X 的电流 I_X 可以表示为

$$I_x = \frac{V_i}{R}$$

此时，R′ 和 R 没必要一定相等，不过考虑到温漂等条件，为了实用，最好还是令4个电阻值为同一个值。

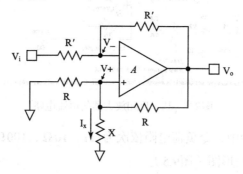

图9.6 基于反相放大器的Howland电流源的基本电路

运算放大器的输入电压 V_+、V_- 分别为

$$V_- = V_i + (V_o - V_i)\frac{R'}{R' + R'}$$

$$= V_i + \frac{1}{2}(V_o - V_i)$$

$$= \frac{1}{2}V_o + \frac{1}{2}V_i \tag{1}$$

$$V_+ = V_o\left[\frac{RX}{R+X}\left(\frac{1}{\frac{RX}{R+X}+R}\right)\right]$$

$$= V_o\frac{\frac{RX}{R+X}}{\frac{RX+R^2+RX}{R+X}}$$

$$= V_o\frac{RX}{R^2 + 2RX}$$

$$= V_o\frac{X}{R + 2X} \tag{2}$$

另一方面，根据运算放大器的定义，有

$$V_o = (V_+ - V_-)A \qquad (3)$$

把式（1）和式（2）代入式（3），则

$$V_o = \left(V_o \frac{X}{R+2X} - \frac{1}{2}V_o - \frac{1}{2}V_i\right)A$$

$$= \left(\frac{X}{R+2X} - \frac{1}{2}\right)V_oA - \frac{1}{2}V_iA$$

令左边乘以V_o，右边乘以V_o，进行整理，则

$$V_o\left(1 - \frac{X}{R+2X}A + \frac{1}{2}A\right) = -\frac{1}{2}V_iA$$

等式两边除以A，得

$$V_o\left(\frac{1}{A} - \frac{X}{R+2X} + \frac{1}{2}\right) = -\frac{1}{2}V_i$$

这里，由于运算放大器的A无限大，故$\frac{1}{A} \to 0$，从而

$$V_o\left(\frac{1}{2} - \frac{X}{R+2X}\right) = -\frac{1}{2}V_i$$

求V_o的值，则

$$V_o = -\frac{1}{2}V_i\left(\frac{1}{\frac{1}{2} - \frac{X}{R+2X}}\right)$$

$$= -\frac{1}{2}V_i\left(\frac{1}{\frac{R+2X-2X}{2(R+2X)}}\right)$$

$$= -V_i\frac{R+2X}{R} \qquad (4)$$

把式（4）代入式（2），得

$$V_+ = -V_i\frac{R+2X}{R} \cdot \frac{X}{R+2X}$$

$$= -V_i\frac{X}{R} \qquad (5)$$

把通过X的电流记为I_x，则

$$I_x = \frac{V_+}{X} \qquad (6)$$

故把式（6）代入式（5），得

$$I_x = -V_i \frac{X}{R} \cdot \frac{1}{X}$$

$$= -\frac{V_i}{R}$$

因此证实了I_x只取决于输入电压和R之间的关系，而不受X影响。要注意一点，在放大器的动态范围不够大时，而负荷电阻（X）的值很大，这时输出会削波。

再来看看基于非反相放大器的Howland恒流源电流。电路图如图9.7所示。

▶Howland_P.asc

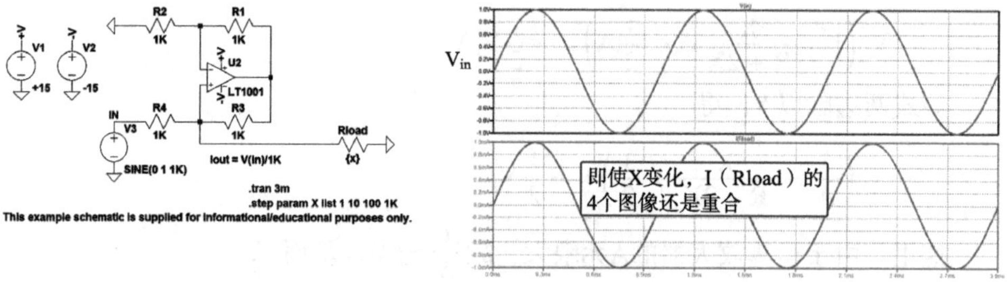

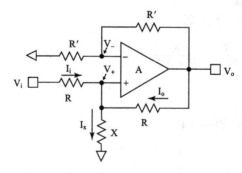

图9.7 基于非反相放大器的Howland恒流电路

这里，和基于反相放大器的Howland恒流电路一样，使负荷电阻发生变化，分别进行仿真试验。由仿真结果可知，一定的负荷电流流动，负荷电流和输入电压同相（即非反相）。

在此例中，和基于非反相放大器的Howland恒流电路一样，R_1和R_2的值都记为同一个电阻值"R′"；R_3和R_4都记为同一个电阻值"R"。把恒定电流负荷的电阻值记为"X"。

和基于反相放大器的Howland恒流电路不同的是，这里不但使用分压计算，还利用"（对电流的流入和流出情况进行加减计算可知）一个节点的电流的代数和恒为0"定理（基尔霍夫第一定律）。根据图9.8，如下所示，可以进行简单计算。

图9.8 基于非反相放大器的Howland电流源的基本电路

$$V_- = V_o \left(\frac{R'}{R' + R'} \right) = \frac{1}{2} V_o \qquad (7)$$

图中各部分的电流为

$$V_+ = V_i - I_i R$$

$$I_i = \frac{1}{R}(V_i - V_+) \qquad (8)$$

$$V_+ = V_o - I_o R$$

$$I_o = \frac{1}{R}(V_o - V_+) \qquad (9)$$

又由于

$$I_x = I_i + I_o \qquad (10)$$

故

$$V_+ = I_x \cdot X$$

$$= (I_i + I_o)X \qquad (11)$$

把式（8）和式（9）代入式（10），则

$$I_x = \frac{1}{R}(V_i - V_+) + \frac{1}{R}(V_o - V_+)$$

$$= \frac{1}{R}(V_i + V_o - 2V_+) \qquad (12)$$

由运算放大器的定义可知

$$V_o = (V_+ - V_-)A \qquad (13)$$

把式（7）代入式（13），得

$$V_o = AV_+ - \frac{1}{2}AV_o \qquad (14)$$

进行移项、整理得

$$V_o = \left(1 + \frac{1}{2}A\right) = AV_+$$

等式两边除以A，得

$$V_o \left(\frac{1}{A} + \frac{1}{2}\right) = V_+$$

此时，若令运算放大器的A足够大，则 $\frac{1}{A} \rightarrow 0$，从而

$$\frac{V_o}{2} = V_+ \qquad (15)$$

把式（15）代入式（12），得

$$I_x = \frac{1}{R}\left(V_i + V_o - 2\frac{V_o}{2}\right)$$

$$= \frac{V_i}{R}$$

因此，I_x只取决于输入电压和R之间的关系，而不受X影响的结论得到证实。

综上，不管是基于反相放大器还是基于非反相放大器的Howland恒流电路，输出电流只根据输入电压V_i和正反馈测得电阻R这两个因素就可以决定负荷电流。

要注意一点，和基于反相放大器的电流源一样，在放大器的动态范围不够大时而负荷电阻（X）的值很大，这时输出会削波。

9.1.3　带隙基准

所谓带隙基准，是用电压基准构成电路，使得温漂尽可能减少。理论上硅的禁带的能隙大约是1.1eV，温度变化最小的电压接近这个值，故叫做"带隙基准"。图9.9所示，是一个参考电路。

▶BandGap.asc

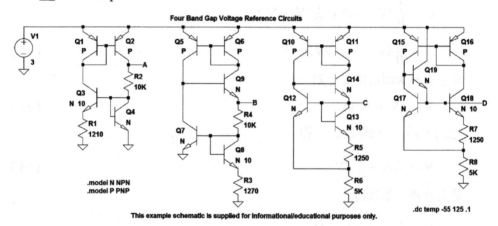

图9.9　恒压源的基本电路例

在这些电路例中，输入A是最基本的形式。电路是由一个pnp型的晶体管组成的电流镜和一个npn型晶体管组成的电流镜相向接合而成的。从不同角度看，其中一方是另一方的电流负荷。

在看电路时，要注意在Q_3、Q_7等标记上追加的这个"N 10"的标记。这表示把N个晶体管并联起来，使电流镜的电流变为常数倍。

在部件参数"N"后面追加"10"，可以在部件标记的上面按 Ctrl 键同时右击鼠标打开属性编辑窗口，双击"Value"栏"N"行进行编辑。N的后面必须有一个空格。

关于输出A到输出D的4种温度补偿电路的特性进行仿真试验，仿真结果如图9.10所示。

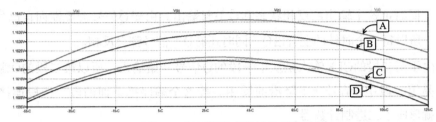

图9.10 恒压源温度特性仿真的结果

在实际运用的电路中追加了各种补偿电路，让温度变化更缓和，达到IC化，电压不是直接输出，而是连接一个经过精密调整的放大器，使电压变为2.5V或4096mV等更适合ADC基准的值。

作为基准电压的温度特性，一般选择在0℃～70℃范围内温度特性变化不大的基准电压。也有一些基准IC的数据手册中规定的是–40℃～+85℃范围内的温漂范围。温度系数以ppm/℃或mV/℃为单位，多用BOX法进行计算。BOX法规定温度系数是动作温度范围全体的平均。也就是说，以规定的范围全体为分母，温漂范围的最大和最小宽度（厂家提供的式样）为分子，除法运算的结果就是平均的温度系数，并记载在数据手册上。对于一些高精度基准IC，还记载着特定温度下的温漂系数（相当于该点的温度偏移的斜率）。

9.2 逻辑仿真试验

9.2.1 LTspice的逻辑库

图9.11列举了第2章的特殊功能中讲过的逻辑符号。关于这些逻辑符号的语句和注意事项，请参照第2章。下面的这个小节，将会列举二进制计数器和加法器作为使用逻辑符号的例子。

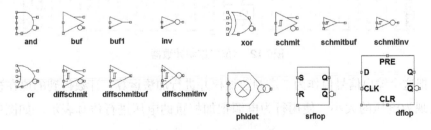

图9.11 LTspice库中的逻辑符号

9.2.2 二进制计数器

图9.12所示是使用D触发器构成4位的二进制计数器的电路。在CLK输入中输入10ms周期的时钟，则在D触发器中，在时钟的上升沿把D输入的状态传输到Q输出。同时把这个输出的反相状态和$\overline{Q}$一起输出。由于$\overline{Q}$信号会反馈回自己的D输入，所以每一个时钟的上升沿Q（同时还有Q）信号都会反相。

由于第二段的CLK输入是从第一段的$\overline{Q}$信号开始输入，所以第二段的Q输出结果是第一段中Q信号在下降沿的反相。按这个顺序把下面的段一段段连接起来，就形成了二进制计数器。

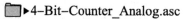
▶4–Bit–Counter_Analog.asc

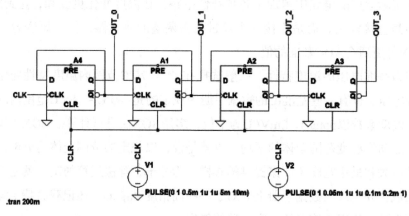

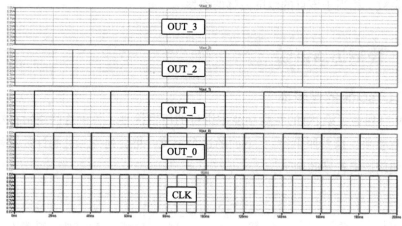

图9.12 4位二进制计数器

把这个输出信号值作为二进制数加权并进行加法运算，计数得到的值在视觉上表现为电压的大小。使用行为电源把加权重的电压进行仿真表示，如图9.13所示。

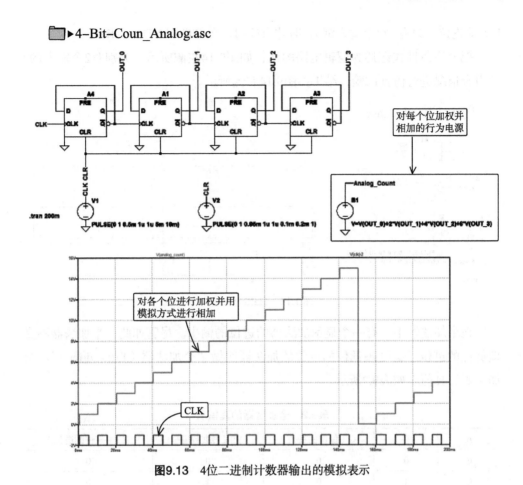

图9.13 4位二进制计数器输出的模拟表示

9.2.3 加法器

把一个位和另一个位加起来,输出这两个位的相加的结果和进位的电路,就叫"半加法器"。半加法器的真值表如表9.1所示。

表9.1 半加法器的真值表

A	B	Y(相加的结果)	C(进位)
0	0	0	0
0	1	1	0
1	0	1	0
1	1	0	1

由表9.1可知,只有当2个输入中有且只有一个为1时,$Y=1$;当2个输入都为0或都为1时,$Y=0$。可知Y是2个输入的异或逻辑,记为$Y=EXOR(A, B)$。另外,

C（即进位）只有当2个输入都为1时才有C=1。可知C=AND(A，B)。

把上述条件式记述为逻辑电路的话，如图9.14左侧所示。分别对2个输入的4种组合情况进行仿真试验，结果如图9.14右侧所示。

▶Half-adder.asc

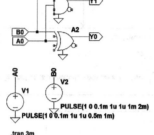
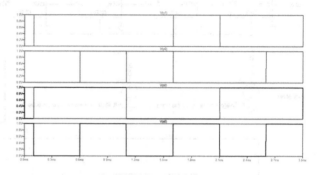

图9.14 Half-Adder

在半加法器中，有一个显示加法器的进位的输出。尽管如此，半加法器不受理低位的进位。会受理低位的进位的加法器叫做"全加法器（full-adder）"。全加法器的真值表如表9.2所示。

表9.2 全加法器的真值表

A	B	C（低位的进位）	Y0（相加结果）	Y1（该位的进位）
0	0	0	0	0
0	1	0	1	0
1	0	0	1	0
1	1	0	0	0
0	0	1	1	0
0	1	1	0	1
1	0	1	0	1
1	1	1	1	1

能实现这个真值表的逻辑电路有好几种。着眼于真值表的不同部分来考虑逻辑式，电路的结构会有所不同。这里分为C输入为0和1两种情况进行比较。Y0在C=0时结果和半加法器一样；在C=1时，Y0的结果和半加法器相反。即关于加算结果的位（Y0），要分情况讨论。C=0时，Y0是NOT（C）和EXOR(A，B)的AND。C=0时，Y0是C本身和EXOR(A，B)的AND。C分情况讨论得出的结果的OR就是Y0的结果。另外，C=0时，向高位的进位结果是A和B的AND；C=1时，

向高位的进位结果是A和B的OR。

把上面的理论归纳为逻辑式，如下：

Y0＝OR(AND(NOT(C), EXOR(A, B)), AND(NOT(EXOR(A, B)), C))

Y1＝OR(AND(OR(A, B), C), AND(AND(A, B), NOT(C)))

将这些逻辑式记为逻辑电路，结果如图9.15所示。

▶full_adder.asc（注：这样是不能进行仿真试验的）

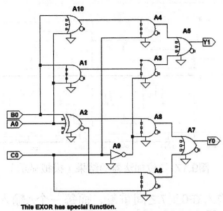

图9.15　全加法器

把图9.15的电路组装成一个实际的3位加法器（图9.16）。在组装时，事先利用分级功能把全加法器设为子电路。符号是自动生成的。

▶3-Bit-Adder_Analog.asc

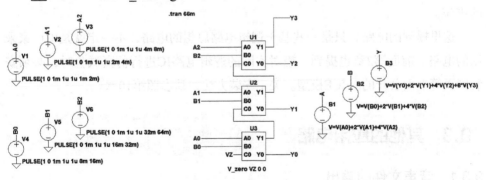

图9.16　3位加法器的例子

自动生成的符号会附有管脚名称，有时管脚名称的配置情况会和子电路不一致，所以要注意检查管脚的排列方式。如果管脚排列方式或管脚之间的位置关系和设计者的意图不符，那么用SPICE的波形显示管脚的输入信号的所有组合时会很难看，所以要像对计数器那样，把输入和输出数值化，并转换为仿真数据的大小，在进行仿真试验（图9.17）。值发生变化时出现电子脉冲，前面讲计数器时已经说过，这种现象可以忽略。

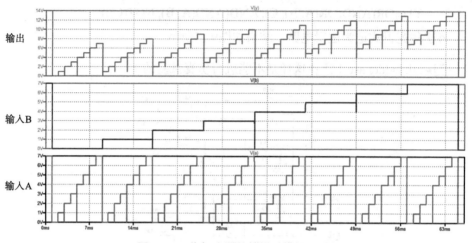

图9.17 3位加法器的结果（模拟显示）

设定输入，让A输入在0到7之间重复，而每一个A输入的周期内B输入也从0依次增加直到7。由图可知，输出Y实现了A+B。

这里所示，是由一个个全加法器逐步组成的多位加法器。在这样的加法器中，一位一位的处理进位，直到输出最后的进位，在这段期间，根据是否有低位的进位会产生延误。而安装在实际的CPU等的加算器，并不是一一检查进位条件，而是内部有一个逻辑电路，能一口气输出8位或者16位的相加结果的进位。

这里提到的电路，只是一些基于逻辑电路思想的电路，不一定就是IC厂家采用的电路。前面第2章也提到，想对实际的逻辑电路IC进行仿真试验时，必须安装网页等上面公开的SPICE模型。关于安装方法，请参照第10章。

9.3 其他的应用电路

9.3.1 音声文件的输出

在LTspice中，可以输出WAV格式的音声文件。关于把WAV格式文件作为电压源直接输出的那种方法，在第2章已经讲过了。

一般常用的CD格式是16bit、44.1Ksps、2ch，在LTspice中还可以设置除此之外的组合。其中，利用的输出的信道数可以高达65536。这在联合进行几个仿真

试验的情况下接收节点电压时非常有利。这种情况下，输出的节点电压被看作是
相对于时间轴的等间距折线（严格地说是阶梯状的）波形。

语法	`.wave <filename.wav> <Nbits> <SampleRate> V(out)  [V(out2) ...]`

例   `.wave C:\output.wav 16 44.1K V(left) V(right)`

此例中，输出文件名记为"output.wav"，保存在C盘。文件名可以通过完整
路径指定，也可以只记述文件名（最好加上扩展名*.wav）。只记述文件名时，文
件保存在记述了.WAV命令的仿真电路文件（或网表）被保存的同一个文件夹内。

输出位数是16bit，采样率是44.1k，2个信道的输出分别记为电路图内的节点
名"left"和"right"。语句中用"<Nbits>"表示的可以输出的位数是1~32。用
"<SampleRate>"表示的采样率是每秒1~4，294，967，295。

被保存的值看作电压，范围在±1V之间。若实际的仿真试验结果超过这
个范围，波形会被削波。可以保存部件（或端子）的电流，输出节点名记为1b
（Q1）。此时，把±1A换算为±1V输出。

用WAV格式保存的文件，可以作为LTspice仿真试验的电压源或电流源的输
入文件使用。在PC的音声卡中，可以重播的主要的格式条件是：信道数为1或2；
位数为8或16 bits/channel；采样率为11025、22050或44100 sps。还有一些应用系
统软件和硬件有其他的重播格式要求。

下面的例题中，使用LTC公司2010年公开的TimerBlox系列的LTC6992-1，使
音声频带信号振荡，把扫描了频率的信号输入为*.WAV文件。这个IC本来是为了
固定频率从而进行和仿真输入相应的脉冲调制而设计的。LTC6992的典型的外部
电路图如图9.18所示。

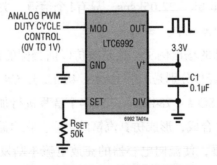

图9.18 LTC6992的基本应用电路

为了达到进行音声频带的频率扫描的仿真试验目的，这次例题采用不一样的

电路构成。

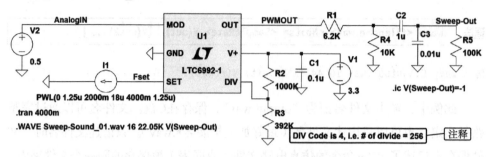

图9.19 LTC6992-1的应用例

在电路图的SPICE目录中记述的".WAVEsweep–Sound–01.wav 16 22.05K V（Sweep–Out）"是执行音声文件输出的部分。".ic V（Sweep–Out）=–1"是输出电压的初始设置，目的是使Low电平开始的初始值为–1V，从而让输出从初始状态就是±1V。

MOD管脚本来是用于脉冲调制的仿真输入，这里将其固定为0.5V、占空比约保持为50%。另外，DIV输入是决定对初始振荡频率进行分频的值的管脚，从1分频到16384分频，平均每4倍就能设置8个阶。分频大小取决于电压大小，而电压由V+和GND之间的电阻分压决定。例题设定的是256分频。

振荡频率由SET管脚和GND之间连接着的电阻值（从SET管脚流出的电流）决定。在这个例题中，不使用固定电阻，而是利用PWL让电流源的大小随时间变化而变化。据此，可以实现频率扫描。电流的扫描范围设为1.25μA ～ 18μA。在此条件下仿真得到的频率范围为250Hz～3.52kHz。

仿真试验进行到最后，在保存着电路图的文件夹中，音声文件被输出。*.WAV的输出格式是16 bit、22.05ksps，只有1个信道。关于输出的例子，保存在▶Sweep–Sound_01.wav中。

再举一个音声文件的输出例子。这是模仿以前美国的铁路中使用的4管的汽笛的声音。这4个管的音程分别是A#（LA #：466Hz）、C#（DO #：534Hz）、D#（RE#：622Hz）、G#（SO #：784Hz），把这4个音程进行加法合成，把按照指数升降的包络线进行乘法合成，形成仿真汽笛的声音。在电路中，为让包络线的上升沿变快、下降沿变慢，使流向电容器的充放电流不断发生变化。仿真结果的波形如图9.20所示。另外，作为结果输出的音声文件保存在下面这个文件夹里：▶train_whistle.wav。

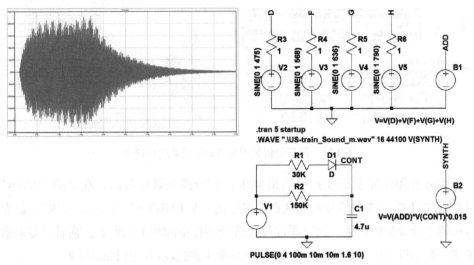

图9.20 汽笛声的合成电路图

9.3.2 读入WAVE文件的频率解析

在进行试验等情况下，有时想要对测定的数据进行频率解析。对每个测定的瞬间（虽说如此，"这个瞬间"也必须是几个采样时间的长度）进行频谱解析，要使用频谱分析仪或示波器里面的FFT功能。

在LT中，电源的描述方式使用PWL。在PWL的语句构成中，只要有一个每一行都写着时间组或电压组（或电流组）的表就可以了。所以，可以把从文本格式的文件输入这个表。另外，由于可以读入WAVE文件（＊.WAV格式）的文件，所以可以把IC录音机等记录的数据当作解析的目标数据。

下面，对音声频带的数据进行解析。音源是寺院里的钟声，用IC录音机记录的（📁▶音源文件＝Kane.wav）。

读取录音，数据的整体图像如图9.11所示。音源文件以22.05ksps的速率采样所得，由图可知钟声开始响的时间点是1943ms。由于以22.05ksps的速率采样，故平均1点的时间是45.351μs。从钟声响的那点开始，使解析的开始时间逐渐延迟（此处每点延迟0.2s），对2048个点进行采样，并读取波形。这个解析实验的电路图如图9.21左侧所示。

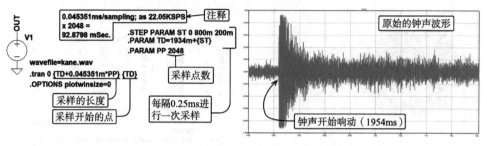

■▶Kane_A–.asc（波形在Kane-org-asc中显示）

图9.21 用于分析钟声频谱时间变化的电路图

此时的图像显示正在扫描输出电压。在图像上鼠标右击，在菜单"View"中点击"FFT"。选中信号名称选择窗口中的"V（OUT）"并点击"OK"，就会显示傅里叶变换的结果。通过手动设置改变图像中的两个轴设置，横轴还是对数形式，范围设定改为100Hz ~ 10kHz，把纵轴从dB显示改为Linear刻度。

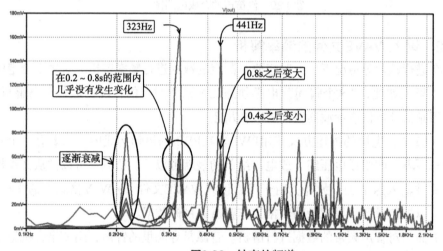

图9.22 钟声的频谱

由图可知，在441Hz附近，频率成分在受到撞击开始之后的0.4s一度变小，在0.8s再次变大。可以推测主要成分的周期约为0.8s，是一种类似"咚、-----、-----、------、------"的声音。另外，由图可知，在322Hz附近，频率成分受到撞击瞬间很大，之后的0.2 ~ 0.8s内几乎没有出现衰减。

仔细研究的话会发现很多特征，不过这里不再深入研究，只是说明LTspice还能用于这种实际的情况。进行这种解析时，通过使用扫描命令"STEP"，组合使用相关的".TRAN"解析时间轴的参数，对图像显示进行精心安排，就能用于各种解析。

第⑩章 SPICE模型的使用

使用LTspice库中自带的SPICE模型之外的部件进行仿真时，需要获得用文本形式表示的SPICE模型，并使用此文件进行仿真。此时，若不理解文本形式的SPICE语法，就不能正确地运用。本章将对来自第三方公司的SPICE模型的运用方法进行讲解。

10.1 文本驱动形式表记法

10.1.1 文本驱动形式表记法的意义和历史背景

如今的电路仿真，只要设计出把各种电路符号组合而成的电路图，就基本完成了电路仿真的准备工作。不过，即使在用于电路图输入的GUI已经得到充分发展的今天，若能读懂全部都是古典文本的表记法，将有助于理解由初级部件组成的子电路结构。另外，有时一些FET模型是用".SUBCKT"形式记述的，所以了解SPICE文本形式表记对于应用SPICE仿真器也具有重要作用。

历史上，在Windows及其之后的MS-DOS开发之前，即现在的台式电脑开发之前，在用大中型计算机进行物理学或电子工程的实验解析过程中开发了SPICE。当时的程序语言是FORTRAN。电路图信息采用文本形式进行记述，形成一行一行的穿孔卡，进行电脑处理。修改电路是通过替换穿孔卡实现的，因此费时又费力。

即使在当时，也有使用大型计算机在网络终端使用屏幕编辑程序就可以输入基于文本的电路图。不过，即使如此，有时SPICE的批处理还是要依赖于计算机中心，几个小时之后才能下载计算结果文件。

大约在1982年，开发了用于IBM-PC的MS-DOS，于是即使是今天被广泛使用的PC，在其初期阶段用于SPICE的电路图也是基于文本形式输入的。和FORTRAN时代相比，在台式电脑上使用屏幕编辑程序就可以输入、修改电路，很简单方便。

话说如此，从电路图方面看，以文本形式输入用于仿真的电路信息还是一种费时费力的工作。通过以上操作得到的这种基于文本的电路信息，叫做"网表

（net list）"。

　　另外，采用现在被广泛运用的基于电路图的仿真方式的叫做"电路图驱动"仿真器，而SPICE初期采用基于用文本记述电路图信息（即网表）的仿真方式的叫做"文本驱动"仿真器。在历史上，文本驱动是第一种电路记述方式，当时由于只有那一种记述方法，所以不像现在这样叫做"××驱动"。

　　当然，还是以电路图形式输入电路图更有效率，人工输入的电路图图面的输入形式因生产仿真器的厂家而异。虽然SPICE本身多少有一点方言，但是基于网表的仿真大致上还是具有兼容性。像IC化的运算放大器等，如果以网表形式被提供的话，那么不管在哪种SPICE仿真器中都能发挥"基本"作用。

　　另外，有时FET模型作为SPICE模型，不以".MODEL"形式（固有的FET）记述而以".SUBCKT"形式记述，执行SPICE出现错误要追溯原因时，如果学会了文本驱动记述法，就能找到发现问题的线索。所以说，懂得这种记述形式非常有用。

10.1.2　文本驱动形式表记的基本语法

　　图10.1所示，是使用了2个晶体管的差动放大器输入段经过简化之后的电路。下面试根据电路图写一个文本形式的SPICE网表。

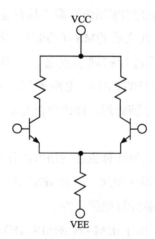

图10.1　差动输入放大器的初段的基本形

　　按照顺序，首先要准备电路图。在电路图中，给所有部件的节点标上编号和部件名称。节点名称（编号）重复的话就会被当作是同一个节点，所以要注意。节点名称可以用字母或数字（半角），顺序任意。部件名称根据该部件的基本性质或特性用英语首字母标记。例如，电阻器标记为R，电容器标记为C，电压源标记为V，等等。每一行记述一个部件。

语法如下所示。电阻器、电容器或线圈的部件名称分别以R、C、L开头。

1. 基本写法

| 语法 | <部件名称><节点1><节点2> ［<节点3>…］ <值> |

2. 电源的写法

| 语法 | V<名称><+节点><-节点> ［［DC］<电压值>］［AC <电压振幅> ［位相］］［瞬时参数］ |

3. 双极型晶体管的写法

| 语法 | Q<名称><C节点><B节点><E节点> ［<衬底节点>］ <模型名称> ［面积］ |

另外，记住下面的规则：

（1）行首有星号（*）时，该行即是注释。

（2）一行中间有分号（;）分号后面即是注释。

（3）本来应该写1行的句子，因为太长写到第2行，此时为了便于阅读，在第2行开头加上"+"号，表示承接上行。

（4）最后一行写上"END"，表示网表的最后。

（5）规定GND的节点名称是"0（零）"，这是全局节点名称。

具体每个部件的语法可以参照LTspice手册（PDF版）里关于各个部件的项目。对于SPICE的执行句和设定以圆点（.）开始。我们将其称之为"SPICE指令（SPICE Directive）"。

10.1.3 文本驱动的例题

根据图10.2探讨具体细节。在此例题中，按数字顺序标上节点名称。电路图右侧是SPICE网表。

网表的第1行开头要加上星号"*"，为注释行。接着的两行，分别表示+电源（12V）和-电源（-12V）。表示交流电源（振幅为1V）。都以GND为基准，分别连接着节点7和节点8。

接着这两行的，是表示通过RS1（1kΩ）连接到交流电源VIN的行和表示通过RS2（1kΩ）连接到GND的行。

Q1和Q2行是表示晶体管的连接的行，表示其模型是"MOD1"。这个模型在网表的下面进行记述，写在以"MODEL"开头的那3行。RC1、RC2和RC3行分

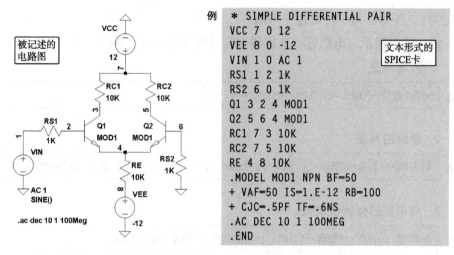

图10.2　以差动输入放大器为例的文本形式记述

别表示对应电阻器的连接情况。

　　SPICE仿真的执行命令由".AC"发出，记述内容表示对AC解析进行仿真，速度为平均每十倍频10个点，频率范围为1Hz～100MegHz。

　　LTspice能根据这种只用文本形式记述的网表进行仿真，并以图像形式显示结果。将根据通常的输入电路图的"电路图驱动"法进行仿真和以"文本驱动"进行仿真的结果进行比较，比较结果如图10.3所示。

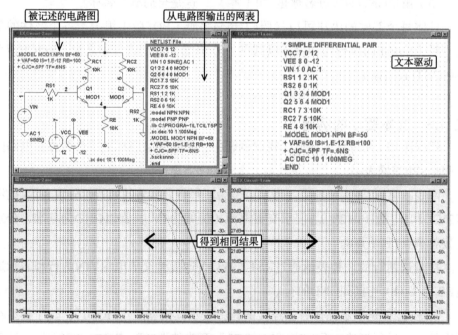

图10.3　根据两种不同的电路图记述法进行仿真的例子

　　如图左侧，根据"电路图驱动"法进行仿真时，LTspice输出的网表作为注释被附在电路图右侧。由图可知，即使和右侧根据文本驱动进行的解析结果进行对比，两者得到的结果是完全相同的。

10.1.4　以文本驱动进行仿真时的图像显示

　　以文本驱动进行仿真并显示图像时，要激活图像窗口（执行"RUN"命令，没有显示图像，只出现图像窗口），点击"Plot Settings"菜单中的"Add trace"（图10.4）。弹出一个显示电压节点名称和电流的部件名称（管脚名称）的对话框，在对话框中勾选想要显示的项目，图像就会被绘制。

　　最近在书店找不到关于文本驱动的书籍，买这些文本驱动记述法的书成了一件难事。如果能买到《用于电脑的电路仿真器PSpice/CQ版》手册（冈村廸夫著，1991年10月20日光盘版（初版）或1993年10月1日（Ver.5）初版，CQ出版），将对学习语法基础大有益处。冈村著的手册和LTspice关于部件名称的首字母（前缀）有一小部分差别，不过基本上在LTspice中也可以直接使用。

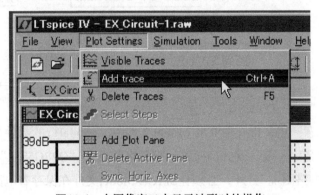

图10.4　在图像窗口中显示波形时的操作

10.2　把SPICE模型导入电路图（A）

10.2.1　模型文件（.MODEL）的使用方法

1．.MODEL文件的关联

　　导入二极管、双极晶体管和FET等的SPICE模型时，按以下顺序进行操作。LTpice仿真器中已经保存着的分立部件数是有限的，而有时由于入手方便，想要使用新选定的部件进行仿真时，就要从部件的生产厂家获取关于Spice数据，使该文件能被LTspice使用。

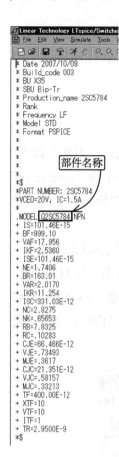

```
* Date 2007/10/09
* Build_code 003
* BU X35
* SBU Bip-Tr
* Production_name 2SC5784
* Rank
* Frequency LF
* Model STD
* Format PSPICE
*
*
*          部件名称
*
*$
*PART NUMBER: 2SC5784
*VCEO=20V, IC=1.5A
*
.MODEL Q2SC5784 NPN
+ IS=101.46E-15
+ BF=999.10
+ VAF=17.956
+ IKF=2.5360
+ ISE=101.46E-15
+ NE=1.7406
+ BR=163.01
+ VAR=2.0170
+ IKR=11.254
+ ISC=331.03E-12
+ NC=2.8275
+ NK=.65653
+ RB=7.8325
+ RC=.10283
+ CJE=66.466E-12
+ VJE=.73493
+ MJE=.3617
+ CJC=21.351E-12
+ VJC=.58157
+ MJC=.33213
+ TF=400.00E-12
+ XTF=10
+ VTF=10
+ ITF=1
+ TR=2.9500E-9
*$
```

一般的SPICE模型的文件形式如左图所示。这个文件以2SC5784（东芝公司产）为例。

文件名可以自己随意命名。在这个例子中，文件命名为2SC5784-SPICE.lib。在电路图中，如下面的例子所示，SPICE指令采用".include<文件名>"的表记法，显示在电路图中（图10.5）。

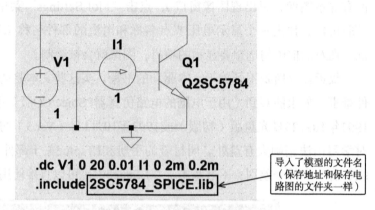

.dc V1 0 20 0.01 I1 0 2m 0.2m
.include 2SC5784_SPICE.lib ← 导入了模型的文件名（保存地址和保存电路图的文件夹一样）

图10.5　包含模型文件的例子

编辑SPICE指令时，激活电路图窗口，点击"Edit"菜单中的"SPICE Directive"或点击工具栏中的"SPICE Directive"（ ^{.op} ）（图10.6）。热键是 **S** 。

这里要注意一点，即在SPICE Model文件中，.model行的部件名称必须和电路图中的部件名称一致。就此例而言，部件名称就是"Q2SC5784"（参照SPICE Model文件和电路图）。另外，必须让SPICE Model文件在保存着电路图数据文件的文件夹内"共存"。（.include文件名也可以写完整路径。此时，文件名要用双引号括起来）。

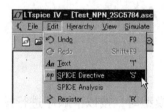
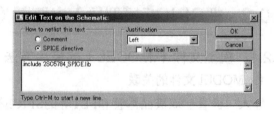

图10.6　SPICE指令的编辑

2. SPICE Model文件内记述概说

下面对SPICE Model文件内的记述进行简单说明。

以"*"号开头的行是注释行。

以"+"号开头的行表示承接前面一行的内容。

不过，在把几个部件整合成一个的大的库文件中，不使用"+"号，而多把全部的内容写为1行。作为电路图中的表记法，也可以把".include"省略为".inc"。另外，由于这个文件是SPICE Model，所以可以不写为".include"而写为".model"。

注意事项

在记述部件的模型中，一般被使用的除了SPICE Model还有IBIS Model。IBIS Model不能在SPICE仿真器中使用。

10.2.2　采用SUBCKT（文本文件）记述的FET的例子

很多半导体生产厂家在网上不仅公开数据手册，还公开提供SPICE模型。从这些SPICE模型中，我们选择Vishay公司（原来的Siliconix公司）生产的Si5908DC（N-ch MOS-FET）为例进行说明。该FET管的主要特性如表10.1所示。

这个FET管的SPICE模型以文本形式被提供在PDF文件中。

表10.1　Si5908DC的主要特性

V_{DS} (V)	r_{DS}(on) (Ω)	I_D (A)
20	0.040 @VGS=4.5 V	5.9
	0.045 @VGS=2.5 V	5.6
	0.052 @VGS=1.8 V	5.2

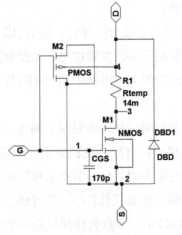

图10.7　Si5908DC的模型和等价电路

例
```
*Jan 23, 2006
*Doc. ID: 77408, S-60073, Rev. B
*File Name: Si5908DC_PS.txt and Si5908DC_PS.lib
.SUBCKT Si5908DC 4 1 2
M1   3 1 2 2 NMOS W=485249u L=0.50u
M2   2 1 2 4 PMOS W=485249u L=0.35u
R1   4 3     RTEMP 14E-3
CGS 1 2      170E-12
DBD 2 4      DBD
********************************************************
.MODEL  NMOS      NMOS ( LEVEL  = 3          TOX   = 1.7E-8
+ RS     = 14E-3      RD    = 0           NSUB  = 2.05E17
+ KP     = 13E-5      UO    = 650
+ VMAX   = 0          XJ    = 5E-7        KAPPA = 5E-2
+ ETA    = 1E-4       TPG   = 1
+ IS     = 0          LD    = 0
+ CGSO   = 0          CGDO  = 0           CGBO  = 0
+ NFS    = 0.8E12     DELTA = 0.1)
********************************************************
.MODEL  PMOS      PMOS ( LEVEL  = 3          TOX   = 1.7E-8
+NSUB   = 7E16        TPG   = -1)
********************************************************
.MODEL DBD D (CJO=150E-12 VJ=0.38 M=0.28
+RS=0.1 FC=0.1 IS=1E-12 TT=5E-8 N=1 BV=20.2)
********************************************************
.MODEL RTEMP RES (TC1=6E-3 TC2=5.5E-6)
********************************************************
.ENDS

*This document is intended as a SPICE modeling guideline and does not
*constitute a commercial product data sheet.  Designers should refer to the
*appropriate data sheet of the same number for guaranteed specification
*limits.
```

下面仔细地看一下网表。

最前面的3行以"*"开头，故为注释行。第4行以".SUBCKT"命令开始，是表示这个模型的本体部分的开头。重要的是，紧接着这个命令的名称表示部件名称，而使用这个模型的FET的上位电路中的FET的名字必须和这个部件名称保持一致。

紧接其后的"4 1 2"分别表示从外面看时的漏极、栅极和源极的内部节点编号。这个节点编号只限在模型内有效，是独立于上位电路的节点编号。只不过，如果有的节点编号和内部电路中的"全局节点名称"重复的话会导致意料之外的问题，所以在上位电路声明"全局节点名称"的时候，必须改为固有名称。一般而言，在厂家提供的SUBCKT中，节点名称都只是一个单纯的编号。

第5行和第6行表示作为内部等价电路的MOS-FET，其中M1表示NMOS，M2

表示PMOS。FET的连接节点的顺序和语法（语法）如下所示：

语法	<以M开头的名称><D节点><G节点><S节点>
	<衬底（背栅）·节点><模型名> ［W＝栅宽］［L＝栅长］

下面的R1表示节点4和3之间的名为"RTEMP"的模型的电阻器（部件名称以R开头），电阻值是14mΩ。CGS行的部品名称以C开头，故为电容器，放在节点1和2之间，电容值为170pF。DBD行的部品名称以D开头，表示二极管，连接着的第一个节点为节点2，第2个节点为节点4。由DBD行的最后内容可知，在模型中使用的是DBD模型。下面用一组"*"号隔开的4个板块，都是以".MODEL"开头，把这个网表中使用的模型定义为"固有部件"。

行首有"+"号，表示承接前面行的内容。

最后以".END"表示SUBCKT到此结束。后面4行注释表示的内容为"这个文件是根据SPICE模型的说明进行记述的，不保证和市面产品的数据手册一致。请设计者参照数据手册的指定内容"。

根据以上所述的网表信息，把这个模型以电路图形式画出来，结果如图10.7所示。

虽说这个模型和实际上保证元件特性的数据手册之间不一定保持一致，把对这个FET的静特性进行仿真的结果和数据手册的图像进行比较，由图可知二者很一致（图10.8）。右面的图是数据手册的，左面的图是仿真结果。在仿真中，使V_{GS}从1V开始增加，每次增加0.5V，直到2.5V。关于这个例题的电路图和仿真试验，请参照下节"把SPICE Model导入电路图（B）"。

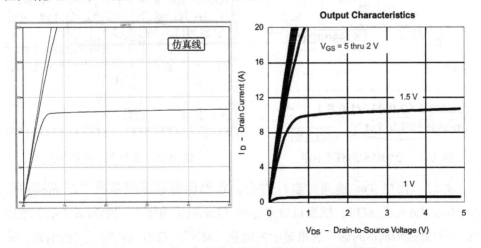

图10.8 Si5908DC的仿真结果和数据手册中的图像的对比

10.3 把SPICE模型导入电路图（B）

1. SUBCKT模型的表述

FET的SPICE模型有时会以SUBCKT的形式被提供，而不是以作为基本的FET的参数被提供。这种情况下，如果还是像前面所述那样的".include"和".model"组合的话，就无法进行仿真。这是因为对于以".SUBCKT"记述的部件，必须把电路图中的部件名中的"前缀"改为"X"。通常，在电路图中表示FET的部件名的前缀为"M"和"J"，分别表示MOS–FET和JFET，而不是"X"。

2. 例题

以N沟道MOS FET管Si5908DC为例进行解说。首先，通过LTspice对这个FET进行DC解析，研究其静特性。Si5908DC的SPICE模型是由生产厂家以文本文件形式提供的。这个SPICE模型的第4行以".SUBCKT"开头，下面记述一个由NMOS、PMOS、电阻器和二极管组成的电路。对于NMOS、PMOS、电阻器和二极管，仿真分别给了定义。为了仿真这个FET的静特性，输入图10.9所示电路图。

选择".DC"作为仿真指令，把扫描的"1st Source"作为"V2"，把"2nd Source"作为"V1"，输入参数，如图10.9所示。另外，把记述这个模型的文件"si5908dc.txt"也作为SPICE指令以".include"或".inc"写入。

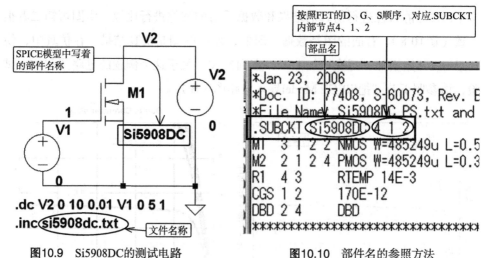

图10.9 Si5908DC的测试电路   图10.10 部件名的参照方法

此时，按住 Ctrl 键同时鼠标右击，在部件符号上面弹出"Component Attribute Editor"窗口，把窗口最上方的"Prefix（前缀）"的Value（值）改成"x"（如果是NMOS的话，这里显示的就是"MN"，双击该栏即可进行编辑，输

入 "x" 并单击 "OK" 按钮。)（图10.11）。到此，就可以根据 ".SUBCKT" 记述的模型执行仿真了。

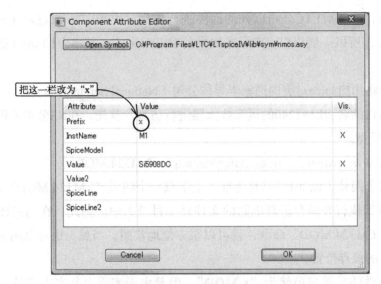

图10.11 前缀的编辑

3. SUBCKT文件的保存位置

SUBCKT文件可以以文本形式作为SPICE指令直接粘贴到电路图窗口。通常，直接以文本文件的形式保存更便利（扩展名可以是任何扩展名，不过如果扩展名为 "*.txt" 的话，就便于在文本编辑器中编辑）。这个文件保存在和电路图文件相同的文件夹（目录）里。如此一来，在电路图中的 ".include" 命令中只要写文件名即可。当然，也可以用完整路径指定文件的保存位置。

4. 主电路图和SUBCKT之间的关系

只要在主电路图中有由SUBCKT指定的部件名称，那么会在和LTspice相关联的文件夹和被 ".include"（包含）的文件中搜索这个部件名称，如果找到相同的部件名称就链接到SUBCKT，并执行仿真。

用程序语言打个比方，就相当于从主路径呼出到副路径。此时，参数的传递方式是使主电路图中已经决定的管脚的顺序和SUBCKT中写着的内部节点的管脚顺序一一对应，连接到电路图。

10.4 把SPICE Model导入电路图（C）

有时，想要对LTC公司以外的部件进行仿真。由于LTspice继承了SPICE的基本语法，所以一般以SPICE形式提供的SPICE文件，基本上LTspice都能直接使用。

下面将用LTspice对美国国家半导体公司（National Semiconductor，以下称NS公司）出口的名为LM3240的运算放大器进行仿真。首先，在NS公司的网页上下载SPICE模型。

http://www.national.com/assets/en/tools/spice/LM324.MOD

在这个网站（以2011年5月为准）上下载一个叫做"LM324.MOD"的文件，然后保存到执行并保存仿真电路的文件夹（目录）中。到此，在电路图中记述".include LM324.MOD"命令，就可以很方便地参照。当然，也可以用完整路径指定文件的保存位置。

该文件的扩展名虽然为"*.MOD"，但是由于实质上是文本文件，所以在Windows附带的记事本或一般的文本编辑器中都可以确认其文本内容。当然，在桌面上的LTspice的快捷图标中拖放这个文件也可以对文件内容进行确认或编辑（图10.12）。

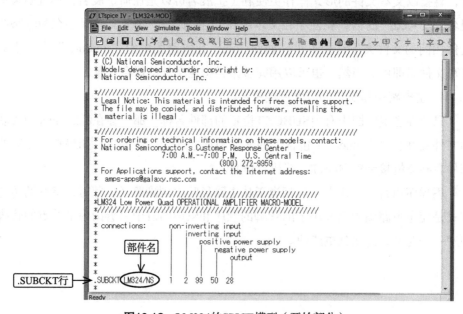

图10.12 LM324的SPICE模型（开始部分）

按照SPICE语句阅读这个文件，前面刚开始几行以"*"开始，主要是关于注意事项和联系地址等注释。逐行读下去，下面有这样一行：

例　`.SUBCKT LM324/NS    1   2  99  50  28`

这是定义为SUBCKT的部分，".SUBCKT"后面的文字列"LM324/NS"是在电路图参照的部件名。文字列后面的数字列是在SUBCKT中使用的节点编号，以及与外部连接的管脚的序列。用户没必要留意数字本身，但是谨慎起见要对数字排列的顺序进行确认。这一行上面的注释上写明"这个元件是5个端子结构，管脚的序列是'非反相输入'、'反相输入'、'正电源'、'负电源'、'输出'的顺序"。根据这个注释进行确认。不仅限于LTspice，在一般的SPICE中，5个端子的运算放大器都采用这种管脚顺序。

下面试把这个运算放大器导入电路图。在电路图窗口中打开"Select Component Symbol"窗口（按热键 F2 ），选择"opamp2"（图10.13）。

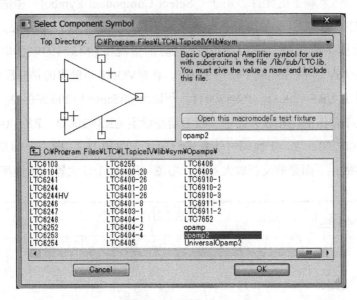

图10.13　配置opamp2

接着点击"OK"，放入电路图中，开始设计应用电路。这里的例题中，试以两个增益为2倍的反相放大器和非反相放大器构成电路（图10.14）。

放入opamp2之后，把光标移到opamp2的文字列上，在文字列上鼠标右击并编辑部件名称为"LM324/NS"。接着按热键 S 显示"Edit Text on the Schematic"对话框，输入".include LM324.MOD"并放入电路图。这里的要点是：要包含

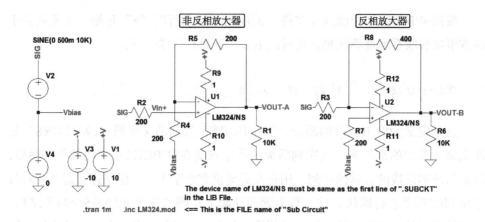

图10.14 使用了LM324的放大电路

（include）的是"文件名"，而电路图中的部件名称是在已经被包含的SPICE模型中被定义的"SUBCKT名称"。常见的错误是在编辑opamp2的名称时，写成了文件名。

即使都是5个端子的元件，由于"Select Component Symbol"中的opamps文件夹中的以LT或LTC开头的部件名称无法编辑，所以必须放入opamp2。

根据数据手册记载，使用正负2个电源的情况下LM324的电源电压范围是"±1.5V～±16V"，故在此例中使用±10V。具有VOUT–A输出的是非反相放大器，因为增益设定为R5=200Ω、R4=200Ω，所以增益Gain=1+200/200=2。另外，在具有VOUT–B输出的反相放大器中，因为增益设定为R3=200Ω、R8=400Ω，故增益Gain=-400/200=-2。下面通过仿真进行确认（图10.15）。图中上面是反相放大器的仿真结果，下面是非反相放大器的，据图可确认2个放大器的增益都为2倍。

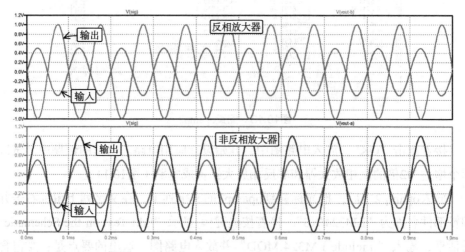

图10.15 图10.14的仿真结果

10.5　分立部件库的编辑

　　LTspice在库内收集了很多分立部件，但是有时会想对库进行编辑并追加自用的部件，以便广泛地运用。虽然库文件是文本文件，可以在文本编辑器中进行编辑和保存，但是在用编辑应用程序启动时如果不是以管理者身份启动的话就不能保存。最确实有效的方法是用LTspice进行编辑或保存。

　　首先，点击"File"菜单中的"Open"，在文件选择窗口最上面的"文件位置"中进行选择，按照Program Files→LTC→LTspice→lib→cmp的顺序依次打开，如图10.16左侧所示。在选择窗口最下面的"文件类型"的选项中选择"Discretes"，于是出现目标文件（图10.16右）。在该文件中决定要编辑哪个库。

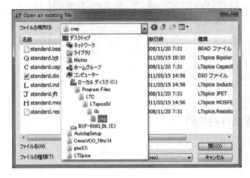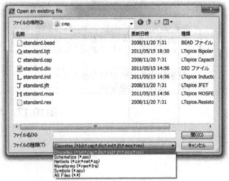

图10.16　库文件文件夹

　　文件名和库内容如表10.2所示。

表10.2　库文件一览表

文件名	库内容
standard.bead	铁氧体磁珠
standard.bjt	双极型晶体管
standard.cap	电容器
standard.dio	二极管
standard.ind	电感器（线圈）
standard.jft	结型场效应管
standard.mos	MOS FET
standard.res	电阻器

扩展名为"*.bak"的文件是文件更新之前作为反馈保存下来的。通过Sync Release，库的内容合并，自己编辑的内容就不会消失。

各个库的格式可以参照既有的库的格式进行追加。追加FET时，选择1行类似的部分内容，在"Edit"菜单在点击"Copy"。接着，把编辑光标移到要粘贴的地方，同样在"Edit"菜单点击"Paste"。更改部件名称并对参数进行编辑之后，在"File"菜单中点击"Save"进行保存。到此，分立部件的编辑操作结束。文件一经保存，马上就可以显示在电路图记录中。

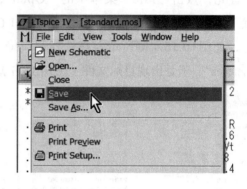

图10.17　库文件的编辑

第⑪章 其他信息

在LTspice中进行仿真之后，再经过设计和试作，最后就要对实际电路进行评价。在这个过程中，如果没有关于设计的准备知识并进行适当的设计，到了评价实际电路阶段才发现电路不能像预期一样动作，就会很着急。为避免这种情况出现，本章总结了一些要注意的要点。

11.1 开关电源设计要点

在第7章中，对开关电源的拓扑结构进行研究，并对每个拓扑结构中的开关动作进行确认。然而，实际在组装开关电源时，除理想条件之外，其他要素以各种形式掺和进来。这些要素会产生什么影响呢？下面通过仿真进行确认。

LTC公司在网页上公开的应用手册《AN19》中，有"警告"一项。另外《AN44》也写着在设计、评价过程中的各种注意事项，例如评价过程中示波器的用法等。

这些都是针对LT1070或LT1074等初期（即20世纪80年代）的开关电源IC的应用手册。不过，这些应用手册里面都是一般普遍的内容，也适用于最近的开关电源，所以建议阅读。

这些应用手册有关于过去经常发生的失败案例的叙述，还有初次设计开关电源的工程师碰到的典型的问题。下面笔者通过仿真自己经历过或所见所闻的例题进行说明，一些内容可能和应用手册的内容重复。

11.1.1 布线的基本——粗、短

设计开关电源时，首先要决定输出电压或电流的式样以及输入电压的范围。此时，还要明确输入电压的变化范围、输出电压的精度以及允许脉动宽度。

决定立足于系统的式样很重要，常言道"决定了式样，相当于设计完成了一大半"。给整个系统或系统局部提供电力的电源的式样必须要保证作为整个系统的合理性。要仔细检查，避免出现一些没有意义的超过规格要求的式样，如精度高于要求的输出电压值，或者比负载侧要求小的脉动电压。如果检查不仔细，那

么在试制阶段的评价标准就会变得模糊，可能会导致追求在示波器观测到的波形没有意义的"表面的美"，或者以1mV为单位研究数字测试仪中读取的输出电压值，白白浪费时间。

要谨记上面的注意点，按照规定的式样进行电源设计。下面以降压电源为例，对典型的开关电源的电路设计和印刷电路板（PCB）的布局过程中的要点进行解说。在开关电源中，上升沿和下降沿都很陡峭，开关频率也高达数MHz，在组装电路过程中，必须记住这是一个能组装成FM/AM广播接收器的高频电路。

经常听说有这么一个问题，即"在通用电路板上试着组成开关电源，但是不能正常动作"。例如，在转换IC音程的电路板上焊接上IC，用塑料线等把转换电路板和通用电路板连接起来，进行试验。这种情况下，单单是转换电路板上的布线模式所导致的电感就足以对开关动作产生影响，再加上从通用电路板出来的电线也都有电感成分，因此各电线产生L（di/dt）的电动势，结果导致电路不能正常动作，都想不到原来这是由本来的动作引起的。

另外，最近的开关IC封装中，有些在相当于IC"腹部"的位置配置了电源地线的外露焊盘。若把这部分焊接到印刷电路板上又让它动作，那么即使投入电源时电路能动作，也会导致开关不能往外散热，最终不能达到规定性能。

或者说，这个接触垫是提供电力的重要端子，所以不连接这个而让焊盘电路动作，就不能希望电路正常动作。

在遇到这种问题之前，如果不仔细评价印刷电路板，就会浪费时间。当然，如果不考虑下面所述的各种注意事项的话，就会导致印刷电路板不得不进行再设计，这样不但浪费时间还浪费金钱。

为了在选定部件阶段或试作、评价阶段避免这样的问题，开关电源IC厂家有时会提供各种开发板，所以只要能灵活有效地利用这些开发板就行了。

11.1.2 滤波电容器的ESR和ESL

设计开关电源时，最引人注目的要素要数"输出电压脉动"。一般降低脉动电压的方法是增大输出的滤波电容器的容量。下面利用仿真查明这种方式是否真的有效。

我们知道，电容器的ESR（Equivalent Series Resistance：等价串联电阻）和ESL（Equivalent Series Inductance：等价串联电感（简称之所以为"L"是因为这个符号更为人所熟悉））有很大的影响力。这些要素不但影响部件的选择，在印刷电路板模式设计时也必须考虑到ESL因素。

作为例题，使用LT3411的"macromodel's test fixture"。此例中，设定输入为5V，输出为2.5V（250mA）。以输出滤波电容器的ESR为参数，分别使ESR的值为50mΩ、100mΩ、250mΩ，对输出电压脉动进行确认。这里先不把ESL组装进电路（图11.1）。

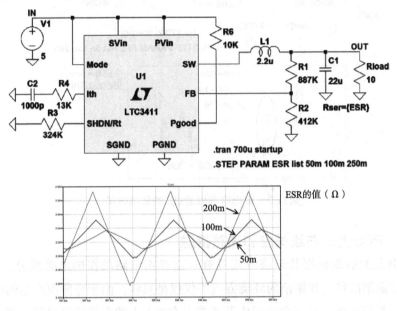

图11.1 输出电容器的ESR的效果

由仿真结果可知，当ESR等于50mΩ、100mΩ、250mΩ时，脉动电压的peak_to_peak值分别为28mV、55mV、135mV。

接着，使ESR的值固定为50mΩ，令ESL分别为5nH、10nH、20nH，再次进行仿真。结果，没有ESL时的脉动电压为28mV，而当ESL为5nH、10nH、20nH时，脉动电压分别为38mV、49mV、70mV（图11.2）。

这里不仅要注意脉动电压peak_to_peak值的增加，还要注意波形的变化情况。ESL增加，脉动电压发生变化，突然出现陡峭的上升沿和下降沿，还可以看到尖峰形状的触须。这就是高频噪声的元凶。

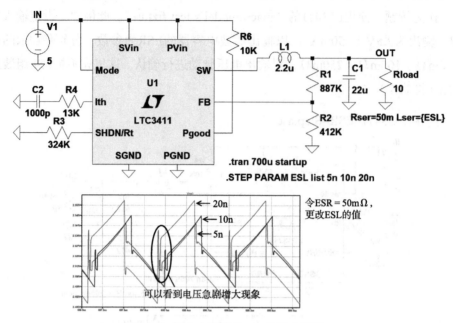

图11.2　输出电容器的ESL的影响效果

11.1.3　PCB上的布线长度和通路接触

PCB上的铜线根据其环绕方式具有一定影响电路动作的电感成分。当然，PCB里面铜箔的状态和铜箔的环绕方式不仅仅是直线，由于弯曲而产生的电感也会增加。尽管如此，就开关电源中开关节点在PCB上的布线情况对于电路动作会产生怎样的影响进行仿真并加以大致研究并非多此一举。

众所周知，若l表示铜线的长度，W表示铜线的宽度，那么单纯的直线模式的铜线的电感表达式为

$$L = 0.2l\left[\ln\left(\frac{2l}{W}\right) + 0.5 + 0.22\left(\frac{W}{l}\right)\right](nH)$$

其中，L表示电感，单位为"nH"。这个式子与铜箔厚度（是10z或者20z）无关。

把具体数据代入上式，如若W=1.6mm，l=25mm，则L=25nH。若W=15mm，l=25mm，则L=9.2nH。即使长度相同，宽度是10倍，电感也只有2.7分之一。另一方面，W=1.6mm，l=10mm，则L=6.1nH，几乎减少为原来的4分之一。粗略而言，缩短长度比增加宽度更能降低电感。从这方面来看，也可知在开关电源中使开关电流和负载电流流动的布线模式最重要的是要粗短。

使用BV电源，对这个表达式进行仿真计算。

这对于进行TRAN解析而不是DC解析没有很大的意义。对于B2电源的值，利用时间的保留参数"time"，加以一个很小的偏压，即0.001。之所以要加上偏压，是为了避免函数"ln（x）"在time=0时出现错误。

以铜线的线宽作为.STEP的参数。

各条曲线左下角（指低于宽度0.8mm×长度3mm或宽度20mm×长度8mm的规格）的地方由于不具有一样性，所以应该判断为不适用这个表达式。

如W=1.6mm，l=25mm时，L=20nH。W=5mm，l=19mm时，L=10nH（图11.3）。

▶PCB_Inductance_CALC.asc

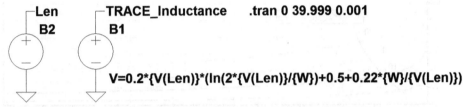

Len   **TRACE_Inductance**   **.tran 0 39.999 0.001**
B2   **B1**

V=0.2*{V(Len)}*(ln(2*{V(Len)}/{W})+0.5+0.22*{W}/{V(Len)})

V=time+0.001   **.STEP PARAM W list 0.81 1.6 5 10 15 20 30**

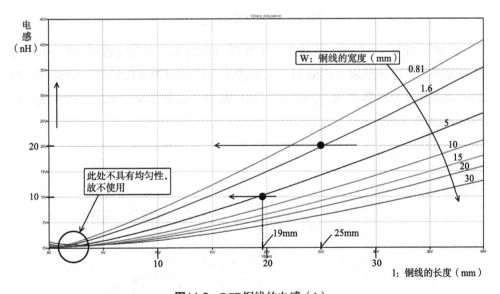

图11.3　PCB铜线的电感（1）

这次，还是原来的表达式，不过以铜线的长度作为.STEP的参数（图11.4），横轴表示铜箔的宽度。

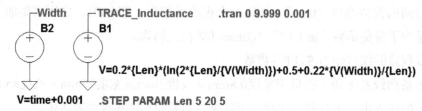

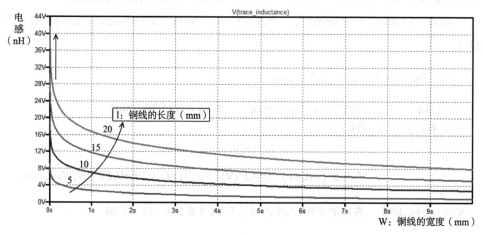

图11.4 PCB铜线的电感（2）

此时，如图11.4所示，横轴采用通常的线性刻度。在宽度接近0时，电感急剧地增加，很难从图表中读取到现实中使用领域的图像变化情况。于是，把图像横轴刻度改为对数表示，同时制定表示范围。绘制了w＝5mm，l＝19mm时L＝10nH的点（图11.5）。

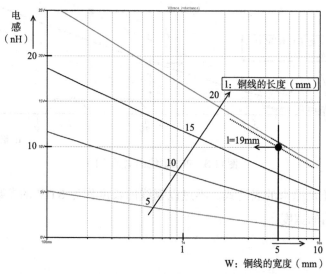

图11.5 图11.4左边部分的扩大图像（W采用对数表示）

　　相对于一般印刷电路板的厚度1.6mm，在通孔直径为0.4mm的情况下，PCB上通孔的电感的大小一般是1.2nH。

　　之前关于L（di/dt）引起的电感两端电压已经讲到好几次，在电源系统中，在产生大的电流变化的地方，即使是很小的一个电感，也不能忽视它的影响。前面已经说过，有时在降压开关电源中，在连接到钳位二极管的布线过程中，或者在滤波电容器两侧的布线过程中，对于含有通路接触的印刷电路板，不能忽视电路板上存在的ESL的影响。

　　这一点对于印刷版版图设计而言十分重要。对于有大电流通过的部分或开关节点等，一定要设计得尽可能粗短并且不通过通路接触。

11.2　开关电源的评价要点

11.2.1　正确测定波形

　　设计开关电源，要评价做好的电路板时，用示波器观察波形，关于探测仪的用法有几个必须注意的地方。不仅限于电源电路，在用示波器观测超过音声频带的频率时，如果使用了探测仪上的接地夹进行测定，就无法观察到原来的波形。这是由接地夹的导线带有的电感成分导致的。

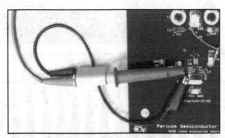
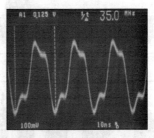

如果使用接地夹观测35MHz的台形波波信号，由于振铃现象波形出现畸变

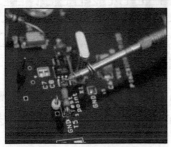
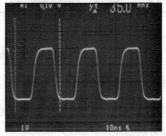

如果拆除接地夹和探测仪前端的钩芯片，极力减少干扰测定的电感成分，就可以观测到原来的波形

图11.6　示波器探测仪的用法

11.2.2 铁氧体磁珠的作用效果

在降压开关电源中，为了减少噪声在输入的正极和负极都插入铁氧体磁珠，但是在大电流负载时却不能正常动作。

铁氧体磁珠作为应对噪声的部件而被广泛地运用，但是用错地方的话，不仅不能解决噪声问题，更甚者会引起很大的输出电压变动，导致系统不能正常动作。

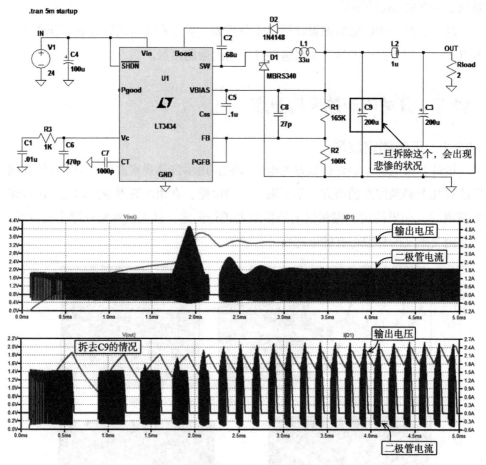

图11.7　在输出中加上铁氧体磁珠

在通常Buck转换器的滤波电路（电路图中的C9＝200μF）后面的铁氧体磁珠（FB）（1mF）和电路图中所示的电容为200μF的C3能提高滤波器效果，这对于应对噪声很有效。

然而，如果电容器C9拆去，用FB和最终的滤波电容器顶替的话，就会导致严重的结果（图11.7（下））。另外，以为在电源正极和GND侧都装入FB能有更好的噪声消除效果，就在如图11.8所示的位置追加FB。

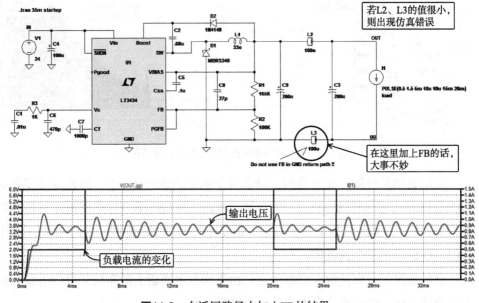

图11.8　在返回路径中加入FB的结果

在负极加入FB的话，由于钳位二极管里通过的电流的变化，二极管阳极的电压被调制，导致输出电压不稳定现象。特别是负载电流突然增加到最大，此时输出电压会出现显著的降低。

11.2.3　用Boost或SEPIC测定SW端子电流——注意反电动势

评价开关电源时，担心IC的开关端子电流会超过额定电流，于是就在开关端子的导线（或布线）过程中临时连接电线，使电流探测仪连接到电路，并试用示波器测定电流。结果，一打开电源，IC就受到破坏。

作为例题，使用非同步整流升压电源IC LT3479（开关耐压=42V，开关电流=3A）。这是一个在5V输入12V输出的升压电路中测定开关电流的失败案例。

SW端子本来是必须以尽可能短的布线连接电感器和二极管，然而，为了测定开关电流，将电感器和二极管相连接处的电线截断，用7cm左右的电线连接形成一个圆形，并连接电流探测仪。可以推测这条追加电线的电感约为80nH。

于是，除了一个使用LT3479的升压电路的仿真电路，还准备了一个在开关端子中追加了80nH的电路，进行仿真（图11.9）。

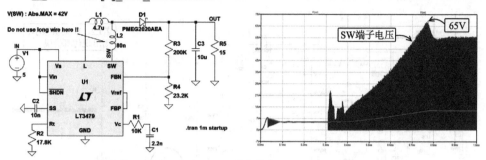

图11.9　延长Boost转换器的SW节点的情况

　　由仿真结果可知，在一瞬间，开关端子电源达到65V以上。即使这种多余的布线是12mm，由于估计电感约为10nH，所以这种情况下开关端子电压的仿真结果约为20V。这样的结果虽不是很好，但是刚好是LT3479的话，由于在耐压范围之内，所以不至于受到破坏。

　　这种情况下，即使没有测定电流，由于印刷电路板上的布线长度和电线环绕方式等的变化，电感也会发生变化，所以要注意。

11.2.4　若反复切换输入电源开关，IC会被破坏

　　系统完成之后，反复把电源在ON/OFF之间切换，检查系统全体是否如预期一样动作或者发生故障。一些情况下，会使总电源一直处于工作状态，而且用插拔电子连接器的操作取代电源开关的作用。这是，问题就在于到开关的外部电源的电线的长度和是否在开关或插拔的电子连接器供给内部电路的经路中采取了缓冲器等电涌吸收对策。

　　将这种模式进行仿真，电路如图11.10所示。

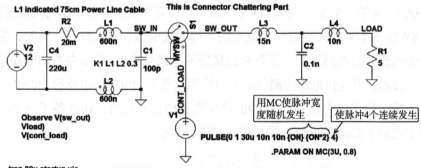

图11.10　在输出中使颤振随机发生的案例

这个仿真准备了12V的总电源，用平行电线拉了75cm并连接上开关或电子连接器，切换开关或电子连接器，用以观察电涌是怎么发生的。

"ON/OFF"反复切换动作要在3μs的80%的范围内随机变化，切换到"OFF"的时间要和切换到"ON"的时间相等，反复4次操作。接着重复和上面同样的操作30次，结果如图11.11所示。之所以要随机，是因为在这个电路特定的ON/OFF的时间条件下电涌有时发生有时不发生，所以用随机数决定时间。

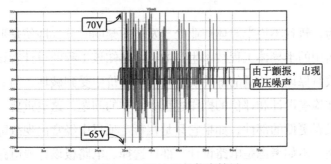

图11.11 图11.10的仿真结果

由仿真结果可知，尖峰噪声（电涌）高达±70V。可以观察到反电动势开始进入开关内部的情况。可以想象到，在这种情况下会很轻易地就超过IC的输入耐压。为了改善这种情况，可以在输入部分装入电容器、缓冲器或电涌吸收器等。

投入电源时进行评价的情况下，要明确评价目的、评价方法和评价基准之后才着手评价，不然只能是以破坏IC的试验告终。

11.2.5 没有安装合适的缓冲器

本章已经讲过，逆向变压器和正向变压器的开关端子中会产生很大的反电动势。另外，如果从开关电源控制器连接到用于开关的FET门极的电线中有电感成分，就必须安装缓冲器。如果不安装合适的缓冲器，IC就会被加以超过最大额定值的电压。

11.2.6 IC受到破坏时的问题划分

偶尔会发生在评价过程中破坏IC或周边部件的问题。这时，要以本书中叙述的各种信息作为启发点，思考问题发生的原因。

有时，会把受到破坏的IC委托IC厂家等进行故障解析。IC不能正常动作的现象归根到底是由于IC受到某种破坏。而只根据IC受到破坏的结果是不可能对"一开始发生了什么"这一根本原因进行调查的。例如，经过解析得出结论：

直接原因是"过大的电压"。总之,对于"最根本的原因是什么"这一问题,最终只能给出"也许是因为超过了IC的耐压"这样一个不确切的回答。

例如,想象一下这样一个情景:把车子送到修车厂,问"车子是什么原因坏了的"。而没有像类似驾车记录这样一些资料的话,甚至连车祸是怎么发生的都很难想象。关于车子在哪里以怎样的速度行驶、天气状况如何、司机驾车的熟练程度等信息,如果没有在场的人的观察和回忆,就不能知道车子坏掉的真正的原因。

笔者认为,暂且不说半导体产业处于发展的黎明时分,即使是那些通过长久以来一直被运用的半导体工程技术生产的、由熟知该工程的设计者设计的、有着巨大的生产数量保证其质量的部件偶然在动作评价中受到破坏,与其怀疑部件本身质量,不如检查设计和评价的操作过程中潜在的问题,这更重要。对于实质故障率为1FIT或者更低的部件,如果它只是在特定项目中经常出现故障的话,与其说是IC的问题,不如考虑是电路设计、部件选择、电路板设计或电路板评价等方面的问题。也可以广泛地听取同事和有类似经历的人的意见。

11.3 SMPS的频率响应解析(FRA)

11.3.1 频率响应解析(FRA)

在定电压电源中,输出负载变化等外来因素对输出电压的稳定控制是一个重要的因素。例如,负载电流突然增加的瞬间,输出电压降低。能以怎样迅速并稳定的动作把降低的电压恢复到规定的电压,这和控制电路的性能有关。

这种控制系的特性,就是负反馈增益(gain)和反馈相位裕量(ϕ),gain和ϕ具有频率依赖性,以频率为横轴、能同时表示gain和ϕ的图,就叫"伯德图(Bode Chart)"。

在负反馈型控制电路中,伯德图是一个很重要的信息,对于确定反馈系统是否相对于规定式样稳定动作是必要的工具。一般,把反馈系统表示为传递函数时,若是线性系统的话,在原理上可以使用线性解析绘制成伯德图。然而,若系统的传递函数不是线性的情况下,即传递函数不连续的情况下,或者传递函数的导函数也不连续的情况下(即传递函数不能被微分的情况下),不能求线性解析的频率响应的解。

像SMPS那样,控制系统中装有开关电路的情况下,难以对传输特性的频率响应进行线性解析。这种情况下,在反馈系统的环中把交流(正弦波)的小信号作为扰动注入，使频率一点点变化（扫描），同时比较该信号怎样回到输出（研究增益和相位），就可以绘制出伯德图。

实际上，市面上有一种测量装置，能对作为扰动的交流信号的发生器及其增益和相位变化进行解析，并把解析结果显示在画面上。下图为NF电路设计股份有限公司的FRA9057。

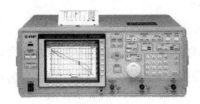

运用了LTspice的FRA解析中，也同样采用加小信号扰动的方法。

LTspice关于SMPS响应没有直接绘制出伯德图的功能。不过，使用以下的方法，可以显示伯德图[1]。

11.3.2 显示图形的操作顺序

这个例题中，创建了LTspiceIV之后，保存在以下文件夹（默认设置状态下创建的情况下）：

C：\Program Files\LTC\LTspiceIV\Educational\FRA\

这个文件夹中有几个例题的电路和ReadMe.txt文件。下面，抄译该ReadMe.txt文件（由Michael Engelhardt自己记录下来的）的内容，并附上图解加以解说。

要是运算放大器的话，使用LTspice就能实现对"gain"和"ϕ"的频率特性进行AC解析，为什么使用SMPS就不能执行AC解析呢？在SMPS中，为了对开关详细解析，装有time_domain（时间轴领域）的宏模型，但是没有连续时间（平均）等价电路。于是，对时间轴领域加以正弦波的扰动，采用求傅里叶系数的手法对复电压进行解析（这里所说的傅里叶解析，是指计算要研究的频率的各个点中的电压绝对值和相位，是离散傅里叶变换（DFT）。不采用FFT运算手法）。这样的频率响应的解析方式叫做"频率响应解析（FRA＝Frequency Response

---

[1] 在LTC公司的网站也可以下载用于绘制伯德图的工具"Bode CAD"，但是由于仿真太费时，所以不常用。另外，虽然Bode CAD的引擎使用着LTspice，但是它的执行文件的保存位置（文件夹名）必须为"SwCADIII"（执行文件名现在仍然是"scad.exe"，所以只要更改文件夹名，就可以执行）。这也是Bode CAD最近不常用的原因。2009年10月，LTC公司的网站（http://www.linear.com/designtools/software/#LTPower）公开了一个使用了Excel宏的、用于SMPS的频率响应解析工具，名为"LTpowerCAD"（以现在2011年6月为准）。不过，笔者觉得这里介绍的使用LTspiceIV的FRA解析手法比LTpower CAD更具现实性。

Analysis)"。

下面，以LTC3611的标准应用为例题，对使用了LTspice进行FRA的操作顺序进行说明。例题中的电路图文件是\FRA\文件夹中的"Eg2.asc"。

该SMPS的输入输出条件为：

（1）输入电压=28V。

（2）输出电压=1.38V。

（3）输出电流=5.5A。

下面所示是把一般的SMPS的应用电路图改为符合以上条件的电路图的操作顺序。使用\FRA\文件夹中的电路，首先对输出变为稳定状态所需的时间进行研究。

（1）在返回IC的FB管脚的路径中加上一个AC电源。电源的"–"侧连接FB管脚。这是为了印加用于FRA的小信号（扰动：perturbation）。

（2）给电源两侧加标签，"+"侧为"A"，"–"侧为"B"。

（3）交流电源的设定为：振幅是1～5mV；频率用参数表示为{Freq}，即"SINE（0 5m｛Freq｝）"。

（4）利用SPICE指令"save V（a）V（b）I（L1）"，使保存的数据只是这3个参数。如果想要保存V（OUT）等，可以追加。

📁▶Eg2_Test-1a.asc

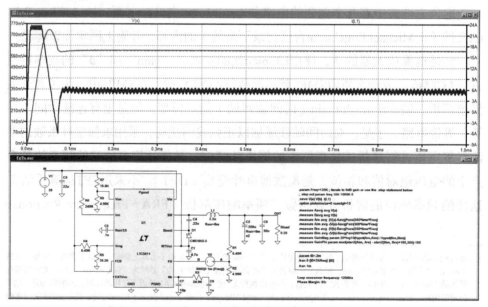

图11.12　追加进行FRA的SPICE指令

（5）在此条件下，执行仿真，用图像显示A点的电压。找出输出电压稳定（即处于稳定状态）的点。在这个例子中，可以判断在0.2m(s)的点，电压稳定。

（6）追加SPICE指令"`.param t0 = .2m`"设定输出到达稳定状态的时间参数，追加SPICE指令"`.tran 0 {t0+25/freq} {t0}`"设定用DFT取得平均的波数为25次（波数为25次的仿真时间太长的情况下，可以减少次数，但是最少也要10次）。进行设定变更之后的SPICE指令如图11.12所示。此时，取消勾选控制面板内Waveforms选项卡的"Use radianmeasure in waveform expressions"选项（角度的单位设置为度（°））（图11.13）。

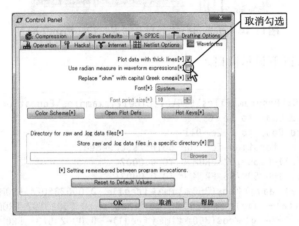

图11.13　角度表示的设置

（7）如例题所示，在电路图中加入以下8行SPICE指令。

```
例  .measure Aavg avg V(a)
    .measure Bavg avg V(b)
    .measure Are avg  (V(a)-Aavg)*cos(360*time*Freq)
    .measure Aim avg -(V(a)-Aavg)*sin(360*time*Freq)
    .measure Bre avg  (V(b)-Bavg)*cos(360*time*Freq)
    .measure Bim avg -(V(b)-Bavg)*sin(360*time*Freq)
    .measure GainMag param 20*log10(hypot(Are,Aim) / hypot(Bre,Bim))
    .measure GainPhi param mod(atan2(Aim,Are)-atan2(Bim,Bre)+180,360)-180
```

※关于这部分以后会详细进行解说。

（8）以上初始设置结束后，再次运行仿真。

（9）运行完毕后，激活电路图窗口，在菜单栏中点击"View"→"SPICE Error Log"（图11.14）。

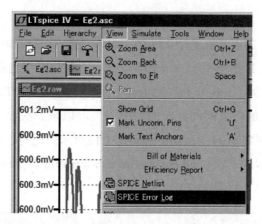

图11.14 仿真运行之后打开错误日记（Error Log）

于是，出现以下显示窗口。

例
```
Circuit: * C:\Program Files\LTC\LTspiceIV\examples\Educational\FRA\Eg2.asc
C8: Increased Cpar to 5e-011
C5: Increased Cpar to 2.2e-011
Direct Newton iteration for .op point succeeded.
aavg: AVG(v(a))=0.599797 FROM 0 TO 0.0002
bavg: AVG(v(b))=0.599796 FROM 0 TO 0.0002
are: AVG((v(a)-aavg)*cos(360*time*freq))=-0.000236024 FROM 0 TO 0.0002
aim: AVG(-(v(a)-aavg)*sin(360*time*freq))=-0.00025102 FROM 0 TO 0.0002
bre: AVG((v(b)-bavg)*cos(360*time*freq))=-0.000235787 FROM 0 TO 0.0002
bim: AVG(-(v(b)-bavg)*sin(360*time*freq))=0.000247555 FROM 0 TO 0.0002
gainmag: 20*log10(hypot(are,aim) / hypot(bre,bim))=0.0678026
gainphi: mod(atan2(aim, are) - atan2(bim, bre)+180,360)-180=93.1582
```

※实际上还有后续内容。

注意最后两行。倒数第2行，以这个频率的话，gain＝0.0678126，几乎等于0。另外，由最后一行可知，此时的ϕ为93°。即gain＝0时的相位裕量为93°，可知作为SMPS的控制系统有望动作稳定。

到目前为止所示的例都是以一点的频率为研究对象以达到研究目的，实际上必须扫描频率。这种方法就是重复扫描一些频率，并图像化，操作顺序见下文。换句话说，扫描频率，只把扫描了各个频率的点中的gain和ϕ的范围图像化即可。

（10）首先，对电路图中SPICE指令的开始部分设定的"`.param Freq=125K`"行进行批注，使用.step命令扫描频率。

这里，对50~200kHz之间的频率进行扫描，刻度宽度设为每一个8度音程5个点。例子如下所示（这部分已经写入例题了）。

例　; .param Freq=125K ; iterate to 0dB gain or use the .step statement below　……这一行是批注
.step oct param freq 50K 200K 5　　　　　　　　　　　　　　　　　　　　　　……设定扫描

（11）在这样的设定下运行仿真，平均每个频率绘制波形25次，前面的gain和ϕ的数据组开始增加起来（图像开始变化，如图11.15所示：A点的电压波形）。

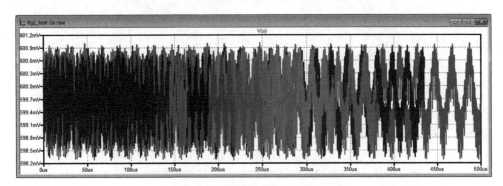

图11.15　V（a）的仿真结果

一旦读取完所有的数据，为了进行整理图像化数据的计算，画面暂时不再变化。计算过程中，LTspice窗口左下角显示"Processing .MEASURE commands"（见下图）。

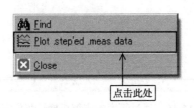

（12）上面的显示消失之后，像上面那样操作打开"SPICE ErroLog"窗口，在窗口中鼠标右击。于是出现如下所示菜单，点击"Plot .step'ed .meas data"。

（13）于是出现一个信息对话框（图11.16）。对话框是一个大意为"这个文件中包含着具有参数名的实数数据，这些实数数据可以整合为复素数。要写为复素数数据吗？"的问题。需要写为复素数的数据是相位信息，故这里要点击"是（yes）"按钮。于是弹出一个图像窗口，由于还没有选择数据，所以窗口没有显示任何图像。

图11.16　把仿真结果作为复素数

（14）在菜单中点击"Plot Settings"→"Add Traces"。在显示的可以图像化的参数名中，选择"gain"。由于相位信息由gain和set表示，所以只要选择参数"gain"即可。

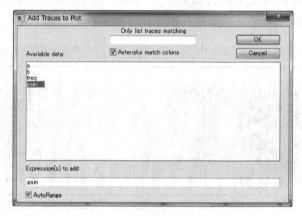

图11.17　在伯德图中选择gain

（15）结果，显示的图像如图11.18所示。使用参数的光标功能，把光标放在gain几乎为0的地方，可知，相位约为97.8°。

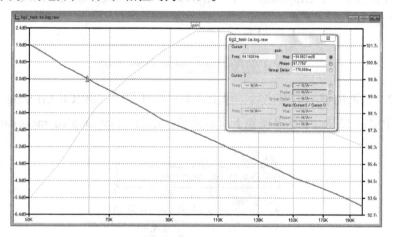

图11.18　通过频率响应解析确认相位宽裕

注意事项

　　若加上扰动的小信号交流电源的振幅过大，那就不再是扰动，从而导致FRA不能进行正确的判断。如果f_0（gain=0dB时的频率）太依赖于交流电源的振幅，那么伯德图就会得到很奇怪的结果。要以扰动频率很小时的开关脉动电压为标准。

11.3.3 利用SPICE指令进行计算的补充说明

下面针对计算FRA的阶段中使用".measure"命令进行计算（程序）的具体细节进行解说。这里出现的.measure命令的选项只有AVG和PARAM。基本的（这次使用的）.measure的语法（语法）如下所示（.measure可以省略为.meas）：

> **语法** | **.measure <变量名><选项><式子>（<变量名>由用户决定）**

选项AVG表示求指定区域内的平均值。选项PARAM表示把右边的计算结果代入左边的变量。

1. 针对每一行的解说

这次设定取平均值的时间范围在初始设定t0到25次循环之间。

- .measure Aavg avg V（a）

求A点的电压的平均值（相当于A点的直流电压）。

- .measure Bavg avg V（b）

求B点的电压的平均值（相当于B点的直流电压）。

- .measure Are avg（V（a）－Aavg）*cos（360*time*Freq）

该式表示求傅里叶系数中的特定频率成分REAL_Part的系数。更详细地解释的话，如图11.19所示。

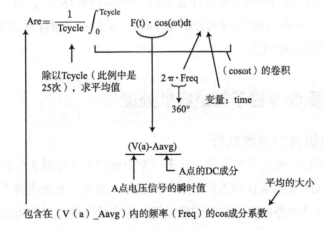

图11.19 求FRA计算中使用的傅里叶系数的式子

（V（a）_Aavg）是A点电压的瞬时值减去DC成分得到的值，包括加入扰动的交流信号和脉动等信号成分。

将这个值乘以cos（360*time*Freq），并求平均值，表示在以频率{Freq}为中心旋转的坐标系看到的"x轴成分"。

- .measure Aim avg －（V（a）－Aavg）*sin（360*time*Freq）

同样，将这个值乘以_sin（360*time*Freq），并求平均值，表示在以频率{Freq}为中心旋转的坐标系中的"_y轴成分"。

下面2行表示用B点的数据进行和A点相同的计算。

- .measure Bre avg（V（（b）－Bavg）*cos（360*time*Freq）
- .measure Bim avg －（V（b）－Bavg）*sin（360*time*Freq）
- .measure GainMag param 20*log10（hypot（Are,Aim）/ hypot（Bre,Bim））

这里的函数hypot（x，y）表示（x^2+y^2）的平方根，此时相当于以角频率{Freq}为中心旋转的坐标系中的向量的大小。即hypot(Are，Aim)相当于(V(a)_Aavg)的角频率{Freq}成分的绝对值（‖A‖）。

同样，hypot(Bre，Bim)相当于(V(b)_bavg)的角频率{Freq}成分的绝对值（‖B‖）。用‖B‖除‖A‖，表示由微小交流信号扰动部分的gain（线性比率），取该值的常用对数并扩大20倍，就可以转换位分贝（dB）。

- .measure GainPhi param mod（atan2（Aim,Are）－atan2（Bim,Bre）+180,360）－180

这里的函数atan2（y，x）表示4个象限显示的反正切函数，得到的值的范围是$-180° <θ≤180°$。计算两者的相位差，由于Modulus（θ，360），故1回转以上的相位差θ的范围为$0° <θ≤360°$（注意不是$-180° <θ≤180°$）。为了使相位差再次以0°为基准，并在$-180° <θ≤180°$范围内，于是在mod计算式中加上180°，再在mod计算式的后面减去。

11.4　根据命令提示符进行批处理

11.4.1　大量仿真的连续执行

SPICE仿真的一般使用方法是，首先一个个地输入（记录）电路，接着执行仿真，最后确认图像结果这样进行一连串的操作。另外，更改电路常数，再次运行仿真，再三确认电路的稳定程度和裕量等，决定最终的电路和电路常数。

一边对电路参数进行各种更改一边反复进行仿真，这样一来每次都必须更改部件常数，很费事。这种情况下，只要使用".STEP"命令即可。通过在一次仿真中让几个参数发生变化，就可以执行关于电路常数依存性等仿真。

然而，在".TRAN"、".DC"、".AC"交替着进行的情况下，由于".STEP"

不能对应，所以必须分开执行。对于一个大电路，一次仿真的时间很长，所以如果能在PC后台连续执行仿真的话就方便多了。另外，对于电路结构不同的电路仿真而言，如果能在后台连续执行的话，也会方便多了。特别是，在夜里让仿真连续运行，到了第二天早上就可以确认仿真结果，这样就提高了工作效率。让这样的使用方法成为可能的就是批处理。

LTspice中就具有这个"批处理功能"，要是用得好的话，还能在需要工程师人为操作的仿真等待时间内做其他事情。下面对批处理的操作顺序进行说明。

1. 命令提示符（旧版MS_DOS窗口）

由于其历史背景，Microsoft公司的操作系统Windows具有和MS_DOS时代同等的功能。在最新的版本Windows 7和Vista中当然也有这些功能。点击"开始"按钮，接着点击"所有程序"，就会显示被创建的程序的一览表[1]。在一览表中选择"附件"，并点击"命令提示符"（图11.20）。

于是，在从DOS时代开始就广为人知的黑后台中，显示出登录用户专用的命令指令符（图11.21）。另外一种启动方式是，点击"开始"按钮，选择"指定文件名并执行"，输入"cmd"。在"命令提示符"中启动LTspice，执行仿真，可以把作为结果的文件（*.raw）保存在原来的目录下面。由于是批处理，所

图11.20 命令提示符按钮

1）最近有些Windows的初始设置不会在"开始"菜单中显示"指定文件名并执行"。这种情况下，在"开始"按钮中鼠标右击，点击"属性"点击"开始菜单"选项卡中的"自定义"按钮，勾选"'指定文件名并执行'命令"。这样就可以运用上面所述方法了。

以没有把波形显示为图像，只把结果保存在HDD。可以连续执行不同的仿真，但是事前必须做一些相关的准备。

图11.21 命令提示符画面

2. 设定执行文件的PATH

在命令提示符画面中，现在操作着的目录叫做"当前目录"。（如果是在C盘中操作的话）这个文件就为"C：\……"。如果在当前目录中有LTspice的执行文件（swcad3.exe）和进行仿真的网表，就能在该目录下执行仿真。

然而，如果要使不管当前目录在哪里，LTspice都能执行，就必须把保存着LTspice.exe的目录登录到Windows的环境变量（PATH）中。这种把目录登录到PATH的操作，叫做"设定PATH"。关于环境变量的具体登录方法，请阅读Windows说明书等。这里只对在Windows 7的情况下的登录方法进行简要说明。

1）准备

以防万一，建议在此之前，将现在的PATH的内容备份保存。首先，在"命令提示符"中输入"PATH"，按 Enter 键。接着，确认现在的环境变量中PATH是否被输出。确认PATH已经被输出之后，以重定向形式输入"path>pathbk.txt"，按 Enter 键。于是，现在的PATH以"pathbk.txt"的文件名被保存在当前目录中（谨慎起见，要先在文本编辑器中对内容进行确认）。

这个文件不是直接保存到C盘根目录中，而是创建一个临时文件夹（例如TEST等）进行保存（在Vista或Windows 7中，文件不能直接从命令提示符保存到C盘根目录）。

2）PATH的编辑

依次点击Windows的"开始"→"控制面板"→"系统"→"系统的具体设置"→"具体设置"选项卡→"环境变量"。弹出一个"环境变量"对话框，在"<…>的用户环境变量"或者"系统环境变量"中的变量栏中找到"PATH"，用鼠标点击该行并标记（该行变成蓝色栏），点击下面的"编辑"。在弹出的对话"变量值"的方框内的文字列最后面加上分号（；）追加写入保存着LTspice.exe的目录。换句话说，如果是系统默认状态下创建的话，就追加"；c：\Program Files\LTC\LTspiceIV\"并点击"OK"。编辑时使用的文字必须是半角字母数字。

图11.22　PATH的编辑

接着，全部点击"OK"，关闭全部窗口，完成环境变量设置。一旦关闭命令提示符的画面之后，再次打开命令提示符窗口，在当前目录的命令提示符中输入"PATH"并按 Enter 键，会显示在一开始设置的PATH的后面还紧接着一个追加的LTspice文件夹名称。

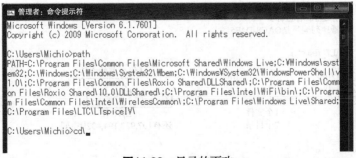

图11.23　目录的更改

3）确认在"命令提示符"中能否启动LTspice

如果编辑的PATH正常显示，说明PATH的编辑操作是正确的。以防万一，在当前目录输入LTspice的执行文件名"swcad3"，按 Enter 键。于是，出现了LTspice IV画面，LTspice启动。如果正常启动，说明LTspice具备了能进行批处理的环境。如果不能正常启动，那就检查环境变量的PATH中的文字列是否出现拼写错误。

确认正常启动之后，可以关闭LTspice窗口，试着执行简单的仿真。Windows浏览器创建用于进行各种批处理实验的文件夹。例如，在"C盘"根目录中创建了一个名为"LT_test"文件夹。这个文件夹中保存着用于批处理实验的文件。不让PATH通过这个文件夹，而试着把这个文件作为当前目录。把第1章例题中使用了LT3980的取样电路复制到这个文件夹，把文件名改为Test_3980.asc。

再次返回命令提示符画面。首先，把当前目录从现在光标所在的目录移到C盘根目录。即输入

例 `cd c:\`

并按 Enter 键。于是，当前目录的命令提示符显示为"C：\>_"。从这里把目录移到刚才创建的"LT_test"。即输入

例 `cd LT_test`

并按 Enter 键。于是，当前目录的命令提示符显示为"C：\LT_Test>_"。在此，确认刚才复制的文件"Test_3980.asc"是否在这里。即在命令提示符输入

例 `dir`

并按 Enter 键。于是显示图11.24所示画面，确认刚才的文件的确保存在这里。

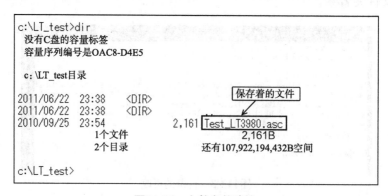

图11.24 文件名的确认

接着输入

```
scad3 -run test_3980.asc
```

并按 Enter 键，LTspice启动，LT3980的取样电路打开，出现了图像窗口，进行和一般LTspice执行时一样的操作。实际上图像的显示必须要在"Add Trace"中选择波形，决定探测哪个节点。这样的话，这个操作就不能在后台执行了。

为了让这个操作在后台执行，要先把"*.asc"的电路图转换为网表。即在命令提示符的当前目录中输入

```
scad3 -netlist test_3580.asc
```

并按 Enter 键。于是，在该文件夹中一个名为"test_3980.net"的文件被创建。扩展名"*.net"表示这是批处理中可以使用的网表文件。"*.net"形式的文件是文本格式文件，能在文本编辑器中确认文件内容。

把"test_3980.net"在后台中进行批处理，要输入

```
scad3 -b test_3980.net
```

并按 Enter 键。于是，仿真被执行，名为"test_3980.raw"的波形数据文件在该文件夹中被创建。同时LOG文件也被输出。

```
c:\LT_test>scad3 -netlist test_3980.asc
c:\LT_test>scad3 -b test_3980.net
c:\LT_test>_
```

图11.25 批处理

打开文件之前要注意的是，必须把LTspice控制面板的设置画面中"Operation"选项卡里3个"*.raw"、"*.net"和"*.log"的自动清除选项都改选为"NO"（参照第1章）。如果不改的话，那么确认波形之后结束LTspice时，好好的仿真结果会消失。

图11.26 控制面板的再次设置

　　准备到了这个阶段之后，就启动LTspice，在"File"菜单中点击"Open"，打开刚才文件夹里的"test_3980.raw"。此时，把文件类型设为"Waveforms"（图11.27）。

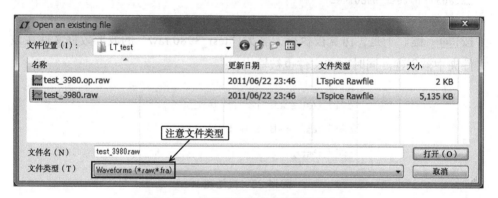

图11.27 批处理的仿真的波形数据文件

　　于是出现一个图像窗口。在"Add Trace"中选择点击想要显示的电压或电流等。下面的例子，显示的是来自test_3980.raw的V（out）和I（L1）（图11.28）。

　　到显示结束需要一定的时间，需要的时间取决于数据量多少。

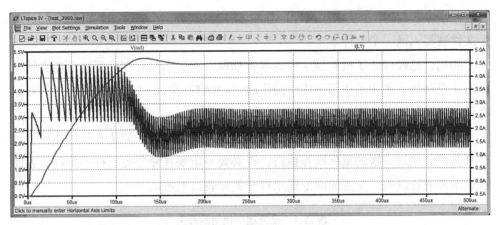

图11.28 进行批处理之后的波形显示

下面，复习刚才一连串的操作。更改当前目录的操作结束后进行确认，接着：

（1）事先在电路编辑器中准备好要进行仿真的电路。

（2）在命令提示符中把电路图转换为网表。

（3）使用网表进行仿真。

（4）确认仿真结果（波形）。

作为备份的操作，要整合起来连续执行的就是流程（2）和流程（3）。要同时执行好几个仿真时，只要在命令提示符中准备好可以执行的"＊.BAT"格式的文件即可。在文本编辑器（记事本亦可）中，把刚才一个个输入的操作记下来保存为"＊.BAT"格式（例如，把文件命名为"Test_3980.bat"）。也就是说，创建一个如图11.29所示的文本文件，并保存为拓展符为"＊.BAT"的文件。此时要注意不要把拓展符写为"＊.BAT.txt"（在Windows记事本中，选择"所有文件格式"，加上拓展符".bat"并保存）。

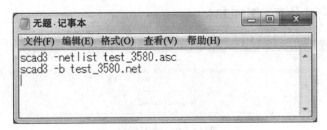

图11.29 批处理文件的例

启动批处理文件，确认是否能正确读出波形文件。为了进行确认，先手动刚才实验中用过的"＊.raw"、"＊.net"和"＊.log"文件。

接着，在Windows浏览器中双击刚才保存的"test_3980"。于是，命令提示符画面启动，2个命令被依次执行，和刚才一样，"*.raw"、"*.net"和"*.log" 3个文件被写入同一个文件。

到此，已经确认了批处理文件的基本动作。接着，只要创建要进行仿真的电路图（或网表）和用于指示一连串操作的"*.BAT"文件，（夜里休息时）就可以在后台执行好几个仿真。

这里介绍的附属于命令提示符的命令"scad3.exe"的开关还有其他几种，这些开关都能通过一般的鼠标操作执行，没必要一定要在命令提示符中执行。因此这里不再进行说明，主要的命令提示符开关如表11.1所示。

表11.1　批处理中使用的开关

开　关	含　义
–b	在批处理模式下执行仿真。对象文件的拓展符为"*.CIR"、"*.net"。在同一个文件夹中创建"*.raw"结果文件。
–netlist	根据输入的电路图文件编写网表
–run	启动LTspice的同时运行仿真

11.5　错误信息

11.5.1　显示"Time step too small"，仿真停止

1. 状　况

LTspice如果在设定的time step范围内求不出解，即收敛计算不能再规定次数范围内收敛时，会缩小time step重新执行。然而，这样的操作并非无止境地重复进行，如果在设定的最小时间范围内还是不能收敛的话，就会显示"time step too small"并停止仿真（图11.30）。

图11.30　错误信息

或者，虽然没有显示错误信息，但是仿真的进度变得极度缓慢，甚至没有一点进度。这种情况下，要激活电路图编辑窗口，确认窗口最下面的信息栏中显示着的平均1秒的仿真速度（图11.31）。

Simulation Time = 188.119 ms Transient Analysis 03.8% done. Simulation Speed: 92.9387 ps/s inter=1 fill-ins: 17

图11.31 错误发生的状况

例图中显示的仿真速度每秒只有92.9387ps这种情况比出现错误信息更麻烦。对于错误信息没有万能的对策。因为出现错误属于收敛计算过程中的问题，从错误信息中不能得到关于电路图信息或电路的一般判断。

尽管如此，如果不能采取对策，找到使仿真能确实进行的设置，就可能要质疑LTspice作为工具的存在意义了。根据以往丰富的经验，采取以下措施，能使仿真顺利结束。不过，再次强调，这些对策并非万全之策。如果知道某些方法是万全之策的话，早就把这些对策编入程序，也就不会出现错误了。

2. 对策1——更改Solver

首先要试着更改Solver。

在菜单栏中打开控制面板，注意"SPICE"选项卡中的"Engine"方框。"Solver［＊］"的选择项通常是"Normal"，要改为"Alternate"，然后点击"OK"关闭控制面板。

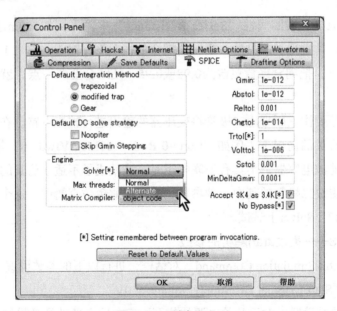

图11.32 更改Solver

更改之后，LTspice窗口右下角显示"Alternate"。这样就知道现在的Solver是哪一个了。选项为"Normal"时，这里什么也不显示。在这种设置下再次执行仿真，只要不出现错误就没问题了。

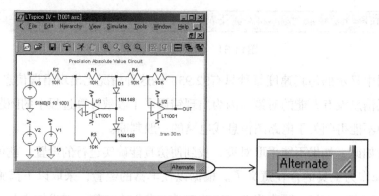

图11.33　把Solver选项改为Alternate时

3. 对策2——检证电路是否不自然

想到可能是某个电路的问题，想通过仿真检证该电路时，把电路的构成部件设定为理想（即远离现实的假设的）条件进行仿真。

在这样的理想条件中，容易导致仿真错误的参数是一种没有串联电阻（即DCR＝0）线圈（L）和电容器（C）没有等价串联电阻（即ESR＝0）的串联或并联电路结构。

有时，只要在线圈属性"Series Resistance"中输入例如100m这样一个值，仿真就可以正常进行了。另外，变压器耦合的情况下，对于"K1 L1 L2 1"这样表示的情况下，把耦合系数更改为0.98或0.95，使结合变弱一点，就可以避免仿真错误。

另外，还要注意用理想二极管将变压器的输出进行整流电路。在二极管参数模型相当于开关的情况下（例如"Ron＝0 Roff＝100Meg Vfwd＝0"等），变压器的电感器和滤波电容器都不具有串联电阻时，这就成了不适于仿真的条件。这种时候，只要更改二极管的其中一种参数，就可以避免仿真错误。这个对策要在对策1中所述的2个Solver上试试。

4. 对策3——更改.tran解析的参数

打开"Edit Simulation Command"对话框，进行以下的参数设置。

●勾选"Start External DC Supply Voltage at 0V"

Start选项被设置。对于开关电源的仿真而言，这个条件是必需的。

●勾选"Skip Initial operating point solution"

uic选项被设置。在"Maximum Timestep"中设置某个值，如1u。这个值太小的话，结果只是拖长整个仿真的时间。这个参数设置了仿真进行时最大的时间长度，在电压或电流和电路整体都没有发生很大变化的状态下，时间变化设置得大一点仿真的效率更高。时间长度设置的小，乍一看以为仿真会更精细准确，实际上LTspice会在实用中调整适宜时间的长度，所以即使这个参数设置得小，也不会得到更正确的输出结果。

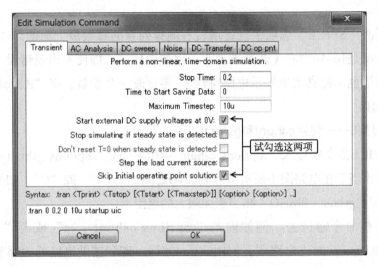

图11.34 更改初始设置

5. 对策4——更改Default Integration Method

在控制面板中打开"SPICE"选项卡，点击"Reset to Default Values"按钮，恢复初始设置。接着，注意"Default Integration Method"方框。初始设置中选择的是"modified trap"单选按钮，将选项改为"Gear"或"trapezpidal"。

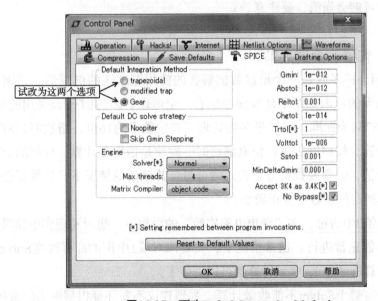

图11.35 更改Default Integration Method

6. 对策5——更改SPICE的其他参数

采取了以上的对策之后仍然出现"Timestep too small"的错误信息的情况下，打开控制面板中的"SPICE"选项卡，点击"Reset to Default Values"按钮，恢复初始设置。

试更改"SPICE"选项卡设置项目右侧排列着的参数最上面的"Gmin"的值。其标准是1e-10左右（若幂乘再小，比如说1e-6，即使不出现错误，经验判断仿真结果也不能真实地展示电路特性）。再更改一个参数，即"Reltol"的值。标准为0.01。

7. 对策6——使用cshunt和gshunt

在SPICE指令中输入".options cshunt=<值>"或".options gshunt=<值>"。这些参数相当于在电路图中所有节点和GND之间加上"C"或"G"。初始设置是cshunt=0F，gshunt=0MHO（相当于无限大的电阻）。

把这些命令输进去，例如输入".options cshunt=2p"或者".options gshunt=0.01μ"，放进电路图。使用cshunt的话，IC和辅助电路的内部节点也会被附加上cshunt，所以要忽略IC和辅助电路的内部节点或者设置小值时，使用cshuntintern即可。

8. 对策7——使用.ic或.nodeset

使用".ic"或".nodeset"，预先赋予各个节点的电压或通过部件的电流等仿真时间t=0时的初始值，在这种条件下试着执行仿真。一些情况下，原来仿真的前提条件可能会崩溃，要注意。

11.5.2 怀疑仿真器之前

LTspice顶多就是一个根据数值解析的使用渐进式的仿真器。正因为如此，把仿真错误的原因归结于计算误差也有一定道理。因为LTspice采用的数据格式是以IEEE754为标准，采取最多能处理"有效数字约16位，指数部308次方"的倍精度计算。按照网表进行仿真解析时，即使是倍精度计算，计算的2点间的差时差为小值，必须要以差分方程式的分母计算该值的情况下，计算误差会变大，或者仿真的时间步数会变得极小。

在对策2中讲过，在"理想电路实验"的设想下，想对超现实电路进行仿真，仿真却不能正常进行。通常情况下，只要像对策1中讲的那样改变Solver（即改变收敛计算的顺序），收敛计算就可以进行了。

如果有哪个Solver不能收敛计算，强烈建议不要怀疑根据网表组成的联立方程式的联立方式、解方程式的Solver或者计算的初始值中使用的参数不合适，要回到自己进行电路设计的原点再次检查。

LTspice确实是充满数学趣味的优秀的仿真器，但是请理解它只是一种为了开关电源IC设计而开发的实用性很强的工具。从这种立场出发，即使应用于很"奇异的"电路仿真中而结果出现错误，出于实用性观点，也建议只要在表面层次解决错误就好，不要深究。

尽管如此，由于LTspice和至今为止的仿真器相比有超乎想象的能力，容易对它产生过大的期待，但是用户应该正确理解SPICE本来的意义及其使用范围的界限。

11.6 LTspice中可用的函数

LTspice中，能用数学函数或运算符的情况有如下3种：

（1）用函数表示".PARAM"参数时。

（2）对于用"BI""BV"、"BR"表示的动作电流源、动作电压源、动作电阻使用函数表示时。

（3）在波形显示器中，参数之间进行运算时。

可用函数的一览表如下所示。带有●的部分表示在对应情况下的可用函数。

表11.2 函数一览表

Function Name	Description	.PARAM	B-Source	Waveform Arithmetic
abs(x)	Absolute value of x	●	●	●
absdelay(x,t[,tmax])	x delayed by t. Optional max delay notification tmax.	—	●	—
acos(x)	Real part of the arc cosine of x, e.g., acos(–5) returns 3.14159, not 3.14159+2.29243i	●	●	●
arccos(x)	Synonym for acos()	●	●	●
acosh(x)	Real part of the arc hyperbolic cosine of x, e.g., acosh(.5) returns 0, not 1.0472i	●	●	●
asin(x)	Real part of the arc sine of x, e.g., asin(–5) returns –1.57080, not –1.57080+2.29243i	●	●	●
arcsin(x)	Synonym for asin()	●	●	●
asinh(x)	Arc hyperbolic sine of x	●	●	●
atan(x)	Arc tangent of x	●	●	●

Function Name	Description	.PARAM	B-Source	Waveform Arithmetic
arctan(x)	Synonym for atan()	●	●	●
atan2(y, x)	Four quadrant arc tangent of y/x	●	●	●
atanh(x)	Arc hyperbolic tangent of x	●	●	●
buf(x)	1 if x > .5, else 0	●	●	●
cbrt(x)	Cube root of (x)	●	—	—
ceil(x)	Integer equal or greater than x	●	●	●
cos(x)	Cosine of x	●	●	●
cosh(x)	Hyperbolic cosine of x	●	●	●
d()	Finite difference–based derivative	—	—	●
ddt(x)	Time derivative of x	—	●	—
delay(x,t[,tmax])	Same as absdelay()	—	●	—
exp(x)	e to the x	●	●	●
fabs(x)	Same as abs(x)	●	—	—
flat(x)	Random number between -x and x with uniform distribution	●	—	—
floor(x)	Integer equal to or less than x	●	●	●
gauss(x)	Random number from Gaussian distribution with sigma of x.	●	—	—
hypot(x,y)	sqrt(x**2 + y**2)	●	●	●
idt(x[,ic[,a]])	Integrate x, optional initial condition ic, reset if a is true.	—	●	—
idtmod(x[,ic[,m[,o]]])	Integrate x, optional initial condition ic, reset on reaching modulus m, offset output by o.	—	●	—
if(x,y,z)	If x > .5, then y else z	●	●	●
int(x)	Convert x to integer	●	●	●
inv(x)	0. if x > .5, else 1.	●	●	●
limit(x,y,z)	Intermediate value of x, y, and z	●	●	●
ln(x)	Natural logarithm of x	●	●	●
log(x)	Alternate syntax for ln()	●	●	●
log10(x)	Base 10 logarithm	●	●	●
max(x,y)	The greater of x or y	●	●	●
mc(x,y)	A random number between x*(1+y) and x*(1-y) with uniform distribution.	●	●	—

续表11.2

Function Name	Description	.PARAM	B-Source	Waveform Arithmetic
min(x,y)	The smaller of x or y	●	●	●
pow(x,y)	Real part of x**y, e.g., pow(-.5,1.5) returns 0., not 0.353553i	●	●	●
pwr(x,y)	abs(x)**y	●	●	●
pwrs(x,y)	sgn(x)*abs(x)**y	●	●	●
rand(x)	Random number between 0 and 1 depending on the integer value of x.	●	●	●
random(x)	Similar to rand(), but smoothly transitions between values.	●	●	●
round(x)	Nearest integer to x	●	●	●
sdt(x[,ic[,assert]])	Alternate syntax for idt()	—	●	—
sgn(x)	Sign of x	●	●	●
sin(x)	Sine of x	●	●	●
sinh(x)	Hyperbolic sine of x	●	●	●
sqrt(x)	Real part of the square root of x, e.g., sqrt(-1) returns 0, not 0.707107i	●	●	●
table(x,a,b,c,d,...)	Interpolate a value for x based on a look up table given as a set of pairs of points.	●	●	●
tan(x)	Tangent of x.	●	●	●
tanh(x)	Hyperbolic tangent of x	●	●	●
u(x)	Unit step, i.e., 1 if x > 0., else 0.	●	●	●
uramp(x)	x if x > 0., else 0.	●	●	●
white(x)	Random number between -.5 and .5 smoothly transitions between values even more smoothly than random().	—	●	●
!(x)	Alternative syntax for inv(x)	—	●	—
~(x)	Alternative syntax for inv(x)	—	●	—

下面是可以使用的保留常数或保留变量（不区分字母大小写）。

表11.3　保留变量

常数名称	值	意 义
e	2.7182818284590452354	自然对数
Pi	3.14159265358979323846	圆周率
K（或boltz）	1.3806503e-23	玻尔兹曼常数

续表11.3

常数名称	值	意　义
Q（或echarge）	1.602176462e-19	电子的电荷量
kelvin	-2.73150e+02	绝对零度的摄氏温度（℃）
planck	6.62620e-34	普朗克常数
c	2.99792e+8	光速
i	sqrt(-1)	虚数单位（只表示复数）

表11.4　波形显示窗口中的保留变量

变量名称	意　义	对　象
time	时间（s）	仅限于实函数
freq	频率（Hz）	仅限于复数数据
w	角频率（rad./s）	仅限于复数数据

　　用大括号"{}"括起来的语句，在仿真开始执行时就被计算。即在执行开始时，括号里面的部分就被展开、计算，并按照每个"Run Simulation"被常数化。使用.step时，每一次"RUN"都会对括号内进行计算并常数化。

　　用圆括号"（　）"括起来的语句，是被动态处理的，计算结果会随执行过程中参数的变化而变化。详细信息请参照".param"和".func"项目。

　　LTspice中可以使用的运算符一览表如下所示。带有●的部分表示在对应情况下可以使用的运算符。

表11.5　运算符

Operand	Description	.PARAM	B-source	Waveform Arithmetic
&	Convert the expressions to either side to Boolean, then AND.	●	●	●
|	Convert the expressions to either side to Boolean, then OR.	●	●	●
^	Convert the expressions to either side to Boolean, then XOR.	●	●	●
>	True if expression on the left is greater than the expression on the right, otherwise false.	●	●	●
<	True if expression on the left is less than the expression on the right, otherwise false.	●	●	●

Operand	Description	.PARAM	B-source	Waveform Arithmetic
>=	True if expression on the left is less than or equal the expression on the right, otherwise false.	●	●	●
<=	True if expression on the left is greater than or equal the expression on the right, otherwise false.	●	●	●
+	Floating point addition	●	●	●
—	Floating point subtraction	●	●	●
*	Floating point multiplication	●	●	●
/	Floating point division	●	●	●
**	Raise left hand side to power of right hand side, only real part is returned, e.g., -2**1.5 returns zero, not 2.82843i	●	●	●
!	Convert the following expression to Boolean and invert.	—	●	●
@	Step selection operator	—	—	●

※符号 "^" 在E（电压控制电压源）和G（电压控制电流源）使用拉普拉斯函数的情况下，被解释为取幂符号（和 "**" 一样）。

11.7 利用旧版文件

在Ver.III时代，应用电路使用 "*.app" 的文件扩展名公开。那时，这样的文件保存在 "app" 文件夹中。到了Ver.IV，这样文件夹整个被废止，现在这一项已经无效了。如果遇到 "*.app" 文件，只要把扩展名改为 "*.asc" 即可。

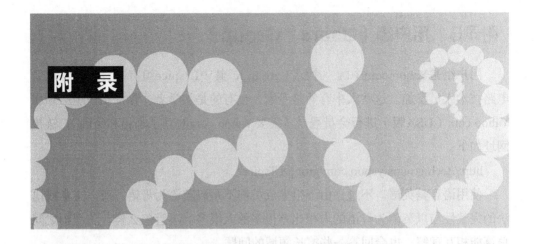

附录A　相关网站和参考图书

1. 关于开关电源设计及评价

LTC公司在一些应用手册中写了一些关于开关电源设计和评价的技巧。

●LTC公司应用手册19和应用手册44（均为日语版）

http://cds.linear.com/docs/Japanese%20Application%20Note/jan19.pdf

http://cds.linear.com/docs/Japanese%20Application%20Note/jan44.pdf

2. 加利福尼亚大学伯克利分校的SPICE相关网站

http://bwrc.eecs.berkeley.edu/Classes/IcBook/SPICE/

●例题电路

http://bwrc.eecs.berkeley.edu/Classes/IcBook/SPICE/Examples/examples.html

3. 麦格劳·希尔公司（McGraw-Hill）的相关网站

http://highered.mcgraw-hill.com/sites/0073106941/student_view0/lt_spice_
instructions_and_support_files.html

4. 参考网站

●SPICE

http://www.ecircuitcenter.com/AboutSPICE.htm

●WINE

http://www.winehq.org/

附录B 用户组（Users' Group）

　　用户组是Yahoo.com中的一个组（group），其中LTspice组有来自世界各地的电路技术人员参加。这些人中有的是专家，也有的是初学者。参加用户组必须在Yahoo.com（USA版）进行会员登录（需要Yahoo.com的登录邮箱和密码）。链接网址如下：

　　http://tech.groups.yahoo.com/group/LTspice/

　　使用语言是英语。不过，由于很多成员都不是以英语为母语，所以文章或语法的完整性与以英语为母语的人相比差很多的人很多。不管怎么样，工程师之间总算能相互理解，也会回答一些擅长领域的问题。

　　基本上，这是一个独立于凌特公司（Linear Technology）（和该公司没有直接联系的）的"组（Group）"（即所谓的论坛）。偶尔发生的漏洞报告是由专家成员提交给LTspice的开发者。对于漏洞，通常几天之内就会采取措施。

　　用户组会解答一些相当初级的问题，但是对于最基本的问题则不回答。例如，像"如何输入电路图"、"如何看Op.AMP.的频率特性"之类的问题，请先阅读LTspice附带的"Help"或PDF版的指南。

　　最不受待见的问题"Please tell me how to use LTspice（怎么使用LTspice）"。对于这样的问题，不会有人回答的。请先看着像本书这样的入门书自己试着操作，以获得关于某种程度的操作的心得体会。建议首先要自己寻找解决问题的方法。论坛上有很多数据库，用关键词检索自己想要知道的内容，在LINK列表中一条条寻找链接，会发现一些视频里有人在讲解LTspice的阶层结构，还可以找到很多使用指南。

　　一般都认为，网站上的信息真假难辨。不过，关于这个论坛，会有几个技术水平很高的人在查看每天的内容，所以目前列表中没有不可靠的信息。另外，链接列表中不但有关于LTspice的内容，还有一些关于电路技巧的内容，这对于电路初学者而言就是一座"宝藏"。建议充分利用Yahoo Group。

海尔穆特·森纳威特（Helmut Senewalt）

　　在Yahoo Group热心地回答来自世界各地的问题的志愿者中，有一位名叫海尔穆特·森纳威特（Helmut Senewalt）的德国人。在LTspice的PDF版使用指南中，有一张他和迈克（Mike）的合照（2006年于慕尼黑国际电子元器件博览会）。他和LTC公司没有一丁点关系，是一位从事计测装置等高频电路的PCB设计的工程师，也涉及研究开发领域。

笔者很想和这样一位电路专家见一次面。获得在2011年1月末与他面谈的许可，我去了斯图加特（Stuttgart）西南部约50km的城市黑伦贝格（Herrenberg），整整一天（从早上10点到晚上11）除了中间午饭、购物和晚饭的时间，和他讨论了很久，也请教了很多平时的疑问，度过了很有意义的一天。

Yahoo Group里有很多数据库，这些数据库里面很多资料都是他准备的。一看资料的作者名字，就会发现很多上传的电路例题都是他的名字，其数目之多，令人惊讶。对于初学者的提问，有时会简单回答说"参照这些例题吧"。这个用户组能够很好地维持也多亏了他的努力。

当我问到"为什么志愿做这么麻烦的工作"时，海尔穆特先生回答说"我希望Mike能把时间用于进一步改良像LTspice那样出色的仿真器，不想让他被那些初级的问题打扰。提供支持是我应尽的义务"。不愧是一位具有工程师精神的工程师。

在此，借本书对他热心地接待和在Yahoo Group上所做的工作表示衷心的感谢。

2011年1月29日于海尔穆特·森纳威特家中留念

译后记

　　本书在翻译过程中得到了众多友人的协助，其中，吴蔚霓参与了第1章的翻译；邓凤谊与蔡丹丹参与了第2章的翻译；吴靖欣参与了第3章的翻译；刘朝楠参与了第7章的翻译；范华婵参与了第4章至第6章、第8章至第11章的翻译，在此表示衷心的感谢！

　　另外，郑建霞、王明安与王健海在校阅过程中付出了辛勤的劳动，表示深深的谢意！

　　最后，衷心感谢郭雅琴副教授为本书的编译工作所做出的努力。祝愿她身体健康，生活幸福！